황새, 자연에 날다

우리 아이들이 살아갈 자연 재생 프로젝트

황새, 자연에 날다
우리 아이들이 살아갈 자연 재생 프로젝트

초판 1쇄 발행일 2014년 10월 25일

지은이 박시룡, 박현숙, 윤종민, 김수경
펴낸이 이원중
펴낸곳 지성사 **출판등록일** 1993년 12월 9일 **등록번호** 제10−916호
주소 (122−899) 서울시 은평구 진흥로1길 4(역촌동 42−13) 2층
전화 (02) 335−5494〜5 **팩스** (02) 335−5496
홈페이지 www.jisungsa.co.kr 지성사.한국 **이메일** jisungsa@hanmail.net
편집주간 경현주 **편집팀** 안선영 **디자인팀** 이향란, 장현지

ⓒ 박시룡, 박현숙, 윤종민, 김수경 2014

ISBN 978−89−7889−290−2 (03470)
잘못된 책은 바꾸어드립니다. 책값은 뒤표지에 있습니다.

이 도서의 국립중앙도서관 출판시도서목록(CIP)은 서지정보유통지원시스템 홈페이지(http://seoji.nl.go.kr)와
국가자료공동목록시스템(http://www.nl.go.kr/kolisnet)에서 이용하실 수 있습니다. (CIP제어번호:CIP2014028361)

박시룡 · 박현숙 · 윤종민 · 김수경 지음

황새, 자연에 날다

우리 아이들이 살아갈 자연 재생 프로젝트

지성사

들어가는 글

지금으로부터 20년 전, 1994년은 한반도에서 유일하게 살아남은 과부 황새가 세상을 떠난 해입니다. 그리고 만 2년이 지난 1996년 러시아에서 새끼 2마리를 데려와 한반도 황새 야생복귀 프로젝트가 시작되었습니다. 이 황새들과 약속을 했습니다. 꼭 한반도 자연에서 잘살게 해주겠노라고……. 그런데 아직도 그 약속을 지키지 못해, 너무 미안합니다. 여기에 황새들에게 약속을 지키지 못한 사연들을 기록했습니다. 18년의 세월 동안 그 약속을 지키려고 무던히 애썼습니다. 혼자 힘으로 그 약속을 지킬 수가 없다는 것을 이제야 깨닫게 되었습니다.

우리는 지금 황새들이 살았던 땅을 빼앗아 살고 있습니다. 과거 우리에게 보릿고개 시절이 있었습니다. 그때까지만 해도 황새가 우리 곁에 살았지요. 그런데 농산물을 대량으로 생산하기 위해 농약을 마구 살포한 까닭에 황새들의 터전이 완전히 사라지게 되었습니다. 지금 한반도 전원생태계의 현실은 황새가 한 마리도 살 수 없는 땅으로 변해 버렸습니다. 황새들에게 약속을 지키는 길은 이미 황폐해진 우리 생태계를 황새가 살아갈 수 있는 전원생태계로 복원시키는 일입니다. 그래서 이 책의 부제목을 '우리 아이들이 살아갈 자연 재생 프로젝트'라고 붙였습니다.

우리는 자연에서 식량을 얻고 있습니다. 풍요로웠지요. 하지만 그 풍요는 배만 부르면 해결될 것 같았는데, 그것이 아니라는 사실을 깨닫게 되었습니다. 『황새, 자연에 날다』는 우리 다음 세대에게 풍요로움의 가치를 물려주기 위해 지난 18년 동안의 서식지 복원 기록을 담았습니다. 이 이야기는 여기에서 끝나는 것이 아닙니다. 멸종은 짧은 시간에 일어나지만 복원은 그보다 수십 배, 아니 수백 배의 시간이 더 걸리는 일이기 때문입니다. 그리고 한 사람의 힘으로 이룰 수 없으며, 지금 이 땅에 살고 있는 우리 모두와 아직 태어나기 전에 있는 우리 후손들의 힘을 보태야 이룰 수가 있습니다.

'우리 아이들이 살아갈 자연 재생 프로젝트'를 수행하면서 평화와 인구라는 핵심어가 가장 먼저 떠올랐습니다. 황새의 한반도 멸종 이유 중 하나가 한국전쟁이었기 때문입니다. 황새가 자연에서 번식하고 살아가려면 적어도 두 사람이 팔을 벌려 안을 만큼의 큰 나무가 많아야 합니다. 하지만 한국전쟁 때 폭격으로 말미암아 이런 나무들이 대부분 사라졌습니다. 일본도 멸종으로 황새 야생복귀사업을 진행하고 있는데, 자연에서 사라진 시기가 한국과 똑같은 1971년입니다. 이것이 우연히 아니라면 '한국전쟁이 일본의 황새 멸종에도 영향을 미쳤을 것이다'고 생각하고 있습니다. 그렇다면 생태계 복원의 전제조건은 평화일 수밖에 없습니다.

북녘 땅에도 황새가 살았지만 한국전쟁으로 황새들이 많이 사라져 지금은 살지 않습니다. 황새들은 한반도 전체를 터전으로 살았던 우리의 텃새입니다. 남·북한 간의 긴장을 해소하고 전쟁이 없는 평화를 위해 '우리 아이들이 살아갈 자연 재생 프로젝트'는 지속해야 할 우리의 과제이기도 합니다.

인구를 핵심어로 삼은 이유는, 아이가 없는 집에 황새가 아이를 물어다 준다는 서양의 속담과 함께 한반도에서 인구 감소가 시작된 해와 텃새 황새가 사라진 해가 같은 것이 우연이 아니길 바라는 마음에서 비롯되었습니다. 실제로 황새가 살았던 때에는 시골에 아이들이 많았습니다. 그리고 그런 시골 마을 주민들이 사는 동네의 커다란 나무 위에서 황새 한 쌍이 둥지 틀며 살았습니다.

한반도 황새 야생복귀 프로젝트는 줄어든 인구를 다시 회복하여 풍요로운 미래를 다음 세대에게 물려주기를 간절히 소망하는 그 길목에서 이 이야기를 썼습니다.

황새는 정말 멋진 새입니다. 한반도 하늘을 나는 새들 가운데 가장 크고 우아함을 지닌 아름다운 새입니다. 그 아름다움과 조화를 이룰 땅을 일궈내기 위한 이 이야기에 독자 여러분을 초대합니다.

그동안 한반도 황새 야생복귀 프로젝트를 위해 환경부와 문화재청 공무원들이 애써주셨습니다. 특히 문화재청 천연기념물과 행정 공무원들과 또 충남 예산군 녹색관광과 공무원들의 헌신이 없었다면 이 프로젝트는 여기까지 오지 못했을 것입니다. 마지막으로 이 이야기를 세상에 알리기 위해 애써주신 지성사 이원중 사장님께도 진심으로 감사드립니다.

한국황새생태연구원장　교수　박시룡

차례

1부

2부

1부

"자연은 우리에게 많은 것을 베풉니다. 그 자연을 소중하게 여긴다면 반드시 보답을 한다는 교훈을 얻었습니다. 이 노력이 광시면에서만 있어서는 황새가 살아갈 수 없습니다. 충남 예산군 광시면 외에도 예산군 전체 그리고 먼 훗날에는 한반도 전 자연이 회복되는 날이 오기를 간절히 바랍니다."

1
생물의 멸종

개체군[01]이 사라지고 있다

오늘날 동물의 멸종 원인이 인간의 행위에 따른 것이라면, 과연 지구에 인간만 없다면 동물들의 수가 계속 늘어날 수 있을까? 동물들은 어린 새끼를 위협하는 수많은 위험이 있음에도 태어난 자손의 수를 잘 유지한다. 그 예로 탄자니아의 세렝게티 국립공원에 살고 있는 영양을 살펴보자. 어미 영양은 새끼 낳을 때가 되면 속해 있던 무리에서 떠나 맹수들이 발견하기 어려운 숲속의 은신처를 찾는다. 어미가 새끼를 출산하기까지는 약 30분이 걸린다. 어미는 냄새로 새끼의 출산을 알며, 어린 새끼는 곧 쓰러질 듯한 몸짓을 보이다가 네 다리로 혼자 선다.

이렇게 네 다리로 설 수 있다는 것은 이 초식동물에게는 매우 중요한 의미를 지닌다. 세상에 나오자마자 네 다리로 서는 것은 되도록 빨리 스스로

---

01 개체군(個體群, population)은 같은 서식지에 살고 있는 생물 개체들의 집단을 뜻한다.

뛰어야 하기 때문이다. 어미와 새끼가 은신처에서 떠나기 전에 이 새끼 영양은 혼자서 뛸 수 있을 만큼 충분히 강해져야 하며, 다른 영양들에게서 자기 어미의 소리와 냄새를 충분히 구별할 수 있어야 한다.

새끼가 이 단계에 이르면 어미와 새끼는 원래의 무리로 되돌아오는 길을 찾는다. 이때 자칼이 그들을 기다리고 있다. 자칼을 발견한 어미는 새끼를 부른다. 그럼에도 자칼은 순식간에 무방비 상태의 새끼를 덮쳐서 목덜미를 물어 끌고 가버린다. 어미에게는 새끼를 도울 수 있는 어떤 행동도 프로그램화되어 있지 않다. 이런 식으로 새로 태어난 영양의 절반가량이 태어난 지 얼마되지 않아 죽음을 당한다. 자칼, 사자, 치타, 표범들로 둘러싸인 이 지역의 영양 무리들은 이 자연의 경계선에서 전혀 벗어나려고 하지 않고, 또 사바나 생태계의 생산성을 남용하려 들지도 않는다. 다만, 자연의 법칙에 따라 이곳은 나머지 생존자를 위한 충분한 식량만이 여전히 남아 있을 뿐이다.

오스트레일리아의 동해안에 살고 있는 바다거북은 영양의 새끼들보다 더 위기에 처해 있다. 한여름철 여러 차례에 걸쳐 암컷들은 해안으로 가 뜨거운 모래 구덩이를 파고 100여 개의 알을 낳는다. 태양은 이 거북 알의 부화를 돕는다. 알에서 갓 깨어난 새끼 거북들은 민첩한 행동으로 넓은 모래밭을 지나 가까스로 바닷물을 향해 돌진한다. 이때 대부분이 바다갈매기에 잡아먹히고 단지 5퍼센트만이 바다에 도착해 새로운 바다의 긴 여정에 참여한다. 하지만 이 작은 새끼들이 완전히 성체로 자란다 해도 엄청난 바다거북들이 수프로 만들어져 식탁에 올라 오늘날에는 멸종위기에 처해 있는 형편이다.

사실 상대적으로 위기에 덜 처한 동물들도 과잉 생산을 억제하려는 동물 스스로의 메커니즘에 따라 그 숫자는 언제나 제한되어 있다. 누가 마지막으로 이 사자를 잡아먹을 것인가? 영국의 행동학자 브리언 버트랜은 세렝게티 공원에서 사자 떼의 사회생활에 관해 오랫동안 연구해 왔다. 그는 과잉 생산 억제에 관한 메커니즘을 다음과 같이 설명한다.

사자들은 떼를 지어 생활하고 사냥을 한다. 이는 표범, 호랑이, 치타, 퓨마, 재규어 등이 혼자 또는 두세 마리가 떼를 지어 생활하고 사냥하는 것과는 차이가 있다.

사자 무리는 열한 살쯤 된 어른 암사자, 아직 수염이 나지 않은 아홉 마리의 젊은 수사자, 열 살 난 수염 달린 어른 수사자 두 마리, 그리고 여러 마리의 어린 사자들로 이루어져 있다. 약 석 달 반의 임신 기간을 거쳐 암컷들은 3~4마리의 새끼를 낳는다. 이 새끼들은 여느 어린 육식동물처럼 크기가 작고 힘도 없다. 첫 6주 동안 어미는 새끼들을 덤불에 남겨두고 자주 사냥에 나선다. 이때 힘이 없는 새끼들은 어미가 미처 손을 쓰지 못할 정도로 맹수의 위협을 받거나 병에 걸려 생명의 위협을 받는다.

6주가 지난 뒤, 어미 뒤를 따라다닐 정도로 자란 이 어린 새끼들을 마침내 사자 무리에서 정식으로 받아들인다. 이렇게 사자 무리에 들어온 새끼들은 무리의 구성원들을 개별적으로 익혀야 한다. 이 새끼 사자들은 방금 새끼를 낳은 암컷들에게 매일매일 일정량의 젖을 얻어먹는다. 이렇게 젖을 충분히 얻어먹으면 어린 사자들은 어미가 사냥을 나갔을 때 굶주리지 않는다. 8개월 동안 새끼들은 어미젖을 먹으며, 태어나서 2년 동안 어미에게 의존해서 자란다. 이 기간이 지난 뒤에야 비로소 몸집이 거의 자라 무리의 사냥에 함께 참여하게 된다. 암사자들은 무리 가운데 아주 험한 일을 도맡아한다. 무엇보다 그들은 누(gnu, 영양의 한 종), 얼룩말, 기린, 또는 영양처럼 몸집이 큰 동물을 잡아 무리를 먹여 살린다.

먹이를 처음 잡으면 언제나 약간의 다툼이 있지만 대체로 사자 무리들은 평화적으로 지낸다. 그러나 사냥감이 적으면 그 다툼은 심각해진다. 가장 좋은 부분은 나이 많고 경험이 풍부한 수컷이 맨 먼저 차지하고 나머지는 으르렁대면서 달려드는 배고픈 놈들이 먹는다. 그 다음에야 비로소 암컷들의 차례가 된다. 이런 식으로 거쳐 마지막에는 대부분 앙상한 뼈만 남는데, 어린 사자들의 몫이다. 고기가 부족하면 어린 사자들에게는 이 몫조차 없다. 이 때문에 세렝게티의 어린 사자들은 거의 절반이 굶어죽는다. 그래도 살아남은 어린 사자들의 수는 종족을 보존하기에 충분하다. 바로 여기서 동물들의 과잉 생산 억제 메커니즘이 곧 식량 공급과 먹이 서열을 의미하고 있음을 알 수 있다.

코끼리는 자손이 적고 임신 기간이 길다는 생물학적 메커니즘에 따라 거의 일정한 수를 유지하고 있다. 어미의 임신 기간은 22개월이며 5년에 한 마리씩 새끼를 낳는다. 이렇게 어미는 일생 동안 8번 정도 새끼를 낳게 된다. 이 코끼리의 새끼들은 15년 동안 어미, 아주머니, 나이 든 사촌들의 보호를 받으며 자라난다. 이때 오직 인간만이 이 코끼리들의 생활공간을 파괴하고 있으며, 더욱이 무차별한 포획으로 이 초식동물의 숫자가 오늘날 급속히 감소하고 있다.

원시림에 사는 인류의 사촌쯤 되는 침팬지는 어떤지 살펴보자. 아프리카의 침팬지는 번식이 매우 더디다. 암컷은 태어난 지 대략 8년이 지나야 생식능력을 갖는다. 하지만 암컷에게 생식능력이 생겼다 해도 금방 새끼를 갖지 않고, 대개 4년이 지나서야 새끼를 갖기 시작한다. 이 생물학적 메커니즘이 초기 인류에게 중요하게 영향을 끼쳤을 것이라고 추측하고 있다. 침팬지는 약 4년에 한 마리씩 새끼를 가질 수 있으며, 다만 이 새끼들이 일찍 죽으면 다시 새끼를 가져 출산한다. 침팬지 새끼 가운데 약 3분의 1이 생후 1년 안에 죽고 그 이후부터는 사망률이 매우 낮아진다. 침팬지는 40~50년까지 살 수 있어 침팬지에 관한 문제는 개체수의 증가라기보다는 개체수의 감소, 즉 멸종 위험에 있다. 만약 인간이 생물학적 메커니즘에 따라 살았다면 지금쯤 이 침팬지처럼 멸종 위험에 처했을지도 모른다. 그래서 신은 우리 인간에게 이들 극복할 수 있는 특별한 지혜를 내려주었는지 모른다.

급변하는 조류 개체군

스코틀랜드 북서쪽에 있는 이튼 강 계곡에서는 4만 마리의 떼까마귀(Rook)가 2만 개의 둥지에서 알을 품는다. 애버딘 대학 듀넷 교수팀은 1년 넘게 그 개체수를 관찰했다. 이 떼까마귀는 암컷이 3~4개월마다 3~4개의 알을 낳는다. 그러나 알들은 이미 수풀에 사는 공격적인 까마귀들의 끊임없는 싸움과 강한 폭풍에 사라지고 만다. 대체로 알 4개 가운데 단 하나만이 부화하여 살아남는다. 떼까마귀는 아무것이나 잘 먹는 편이며 특히 농경지에 모여들어 먹이를 구한다. 이 때문에 농부들이 이 검은 새를 싫어하는데, 5월이면 나무에 앉아 있는 이 새들은 총에 맞아 죽음을 당한다. 이 떼까마귀에게는 여름철이 가장 배고픈 시기로, 곤충의 유충들을 찾기 위해 부리로 구멍을 내기에는 땅바닥이 너무 단단하고 말라 있어 성체 까마귀의 10퍼센트와 어린 까마귀의 75퍼센트가 이 여름을 나지 못하고 죽는다. 그런데 세밀한 조사에서 다음과 같은 사실이 밝혀졌다.

이듬해인 봄에도 전년도와 똑같이 2만 개의 둥지와 4만 마리의 떼까마귀가 남아 있었다. 인간에 따른 5월의 살육도, 한여름철의 굶주림의 위기도 이 까마귀의 숫자에는 아무런 영향을 미치지 않았다. 과연 이 새는 종족을 늘려갈 것인가, 아니면 줄여갈 것인가? 듀넷 교수는 이 질문에 대해 매우 흥미로운 대답을 내놓았다. 많은 어린 새끼들이 철새 이동으로 그 계곡을 떠났음에도 연초에 비해 겨울철에 두 배가량의 까마귀들이 발견되었다. 새에 고리를 달아주는 실험을 통해 대부분의 까마귀들은 스칸디나비아 반도에서 겨울에 기후가 온화한 스코틀랜드로 이주해온 새들임을 알아냈다.

봄이 되면 그 까마귀들은 다시 떠난다. 그 후 동쪽에 자리 잡은 까마귀들은 둥지를 짓고 암컷들은 알을 품기 시작한다. 그러나 곧 장난꾸러기 아이들이 몰려와 둥지들을 함부로 없애버렸고, 심지어 주민들까지 나뭇가지에 앉아 있는 이 까마귀들을 몰아낸다. 이때 새로운 둥지를 마련하려는 까마귀

한두 마리가 낡고 부서진 둥지를 차지하는 데 성공한다. 이렇게 정착한 까마귀들은 둥지 2만 개가 만들어질 때까지 다른 까마귀들이 이 지역으로 이주해 오는 것을 허락한다. 그러나 둥지 2만 개가 다 채워지면 정착한 까마귀들은 더 이상 다른 까마귀들을 받아들이지 않고 쫓아낸다. 만약 어떤 까마귀가 죽어 그 둥지가 비면 정착 까마귀들은 보충역을 준비했다가 알을 품도록 허락한다. 어떻게 이 까마귀들이 2만 개의 둥지가 다 채워졌다는 것을 알 수 있을까? 아직 아무도 이에 대한 해답을 내놓지 못하고 있다.

조류 세계에서 진화는 적절한 개체수를 유지하다가 개체수가 폭발적으로 늘어나면 전염병이 개체군에 선택압[02]으로 작용해 다시 그 개체수를 유지해 왔다. 좋은 예가 겨울철 한반도에 무리 짓는 가창오리(Baikal Teal) 개체군이다. 가창오리는 시베리아 동부에서 캄차카 반도에 이르는 광활한 지역에서 번식하는 새로, 겨울철이면 한반도로 무리 지어 이주한다. 한반도에 온 가창오리 개체군은 1980년대 20여만 마리였으나 2010년 이후 거의 30만 마리 넘게 늘어난 것으로 추산한다. 이 개체군은 계속 불어날까? 그렇지 않다. 2014년 처음으로 전라북도 한 저수지에서 가창오리 한 무리가 조류독감(Avian Influenza)에 감염되어 사체로 발견되었다. 가창오리들이 사는 서식지의 조건이 과거에 비해 좋아지면서 그동안 개체수가 지속적으로 늘어난 터였다.

진화는 이 개체군이 계속 증가하는 것을 그대로 놔두지 않는다. 초기에는 다양한 유전자의 조합으로 개체군이 만들어졌지만, 개체군이 늘어나면서 개체군 안의 교잡에 따라 차츰 병원균에 약한 열성유전자의 이형 접합자가 동형 접합자 유전자로 바뀌게 된다. 1차적으로 동형 접합자 유전자를 갖

---

02 選擇壓. selection pressure. 개체군에 작용하여 경합에 유리한 형질을 갖는 개체군의 선택적 증식으로 이끄는 생물적·화학적 또는 물리적 요인을 뜻한다. 예를 들어 개체군 가운데 환경에 가장 적합한 개체가 부모로 선택될 확률과 보통의 개체가 부모로 선택될 확률의 비율이다. 역경에 처한 생물군의 진화에 가장 큰 영향력을 발휘하며, 먹이나 둥지를 짓는 지역. 수분과 햇빛 등의 환경 요인도 이에 관계한다.

는 개체들은 외부 전염병에 걸려 죽을 확률이 높다. 물론 유전자 외에도 개체군에서 어린 개체나 나이든 개체는 이런 병원균의 방어체계가 매우 취약한데, 결과적으로 개체군을 유지하는 데 선택압으로 작용한다.

물론 조류에서만 이런 현상이 나타나는 것은 아니다. 아프리카 초원의 영양 무리도 스스로 억제 메커니즘을 상실하면 전염병이 돌아 그 수가 조절된다. 전염병의 원인균은 대체로 기생충, 세균 또는 바이러스다. 전염병은 인간과 동물의 개체 측면에서는 해롭지만, 지구에 있는 전체 개체군의 수를 적절히 조절해주는 측면에서 생태적으로 매우 긍정적인 현상이다.

검은머리갈매기(Saunders's Gull)는 중국의 북동 해안에서 번식한다. 우리나라에서는 겨울에만 볼 수 있는 겨울 철새였다. 1980년대만 해도 2만여 마리의 번식 개체군이 중국에서 존재했다. 그런데 1990년대에 들어 그 개체군의 한 무리가 우리나라 서해안 인천 송도로 이주했다.

그 원인은 아직 밝혀지지 않았지만 중국의 번식지에 변화가 생겼을 것이라고 추측하는데, 그 첫 번째가 번식지 주변의 먹이 환경이 매우 나빠졌을 가능성이다. 두 번째는 우리나라 서해안의 인천 송도가 사람들의 개발 행위에 따라 이 새들의 최적 번식지로 바뀌었을 가능성이다. 물론 일정 기간 동안이지만 인천 송도 매립지는 이 검은머리갈매기들에게 더할 나위 없을 정도로 새로운 최적의 번식지라는 점에서 우리는 이 개체군의 운명에 관심을 갖지 않을 수 없게 되었다.

초기에 약 300쌍이 한반도에서 번식하던 검은머리갈매기들은 그동안의 개발로 이 매립지의 면적이 점차 줄어들기 시작해 2014년 한국교원대학교 조류연구팀의 조사 결과 약 200쌍으로 급격히 줄어들었다. 과연 이 개체군의 운명은 어떻게 될까?

중국에서 서식하는 검은머리갈매기의 개체군이 번식지 환경이 열악해 이주했을 가능성이 매우 높다면, 한반도에 새롭게 형성된 이 개체군도 머지않아 다른 곳으로 이주하거나 멸종될 가능성을 배제할 수 없는 상황에 이르렀다. 게다가 최근 기후변화는 이러한 가능성을 보여주고 있다.

검은머리갈매기는 고온에 매우 약한 면역체계를 가진 조류라는 새로운 사실이 확인되었다. 인공 번식지의 조사 결과, 번식 환경의 기온이 섭씨 32도가 넘으면 고온 쇼크로 50퍼센트 넘게 폐사했다. 이에 비해 자연 번식지는 4~6월 최고 섭씨 28도를 넘지 않은 것으로 보아 서늘한 환경을 택해 번식하도록 진화한 종으로 보인다. 자연 번식지에서 부화된 새끼들은 3일 이후 모두 번식지에서 떠나 해변 근처의 더 서늘한 곳을 찾는다. 보통 6~8월에 한반도 서해안 지역의 해변가 기온은 28도를 넘지 않는다. 하지만 2013년 한반도 남부지역의 기온이 30도가 넘는 보기 드문 고온 현상이 나타났다. 이 검은머리갈매기는 그 기간 동안 남부지역으로 내려가지 않고 모두 북한 연백군 해안지역에 있는 것으로 확인되었다(위성 추적 실험결과). 이런 사실로 미루어 우리는 동아시아가 주 서식지인 검은머리갈매기 개체군의 변동에 관심을 기울일 필요가 있다.

한반도에서 까치(Magpie)는 100만 마리에 이를 것으로 보인다. 이에 비해 일본에서는 사가현(佐賀県) 남부 사가 평야와 후쿠오카현(福岡県) 중서부의 지쿠고(筑後) 평야를 중심으로 1만 3천 마리 정도가 서식하고 있다. 다시 말해 100만 마리에 이르는 우리나라에 비해 아주 적은 수가 일본의 한 지역에서만 서식하는 것으로 나타났다. 까치가 한반도에 언제부터 정착하기 시작했는지는 알 수 없지만, 동아시아 대륙의 북쪽에서 기원했을 것으로 보인다. 이에 비해 일본 까치는 16세기 임진왜란 때 사가성 성주인 나베시마 나오시게(鍋島直茂)가 일본으로 가져간 이후 번식하기 시작했다고 한다. 몇 마리를 가져갔는지 알 수 없지만, 그때 가져간 까치가 일본 까치의 시조인 셈이다. 그런데 왜 일본 전역으로 퍼지지 않았을까? 까치는 번식력이 매우 뛰어난 새가 아닌가!

예를 들어보자. 제주도(면적 1,845km²)는 1989년까지만 해도 까치가 살지 않았다. 이 섬에 인공적으로 53마리를 방사한 결과 30년이 채 되지 않은 현재 약 3만 마리로 불어났고, 섬의 면적으로 미루어 앞으로 10만 마리의 개체군으로 늘어날 가능성이 매우 높다. 일본은 왜 500년이 넘었는데도 그 개체군이 더 불어나지 않고 소수의 개체군으로 유지되어 왔을까?

한반도에 까치라는 거대 개체군이 있다면 일본 열도에는 까마귀(Carrion Crow)라는 거대 개체군이 있다. 이 거대 개체군이 일본 사가현의 까치 개체군의 증가를 억제하지 않았을까 추측한다. 그 반대의 현상이 한반도에서 벌어지고 있으므로 이런 추측이 가능하다.

까마귀와 까치는 야생 적응력이 매우 뛰어난 조류다. 두 종은 야생에서 경쟁관계로 서로 서식지를 분리해서 살아가고 있다. 한반도에서는 도심을 중심으로 까치가 서식하고, 까마귀는 산림과 농경지를 중심으로 서식한다. 한국에는 까치가 도심에서 서식하고 있듯이 일본에는 까마귀가 도심에서 서식한다. 오랜 진화를 거치면서 한반도에는 까치가 까마귀를 몰아내고 우점종으로 군림했다면, 일본 까마귀 개체군은 뒤늦게 인위적으로 이주한 까치 개체군에 선택압으로 작용했을 것으로 보인다.

어쨌거나 지구에 인구의 수가 폭발적으로 증가하면서, 특히 지구 전 대륙의 인구 가운데 15퍼센트가 밀집되어 있는 동아시아 대륙의 생물 개체군의 변화가 불과 200년 사이에 급격히 일어나고 있는 것만은 사실이다. 21세기에 들어 동북아시아의 조류 개체군의 변화는 국제자연보존연맹(IUCN)에서 발표한 적색목록의 조류에서 찾아볼 수 있다. 그 예로 따오기(Japanese Crested Ibis)는 멸종위기 1급 보호조류로, 1978년 한반도 비무장지대(DMZ)에서 발견된 이후 자취를 감추었다. 1835년 일본 니가타현(新潟県) 사도(佐渡)라는 섬에서 네덜란드의 생물학자 시볼트가 따오기를 발견하여 새로운 종으로 학명을 *Nipponia nippon*이라고 이름 붙여 세상에 처음 알려지게 되었다.

당시 따오기는 중국 샨시성(山西省) 중부지역과 북서지역, 그리고 일본 니가타현 사도 섬을 중심으로 번식했다. 겨울철이면 중국 북서지역의 따오기 일부가 한반도를 거쳐 대만까지 이주했을 것으로 보이지만 따오기의 정확한 숫자는 파악된 바 없다. 지금까지 여러 단편적인 문헌을 바탕으로 적어도 동아시아 따오기 전체 개체군은 약 10만 마리로 추산하고 있다.

1978년 한반도 비무장지대에서 마지막 목격한 이후 동아시아에서 따오기가 완전히 사라진 줄 알았다. 그러나 1981년 중국 샨시성 양현(阳县) 야생에서 따오기 7마리를 찾아내 중국은 이 새들의 인공증식에 착수하여 현재 야생복귀 개체까지 합해 모두 1,300개체로 늘어났다.

일본도 자국에서 번식했던 따오기의 야생복귀를 목적으로 중국에서 5마리를 기증받아 현재 인공증식에 성공하여 100여 마리를 확보했다. 그리고 2008~2012년 동안 108마리를 야생으로 방사해 총 200개체 확보에 나섰다. 그 후 우리나라도 과거에 따오기가 철새로 왔다는 점을 근거 삼아 중국에서 3마리를 기증받아 증식을 서두르고 있으나, 동아시아 야생 개체군의 복원이라는 차원에서 진화 생태학적 접근이 필요하다.

한반도는 과거에 따오기 번식 개체군이 없었다. 다만 겨울철에 중국 북부지역의 개체군이 한반도를 경유했다. 말하자면, 중국 북부지역에서 번식한 개체가 일부 한반도로 날아왔다가 다시 번식지로 되돌아갔다. 그러나 현재 복원 중에 있는 중국 중부지역(샨시성) 개체군은 과거 한반도까지 날아온 것 같지 않으나 이 개체군을 이용해 중국 북부지역 개체군을 다시 복원할 필요가 있다. 현재 중국 중부지역에서 들여온 개체들이 한국과 일본에서 인공증식 중에 있고, 훗날 중국 북부지역의 개체군을 복원하는 데 이 개체군이 필요할 때가 올지도 모른다.

물론 한국에서 증식한 개체로 중국 북부지역의 개체군을 복원한다는 것은 결코 쉬운 일은 아니다. 하지만 이미 이와 비슷한 개체군 복원 사례가 흰이마기러기(Lesser White-fronted Goose)를 대상으로 유럽에서 진행되고 있다. 물론 만숙성 조류(altricial species)인 따오기는 조숙성(precocity) 흰이마기러기와 많이 달라, 흰이마기러기의 복원 기법을 모두 따르는 데는 한계가 있지만, 중국과 협력을 한다면 오히려 더 쉬울 수 있다.

독일의 겨울 철새인 흰이마기러기는 노르웨이가 번식지이다. 19세기 초 10만 마리에 이르던 이 새는 20년 전 50마리까지 줄어들었다. 독일의 젊은 부부 생물학자는 철새 복귀 프로그램을 마련해 현재 500여 마리로 증식했고, 겨울에 이 기러기들이 독일로 찾아든다. 부부 생물학자는 번식지인 노르웨이에서 인공증식을 마친 어린 개체들을 경비행기로 유도 비행을 하여 겨울 서식지인 독일 해안가로 이주시키는 방법으로 개체군 복원에 나섰다.

유럽황새(White Stork)는 북유럽을 제외한 넓은 지역에서 번식하는 개체군이다. 현재 약 50~60만 마리로 추산된다. 유럽황새는 번식기가 끝난 가을철에 남아프리카까지 이동하여 겨울을 난다. 이 유럽황새도 인간의 제초제 사용 등으로 한때 30만 마리까지 줄어든 적이 있었다. 유럽황새는 멸종위기종이 아닌 국제자연보존연맹의 적색목록에 관심종인 것에 비해, 우리나라 황새(Oriental Stork)는 약 2,500마리만 현존하는 1급 보호조로 분류되고 있다. 황새는 동아시아에 메타개체군[03]을 형성했으나 현재 인간의 간섭으로 이미 메타개체군이 사라졌거나 위협을 받고 있다. 유럽 대륙에서 유럽황새가 전원생태계의 우산종[04]이라면 황새는 동아시아 대륙을 대표하는 전원생태계의 우산종이다.

왜 종을 복원하려는가?

현재 지구상에는 약 1,400만 종의 생물이 존재하는 것으로 추정되지만 실제 조사된 생물종 수는 약 170만 종으로 집계되었으며, 세계자원연구소에

---

03 metapopulation. 같은 장소에 작은 개체군이 여럿 모여 생성과 소멸을 반복하면서 남아 있는 개체군 모형을 말한다. 작은 개체군은 절멸에 취약하지만 각각 개체군이 자주 이동하여 상호작용을 이루면서 개체군을 유지하는 것을 일컫는다.
04 행동반경이 큰 동물의 서식지를 보전하면서 다른 종들을 보호하는 효과를 가져와 결과적으로 생물다양성을 유지하는 종을 가리킨다.

따르면 2100년에는 전체 생물의 33퍼센트가 멸종할 것으로 예측된다. 실제 우리나라에서 조사된 생물종 수는 약 3만 종으로 기록되어 있으나 학자들은 10만 종 이상의 생물종이 서식하고 있는 것으로 추정한다. 그런데 해마다 이 종들이 감소하는 추세로, 100종 이상이 사라질 것으로 내다보고 있다.

그렇다면 왜 생물종들이 사라질까? 지구상에서 생물의 첫 출현은 약 35억 년쯤으로 거슬러 올라간다. 현재 천만 종 이상이 살고 있다면, 35억 년 동안 지구상에 출현한 생물종은 얼마나 될까? 학자들은 지금까지 현존하는 생물종 수는 약 5퍼센트에 지나지 않으며 나머지 95퍼센트는 멸종했을 것으로 추정한다. 아주 오랜 옛날에는 멸종 원인이 모두 자연재해에서 비롯되었지만, 오늘날의 멸종 원인은 모두 인간의 활동에 따른 것이라는 점에서 과거와 다르다.

예를 들어 지구에 큰 운석이 떨어져 먼지 구름이 태양을 가려 지구의 기온이 내려간 탓에 공룡이 멸종했으므로 이는 순전히 자연재해에 따른 것이다. 그러나 오늘날 더 많은 생물종이 이런 자연적인 과정보다는 사람들의 활동으로 사라졌거나 사라져 가고 있다. 바로 인간의 행위로 사라진 종, 나그네비둘기가 좋은 사례다.

북아메리카 나그네비둘기의 예는 인간의 탐욕과 파괴성을 잘 보여준다. 예쁘게 생긴 이 새는 한때 지구에서 가장 많은 동물이었다. 1810년에 나그네비둘기의 집단 서식지는 300제곱킬로미터에 이르렀고, 대략 3천만 마리가 모여 살았다. 켄터키의 한 박물학자는 어림잡아 22억 3천만 마리의 나그네비둘기들이 거대한 무리를 지어 날아가는 것을 4시간 넘게 보았다고 한다.

이에 사람들은 나그네비둘기를 사냥하기 시작했다. 1870년 무렵, 미국에서는 해마다 1천만 마리 정도의 죽은 비둘기가 몇 센트씩에 팔려나갔다. 또 급격하게 늘어나는 인구에 밀려 숲이 사라지자 비둘기는 먹이인 도토리와 그 밖의 나무 열매, 그리고 둥지를 만들 적당한 장소를 찾기가 힘들어졌다.

1890년이 되자 비둘기의 수는 눈에 띄게 줄어들었지만 사냥은 여전히 계속되었다. 1907년 마지막 야생 나그네비둘기들이 퀘벡 부근에서 발견되었고 또 사냥감이 되었다. 결국 몇 마리가 동물원에서 살았지만 제대로 번식하지 못하고 차례로 죽어갔다. 1914년 신시내티 동물원에서 최후의 나그네비둘기가 죽었다. 나그네비둘기의 거대한 무리가 켄터키 하늘을 뒤덮은 지 겨우 1세기 뒤였다.

그런데 한 종이 사라지면 생태계에 어떤 영향을 미치는가? 생태계는 생물종들이 그물처럼 네트워크를 형성하면서 살아가고 있다. 한 종이 사라지면 다른 종에 영향을 미쳐 생태계는 마치 사용할 수 없는 그물처럼 변하고 만다. 1681년 지구상에서 도도새가 사라졌다. 이 도도새는 고기를 얻으려는 사람들의 사냥감이었고, 도도새의 알은 사람들을 따라 들어간 쥐와 개의 먹잇감이었다. 이 도도새가 사라진 뒤 300년이 지나자 도도새가 주식으로 삼은 도도호두나무가 사라질 위기에 처했다.

1973년에 한 과학자는 인도양의 모리셔스 섬에서 죽어가는 나무 13그루를 발견했다. 이 나무들은 모두 300년이 넘었고 열매를 맺고 있었지만, 어느 열매에서도 싹이 터서 새로운 나무로 성장하지 못했다. 그 과학자는 약 300년 전에 이 섬에서 살던 마지막 도도새가 죽었다는 것을 알아냈다. 도도새는 비둘기의 친척쯤으로 칠면조 크기의 날지 못하는 새인데, 도도호두나무는 도도새가 그 열매를 먹어 먹이주머니에서 으깨야만 싹이 틀 수 있었다. 따라서 도도새의 멸종으로 단단한 열매를 부술 만한 새가 없었고, 그 때문에 도도호두나무는 아무리 열매를 많이 맺어도 열매에서 싹이 트지 못해 멸종위기에 처하게 된 것이다. 지난 350년 동안 이런 식으로 사라진 조류는 95종, 포유류가 40여 종에 이른다. 지금은 그 7배에 해당하는 생물종이 멸종위기에 처해 있다.

한 종이 사라진다는 것은 우리 각자에게는 별 의미가 없어 보인다. 사실 내가 죽으면 내 가족이나 친지들은 슬퍼하겠지만, 지금부터 200년 뒤의 인류에게는 아무런 영향도 미치지 않는다. 하지만 예외가 있다. 극소수밖에 남아 있지 않은 아주 희귀한 종은 그 개체의 운명에 중요한 의미가 있다. 바로 이것이 생태계의 원리다. 생태계의 변화는 우리의 삶에 영향을 미치고 있기 때문에 종 복원은 우리가 이 행성에서 사는 동안 우리의 의무이자 과제다.

이런 멸종의 원인이 모두 인간들에게 있다는 점에서 우리는 그 종을 복원해야 할 당위성을 갖는다. 초기에는 모두 인간들의 무분별한 포획이 그 원인이었다. 근대사회로 들어서면서 인류의 식량증산에 없어서는 안 될 중요한 역할을 해온 인공비료, 제초제 그리고 살충제와 같은 화학물질은 생물의 종을 멸종으로 몰아붙이는 흉기가 되었다. 이 원인에 덧붙여 지금 지구 곳곳에 생물들의 서식지가 모두 인간들의 땅으로 개간되어 생물종의 멸종을 더욱 부추기고 있다.

복원은 단순히 종을 늘려 자연으로 되돌리려는 것이 아니다. 환자를 치료할 때 병의 원인을 제거하는 것이 올바른 치료방법이라고 생각하면, 종 복원을 위해 무엇을 해야 할지 쉽게 그 해답이 떠오를 것이다. 바로 생물들을 무분별하게 마구 잡는 것을 끝내고, 화학물질 사용을 줄이는 동시에 사라진 서식지를 되돌려 주어야만 한다.

종 복원

종 복원이란 무엇일까? 엄밀히 말하면 한 종이 이 지구에서 사라졌을 때 다시 그 종을 사람이 만들어낼 수 있다면 분명히 복원이라고 할 수 있다. 예를 들어 공룡이나 매머드처럼 없어진 종의 유전자를 찾아내 복제기술로 만들어냈다면 그 종을 복원했다고 할 수 있다. 그러나 아직 지구에 현존하는 종의 개체를 인위적으로 증식해서 야생으로 돌려보냈다면 복원이라고 할 수 없다. 우리에게는 조금 낯설지만, 국제용어로 'reintroduction'이라고 하며, '재도입' 또는 '복귀'라고 번역한다.

1996년 처음으로 러시아에서 황새를 들여왔을 때 '재도입'이라는 용어가 너무 낯설어 '복원'이라고 했다. 그러다 보니 이제는 누구나 종 복원이라는 말을 아무 거리낌 없이 사용하게 되었다. 그래서 그때 연구소의 이름도 황새복원연구센터로 했지만, 정확하게 말하면 황새재도입연구소가 맞다. 황새라는 동물이 대상이라면 분명 재도입을 써야 하지만, 완전히 파괴되어 사라진 서식지를 재생할 때 restoration을 복원이라는 말로 번역해도 크게 틀린 것은 아니다. 결국 황새를 도입하여 그 개체를 증식하면서 그 개체가 살아갈 서식지를 재생하는 일련의 과정을 포함하는 의미로 황새 복원이라는 용어를 사용하고 있을 뿐, 올바른 용어가 아님을 독자들의 이해를 구한다.

재도입은 과거에 그 지역에서 살았지만 현재 그 지역에서 사라진 탓에 다른 지역에서 사는 개체를 가져다가 과거에 살았던 야생에 되돌려 보냈을 경우, 이때의 행위 자체를 야생복귀라고 한다. 한편 복귀는 재도입과 동의어로도 쓰인다.

황새를 복원하겠다고 나섰을 때, 환경부에서는 반달곰 복원에 나섰다. 이 반달곰 복원은 러시아에서 반달곰을 들여다가 과거에 살았던 숲에 풀어놓았으니 재도입이다. 개체 도입도 쉽지 않은 문제다. 그리고 증식도 그렇다. 시간이 오래 걸리고, 비용도 많이 든다. 증식에 성공했다 해도 자연으로 돌려보낼 적정 개체수를 확보하거나 이 개체들의 유전적 다양성을 갖추는 것은 매우 어려운 문제다.

한 쌍을 들여와 그 쌍에서 계속 자손이 늘어나 10마리 그리고 100마리가 되었다고 하자! 그 황새들을 자연으로 돌려보냈을 경우 많은 문제가 일어난다. 유전적으로 취약해 전염병으로 개체 모두가 절멸할 가능성이 매우 높다. 게다가 근친혼으로 기형 발생 현상도 지나칠 수 없는 문제다. 당연히 자연에서 개체 증식률이 낮아질 수밖에 없다.

야생으로 복귀할 개체군을 확보했다 해도 이 개체가 과연 자연에서 잘 살아갈 수 있을까 하는 문제가 남아 있다. 바로 서식지다. 멸종 원인의 대부분이 서식지가 사라진 것인데, 그것도 사람들의 활동으로 서식지가 사라졌다면 복원하기란 매우 어렵다. 개발에 따른 서식지의 단절, 그리고 농약 사용 등으로 서식지에서 먹이가 사라졌다면 서식지의 단절을 복원하고, 농약 사용을 줄여 먹이 자원을 회복해야 한다. 하지만 말처럼 쉬운 일은 아니다.

황새를 예를 들어 복원 단계에 따라 복원의 심도를 이해해보자. 황새가 우리나라 땅에서 절멸되었기 때문에 아직도 지구상에 남아 있는 러시아와 중국의 국경인 아무르 강(중국에서는 흑룡강) 유역의 번식 개체군에서 황새를 도입해야 하는 첫 단계가 있다. 이 단계에서 개체를 어느 정도 도입해야 할지를 정한다. 한 쌍만으로는 증식할 수 없으므로 과거에 우리나라의 자연에서 서식했던 개체수를 정밀하게 파악하여 그 수를 정한다. 따라서 우리는 과거 우리나라에 서식했던 개체군을 약 100마리로 추정, 1996~2005년까지 러시아와 일본 그리고 독일에서 21마리를 도입했다.

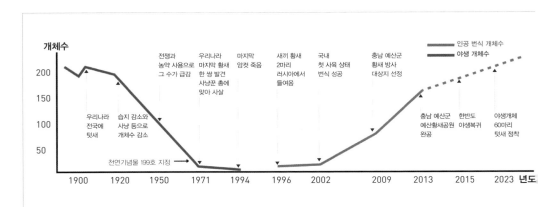

한반도 텃새 황새의 멸종, 황새 종 도입과 인공증식 개체수 변화 과정 과거 한반도에 텃새 황새 개체수는 약 200여 마리로 추산, 한반도 자연에 서식했던 황새는 1994년에 완전히 사라지고, 1996년부터 러시아에서 어린 황새를 도입한 뒤 인공증식 끝에 현재 156개체에 이른다.

두 번째 단계는 개체 증식이다. 21마리에서 8쌍을 꾸려 총 150마리로 증식을 끝마쳤다. 이 개체들 가운데 아직 근친은 없고, 야생에 돌려보낼 개체를 확보한 셈이다.

다음 단계가 바로 서식지 복원인데, 서식지 복원은 지금까지의 과정에서 볼 때 황새 복원 가운데 가장 어려운 과정이다. 전체 10퍼센트에 해당하는 과정이 개체 증식이라면 나머지 90퍼센트는 서식지 복원이라 할 수 있다.

서식지 복원은 우리의 자연 복원이다. 과연 실현 가능한 일일까, 아니면 희망사항일까? 복원은 원래 실체가 존재하지 않는다. 먼 옛날을 기억하며 그 기억을 더듬어가는 과정이 복원이다. 다시 말해, 그 옛날 전해오는 빛바랜 사진이나 전해져 내려오는 이야기를 기억 삼아 거슬러 올라가는 과정이 복원이며, 이 행위는 인간만이 갖고 있는 본성일지도 모른다. 인류는 늘 아직 펼쳐지지 않은 미래의 세상에 희망을 품듯, 복원은 과거 우리 영혼에 희미한 흔적으로만 남아 있는 미지의 세상으로 가는 희망의 항해다.

한반도에서 마지막 황새의 기억은 이미 2세대에 걸쳐 전해오는 옛 이야기로만 존재한다. 아니, 빛바랜 과부황새 사진이 전부다. 다시 한 세대를 거슬러 올라가면 고목으로 변한 은행나무와 물푸레나무 몇 그루와 이 고목들처럼 나이든 노인들의 기억이 전부다. 그 희미한 기억을 더듬어 황새 복원의 항해는 이제 막 닻을 올렸다. 그 미지의 아름다운 세상을 향해 우리 모두의 승선을 기다리면서…….

2

황새가
살았던 곳을 찾아서

천연기념물 관(황새)번식지

황새가 살아갈 땅을 마련하는 일, 그것은 바로 과거에 살았던 곳을 파악하는 일에서 시작된다. 우리는 우리나라 텃새 황새가 마지막으로 둥지를 틀고 살았던 곳, 충북 음성군 생극면 관성리만 기억하고 있다. 그러나 그곳 외에도 여러 곳에서 발견된다. 일제 강점기 때 조선총독부에서 발간한 자료와 해방 후 우리 정부에서 발행한 조류도감을 보면 남·북한 합쳐 번식지가 8곳으로 기록되어 있다.

북한에는 황해도 연백군·평산군·백천군과 함경북도 김책시가 황새의 번식지였으며, 일제 강점기 당시 황새를 천연기념물로 지정하여 보호했던 기록이 남아 있다. 1935년 조선총독부에서 발간한 『조선보물고적명승 천연기념물 보전요목』에 황새 번식지가 일본에는 효고현 이즈시에만 있으나 조선에서는 각지에서 번식하고 있다는 기록으로 미루어, 과거 우리나라 황새의 번식지가 일본보다 많았음을 알 수 있다.

지금도 충남 예산군 대술면 궐곡리와 충북 음성군 대소면 삼호리에 가면 일제가 세워놓은 '天然記念物 鶴繁殖地'라고 새긴 대리석 표지석이 남아 있다. 충북 진천군 이월면 중산리도 1920년부터 1961년까지 황새가 번식해 천연기념물 황새 번식지로 지정되었다. 이 황새 번식지는 일제 강점기 때 이미 지정되었다가 해방 후 우리 정부가 천연기념물을 정리할 때 그대로 천연기념물 보호지역으로 지정되었다.

천연기념물은 원래 남미 적도 부근의 여러 나라를 여행하고 『신대륙의 열대지방기행』이란 책을 쓴 독일의 박물학자이자 탐험가 알렉산더 훔볼트(Alexander von Humboldt)가 1800년 베네수엘라 북부지방에서 큰 자귀나무를 발견하고 '천연기념물(Naturdenkmal)'이라 이름 붙인 데서 비롯되었다.

당시에는 별다른 호응을 얻지 못했으나 19세기 후반 산업혁명으로 자연 파괴가 서슴없이 벌어지자 천연기념물은 자연유산의 의미로 정착하게 되었다. 특히 독일이 천연기념물을 자연보호의 상징으로 삼아 해당 지역의 향토애를 고취하면서 세계 각국도 이러한 사례를 따랐다.

제도적인 측면에서는 프랑스가 1827년 「천연기념물에 관한 법령」을 제정해 가장 앞서 나갔으며, 독일과 영국도 1852년과 1882년 각각 「수목보호법령」과 「고대기념물보호법」을 정해 관리체제를 확립했다.

우리나라는 1933년 일제의 조선총독부에서 「조선 보물 · 고적 · 명승 · 천연기념물 보호령」을 마련해 동물과 식물, 지질, 광물, 천연보호구역 등을 지정하면서 시작되었다. 1919년 일본인 학자가 한반도 전역에서 크고 유래 있는 나무 5,339점을 조사하여 고사(故事)와 함께 수종별로 정리한 『조선거수 · 노수 · 명목지』가 당시 지정 작업에서 가장 중요한 바탕이 되었다고 한다. 일제는 당시 모두 146건의 천연기념물을 지정했다.

해방 후 우리 정부도 1962년 「문화재보호법」을 마련했으며 일제 강점기 당시 천연기념물을 포함해 1,998건의 천연기념물을 지정했다. 그때 한반도에 있던 황새 번식지도 천연기념물 보호구역으로 지정되었다. 여기에서 일제가 지정한 것과 우리가 지정한 것에 한 가지 다른 점을 발견할 수 있다. 바로 지정 호수다. 일본은 천연기념물에 따로 지정 호수를 붙이지 않았으나 우리나라는 지정 호수를 붙였다. 문화재청에 왜 우리는 천연기념물에 지정 호수를 붙였는지 질문한 적이 있다. 별다른 의미는 없고, 지정된 목록에 일련번호를 매겨 관리하다 보니 지정 호수가 붙게 되었다는 대답을 들었다.

우리는 지정 호수가 빠르면 매우 귀하다는 인식을 갖고 있다. 예를 들어 국보 1호나 보물 1호라 하면 마치 엄청나게 귀중한 것으로 여기고 있지 않는가! 그런데 정작 천연기념물 제도를 처음 실시한 일본은 그런 번호를 매기지 않았다니, 그 이유가 궁금했다. 원래 호수는 관리번호이지, 어느 것이 더 가치가 있는지에 따라 붙이는 것이 아니라는 게 관계자들의 설명이다. 이러한 사실에서 일본에서 천연기념물에 특별히 호수를 붙이지 않은 것은 천연기념물에 대한 배려임을 알 수 있다.

어쨌든 충남 예산 관번식지(鸛繁殖地, 鸛은 황새를 가리킨다)는 천연기념물 보호구역 99호, 충북 음성군 대소면은 천연기념물 보호구역 120호, 그리고 충북 진천 관번식지는 천연기념물 보호구역 134호로 지정되었다가 이 가운데 충남 예산은 1965년에, 충북 음성과 진천은 1973년 각각 해제되었다. 지금은 더 이상 황새가 번식하지 않는 땅, 돌 비석만 덩그러니 남아 있을 뿐이다.

1971년도에 마지막 황새 한 쌍이 발견된 충북 음성군 생극면 관성리는 천연기념물 보호구역이었을까? 물론 완전히 사라진 줄로만 알았던 황새가 처음으로 충북 음성군 생극면 관성리에서 발견되었기는 해도 그곳은 천연기념물 보호지역이 아니다. 황새 한 쌍이 발견된 뒤 정부에서 그곳을 천연기념물 보호구역으로 지정하기도 전에 황새 1마리가 사살되었기 때문에 천연기념물 보호구역으로 지정되지 못했다.

여기서 궁금한 점 두 가지, 충북 음성군 생극면 관성리에 황새가 언제부터 살았을까? 그리고 최근 우리 연구팀이 황새 번식지 22곳을 조사하면서 1970년대까지 번식했던 곳을 여러 곳 발견했는데 우리 정부는 왜 보호구역으로 지정하지 않았을까? 제때에 보호구역으로 지정했더라면 지금처럼 완전히 멸종되지 않았을 것이고, 이렇게 복원한다고 힘들이지 않았을 텐데…….

충북 음성군 관성리

1971년 마지막 황새 한 쌍이 감나무 꼭대기에서 둥지를 튼 곳은 주변에 집들이 있어 마치 황새를 중심으로 주변에 사람들이 모여 사는 듯했다. 황새와 사람들은 매우 자연스러웠다. 주민들은 이 황새 쌍이 특별하지 않았다. 해마다 봄이 되면 어디선가 날아와 지난해 사용했던 둥지를 고쳐 새끼를 치고 살았기 때문이다. 황새 둥지에서 내려다본 논은 황새가 한 번 날개를 퍼덕이면 닿을 수 있는 거리로 아주 가까웠다. 그리고 새끼에게 물어다줄 먹이 채집 장소는 둥지에서 그리 멀지 않은 금정저수지였다.

금정저수지가 이 황새들에게 남달랐던 점은 우선 물고기가 많았다는 것과 수심이 그리 깊지 않았던 데 있었다. 물고기는 4마리 새끼를 충분히 길러낼 수 있을 정도로 많았다. 새끼들은 생후 30일 정도면 어미가 먹는 양의 두 배를 먹고, 다시 60일 정도면 거의 다 자라는데, 이때 어미와 먹는 양이 같다. 어미는 하루에 미꾸라지 400그램을 먹는데, 새끼들은 1킬로그램까지 먹어 치우니 금정저수지는 황새들의 먹이 천국이나 다름없었다. 하지만 아무리 저수지에 먹이가 많아도 수심이 40센티미터보다 깊으면 황새들에게는 그림의 떡이다. 금정저수지의 가장자리는 수심이 그리 깊지 않아 황새들이 쉽게 저수지에서 사냥할 수 있었다.

먹이의 질도 문제다. 알에서 깨어난 직후의 새끼에게는 작은 먹이가 필요하다. 5센티미터의 먹이라면 새끼들은 아무 불편 없이 먹는다. 그러나 새끼가 크면 상황이 달라진다. 일주일만 지나도 10센티미터가 넘는 먹이도 쉽게 먹는다. 문제는 어미가 얼마나 효율적으로 먹이를 가져다주느냐에 있다. 어미가 새끼에게 먹이를 주는 방식은 다음과 같다. 사냥터에서 물고기를 잡으면 일단 위로 삼킨다. 둥지에 돌아와 새끼의 구걸신호에 맞춰 위에 저장한 먹이를 토해내는데 이때 힘이 들어간다. 사람들이 먹은 음식을 토해내는 것과 큰 차이가 없다. 차이가 있다면 사람은 목구멍에 손가락을 깊숙이 넣는 자극으로 토해내지만, 황새는 새끼들의 구걸신호라는 자극으로 토해낸다.

어미의 입장에서는 작은 먹이를 여러 마리를 토해내는 것보다 큰 먹이 하나를 토해내는 것이 훨씬 힘이 덜 든다. 작은 먹이는 목을 길게 늘려 게워내지만 큰 먹이는 목을 늘리는 시간도 훨씬 짧다. 그리고 작은 먹이 사냥은 큰 먹이 사냥보다 비효율적이다. 이렇듯 금정저수지는 작은 먹이뿐만 아니라 아이 팔뚝만 한 메기들도 많아 새끼들을 기르는 데 전혀 어려움이 없는 곳이었다.

한반도에 살았던 마지막 이 한 쌍의 황새에게 먹구름이 드리운 것은 1971년 4월 4일 오전 9시경이었다. 서울에서 버스로 단체 여행 온 일행 중 한 사람이 가지고 있던 엽총에 맞아 수컷 황새가 쓰러졌다. 암컷은 알을 품고 있었고, 수컷은 둥지 위로 내려앉으려는 순간이었다.

그 후 살아남은 암컷은 '과부황새'라는 별명이 붙었고, 현대사에서 한 동물이 이렇게 사회적 파장을 일으킨 것은 전무후무한 사건이었다. 이 황새를 죽인 사람에게 실형을 선고했기 때문만은 아니었다. 4월 1일 일간지에 황새가 충북 음성에 서식하고 있다는 기사가 나고, 3일 뒤에 이런 사건이 벌어졌으니 얼마나 황당한가. 세계적으로 희귀한 새가 이 한반도에서 자취를 감출 수밖에 없는 운명 앞에서 우리 사회는 당혹스러울 수밖에 없었다.

그 사건 이후 남편을 잃은 과부황새는 해마다 봄이면 다시 생극면 관성리를 찾았다. 이 과부황새가 농약을 먹고 쓰러져 있는 것을 주민이 발견한 때가 1983년 7월이었으니, 혼자 이 마을에서 12년을 더 산 셈이었다.

주민들은 언젠가 이 과부황새가 새 남편을 데려올 것이라고 믿었다. 그러나 12년 동안 혼자서 마을을 찾았고, 불행히도 해마다 무정란만 낳았다. 국제

충북 음성에서 수컷이 죽고 홀로남은 과부황새의 모습. 1971년 수컷 황새가 죽은 뒤 이 과부황새는 윤우진 씨 집 앞 뜰 아카시아 나무로 옮겨와 해마다 무정란을 낳았다.

결혼이라도 시켜보려고 학자들이 일본과 유럽 등지로 수소문도 했다. 농약으로 쓰러진 과부황새를 서울대공원으로 옮겼을 때 부산 근처에서 잡힌 겨울 철새 황새 한 마리와 합방을 시도한 적이 있었지만 성공적인 짝짓기로 이어지지는 못했다. 그 황새가 암컷이었다는 사실을 나중에 알았기 때문이다.

과부황새는 우리나라 근대사에 기록될 생태계의 대사건이라고 〈한겨레신문〉 조홍섭 기자는 2002년도 『환경생물학회지』에서 「언론의 생태계보도 사례」라는 글에서 밝히고 있다. 다음은 「언론의 생태계보도 사례」 가운데 일부이다.

<hr>

사례 황새 보도 : 마지막 텃새의 죽음

한국전쟁 이후 자취를 감추었던 황새(천연기념물 제199호)의 서식지가 충북 음성군 생극면에서 발견됐다는 소식이 〈동아일보〉 1면 암수 한 쌍이 알을 낳아 부화중인 사진과 함께 크게 보도된 것은 1971년 4월 1일이었다. 당시 신문은 8면을 발행하고 있었고, 같은 달 27일에는 박정희 대통령과 신민당 김대중 총재의 대통령 선거를 앞두고 있었기 때문에 상당히 이례적인 지면 배정이었다. 이 보도는 사흘 뒤 한 사냥꾼이 엽총으로 수컷 황새를 쏘아 죽이고 이튿날엔 품고 있던 알 4개도 누군가가 가져감으로써 극적인 사건으로 떠올랐다.

〈동아일보〉는 4월 7일자에 황새를 쏜 사냥꾼이 자수했다는 기사를 사회면 사이드 기사로 보도했다. 이 기사는 사회면의 일반적인 기사 작법에 비춰 파격적으로 격앙된 표현을 구사해 눈길을 끈다. "천연기념물 황새 참혹한 수난"이란 큰 제목과 "몰지각의 총 휘두른 사냥꾼 검거"를 소제목으로 단 이 기사는 "서울 청량리경찰서는 6일 오전 이 잔인한 총잡이 이용선 씨(46, 상업. 신당동 290의 152)를 수렵법 및 문화재보호법 위반혐의로 입건, 구속영장을 신청하고……"라고 썼다.

〈조선일보〉도 같은 날 사회면에 큰 상자기사를 실었는데 "황새 쏜 사냥꾼 자수"란 큰 제목과 "내가 바로 천연기념물 죽인 죄인이올시다"란 자극적인 부제목을 붙였다.

〈동아일보〉는 이어 4월 8일자 사회면 머릿기사로 "보호조류 우리 손으로 지키자"는 기획기사를 게재하고, 당국의 손에 희귀 조류를 맡길 수 없다는 학계인사들의 격앙된 반응과 일본 홋카이도의 조류보호 사례 등을 소개하고 국내 백로서식지 보호 등을 제안했다.

황새가 남긴 유산

'음성 황새' 보도는 우리나라 자연생태계 보도의 출발점이라는 역사적인 의미를 갖는다. 전국에 널리 분포했던 낯익은 황새의 임박한 절종, 사냥꾼의 몰지각한 행태와 자수, 발견 후 사흘 만에 벌어진 참사, 원병오 교수 등 우리나라 자연보호 1세대들의 경고 등이 어우러져 이 기사를 극적으로 만들었다. 그러나 요즘의 생태계 기사와 비교해볼 때 당시의 기사는 부족한 점이 많이 눈에 띈다. 도감을 그대로 옮겨놓은 듯한 설명 이외에는 황새의 생태와 그 가치에 대한 언급은 거의 없다. 또 우리나라에 서식하던 황새의 분포와 사라지게 된 원인에 대한 체계적인 분석 없이 마치 사냥꾼 이 씨가 황새 절종의 가장 큰 원인인 것처럼 기사가 작성됐다. 이 씨의 총질이 없어도 텃새인 황새의 멸종은 시간문제였다. 또 황새 이외에 멸종의 운명을 기다리던 다른 야생 동식물에 대한 추적조사나 문제제기가 없었다는 아쉬움을 남긴다. 만일 황새 사건을 계기로 희귀동물을 보호하기 위한 캠페인을 본격적으로 벌였다면 여우나 늑대, 한국호랑이 등 지금은 멸종이 거의 확실한 동물들이 마지막으로 보호될 기회를 제공했을지도 모른다. 그러나 황새 기사는 그 뒤에도 이어졌다. 홀로 남은 '음성 과부황새'가 해마다 무정란을 낳으며 쓸쓸히 지내다 83년 농약에 오염된 먹이를 먹고 쓰러져 과천 서울대공원으로 옮겨졌고, 이어 94년 10월 말 노환으로 숨졌다는 기사가 간간이 보도됐다("음성 '과부황새' 가다/71년 밀렵꾼에 짝 잃은 후 23년 수절"/〈동아일보〉 1994. 11. 30). 황새는 1996년 한국교원대 황새복원연구센터가 러시아에서 황새를 들여와 복원에 나서면서 또다시 언론의 관심사로 떠올랐다. 텃새 황새의 이름 값 덕분에 가끔 찾아오는 철새 황새에 관한 보도도 종종 나타난다. '음성 황새' 기사는 자연생태계 기사의 정치적 성격에 관한 논란을 부르기도 했다. 보도가 이뤄진 당시는 대통령 선거를 석 달 앞두고 대학생들의 시위가 잇달아 휴강이 선포되던 분위기였다. 10월 유신 선포를 한 해 앞두고 권위주의 정권과의 갈등이 고조되던 상황에서 '한가하게 새한 마리에 흥분하는' 보도태도를 두고 지식인들은 체제유지를 위해 야생동물을 이용했다고 비판하기도 했다. 당시 민주화운동에 관한 기사는 시위 또는 체포 기사가 단신으로 보도되는 것이 고작이었다.

음성 황새는 언제부터 음성에 살았을까?

마을 주민 윤우진 씨에 따르면 황새가 음성군 생극면 관성리에 찾아온 해는 1936년 이른 봄이라고 했다. 그 당시 윤 씨의 나이는 16세였고, 그는 처음 마을로 찾아온 황새에 대한 기억을 이렇게 증언했다.

"먼 산에 눈이 아직 녹지 않은 무렵 어디서 날아왔는지 한 쌍이 마을을 빙 돌면서 내려앉을 곳을 찾는 듯했다. 그때 마을 한복판에는 수십 년 묵은, 고 목이 된 미루나무 한 그루가 있었는데 부친 윤영노 씨가 그 나무에 둥지를 만들어주었다."

35년이나 음성에서 살았다는 것이 사실이라면, 왜 35년이 지난 1971년에 야 겨우 이 황새가 세상에 알려졌는가? 해방이 되기 전부터인데……. 일제 는 황새가 우리나라에 번식했던 일부 지역을 보호구역으로 선정했지, 모든 황새 번식지를 보호구역으로 지정하지는 않은 것 같다. 우리 연구팀이 이미 천연기념물 보호구역으로 지정된 곳을 중심으로 탐문조사를 한 결과 황새 번식지는 그보다 훨씬 많았다는 것을 확인했기 때문이다.

해방 후 우리 정부는 1962년에 문화재보호법을 만들어 일제가 지정해 놓 은 황새 번식지를 재지정하는 정도였을 뿐 자세한 조사를 하지 않았다. 당 시 우리나라는 한국전쟁을 겪은 뒤라 경제적으로 매우 어려웠던 시기였다. 환경을 돌아볼 여유가 없었다. 식량증산을 위해 농약을 마구 사용하기 시작 할 때였다. 전쟁 후 남한에만 수십여 곳의 황새 번식지가 있었지만 누구도 황새라는 새가 국제적으로 희귀한 새라는 사실을 몰랐다.

모두가 먹고사는 데 바쁜 시절이었기에 사라져 가는 새에 대해 관심을 가 질 리가 없었다. 음성에서 황새가 발견되기 전, 주민들은 이 황새가 해마다 2~4개의 알을 낳았으며, 어미와 함께 새끼들이 하지가 지난 시기에 마을을 떠났으며, 그 이듬해 봄에는 어미만 다시 그 마을로 돌아왔다고 전한다. 아 마 새끼 황새들이 있었다면 다른 곳에 번식지가 있고, 그곳에서 나온 새끼 들이 다시 음성에서 태어난 황새들과 짝을 이뤄 음성이 아닌 곳에서 보금자 리를 틀고 살았을 것이다.

그 당시에는 분명 음성 황새 외에 우리나라 여러 곳에서 황새가 번식하고 있었지만, 정부의 공식적 조사가 한번도 이루어지지 않았다. 오히려 1950~60년대는 급속한 개발로 우리 생태계가 날로 황폐해졌고 결국 우리나라 황새들의 먹이 고갈로 이어졌다. 아마 음성 황새가 발견되기 전 4~5년 사이에 다른 곳의 황새들도 거의 사라졌을 테고, 그나마 음성 황새가 우리나라 땅을 마지막으로 지켜준 셈이다. 조금만 일찍 관심을 가졌더라면 이렇게 복원이라는 힘든 과정에 처하지 않았을 텐데……. 종조(씨앗이 되는 새)마저 잃고 나서야 우리는 황새가 귀한 새라는 것을 새삼 깨닫게 되었다.

예산군 대술면 궐곡리

충북 청원군에 위치한 한국교원대학교에서 국도를 따라 천안 방향으로 가다 보면 아산과 예산으로 가는 이정표가 눈에 띈다. 한 시간가량 걸렸을까, 궐곡리 사거리에서 바라본 풍광은 그 옛날 우리 농촌의 모습이었다. 감나무에는 빨간 감이 주렁주렁 열리고, 추수한 곡식들을 햇볕에 말리느라 한창인 가을 오후…….

70세쯤 돼 보이는 한 노인을 만나 황새가 살았던 옛날을 기억하느냐고 물었더니 자신보다 더 나이가 많은 마을 주민을 소개해주었다. 수백 년이나 됨직한 은행나무 두 그루는 이 마을의 역사를 가늠케 했다. 그곳에서 83세 김 노인을 만났다. 지금까지 농사만 짓다가 최근에 몸이 좋지 않아 농사일을 그만두었다 한다. 김 노인은 귀가 약간 멀어 큰 소리로 말해야 알아들을 정도로 연로했지만 기억은 매우 또렷해 해방 전 황새가 둥지 치며 살았던 이야기를 생생하게 들려주었다.

둥지 튼 나무는 소나무였고, 따다닥거리며 부리를 두드리는 소리를 자주 들었다는 것으로 보아 황새가 틀림없었다. 그런데 노인은 황새가 아니라 학두루미라고 했다. 옛날 사람들이 황새를 두루미로 여겼다는 증거를 노인에게서 발견했다.

김 노인의 소개로 그 옛날 황새 번식지 옆에 살았던 집을 알아냈다. 그 집의 주인인 66세의 김중철 씨의 안내로 집 바로 옆 '제99 예산 천연기념물 관번식지'라는 글귀를 새긴 비석을 발견했다. 해방 전 조선총독부에서 세운 비석이었다. 비석 뒤에는 뭔가 새겼다가 지운 흔적이 보였다. 물어

예산군 대술면 궐곡리에 세워진 황새 번식지 비석. 오른쪽의 비석은 일제 때 조선총독부에서 세웠고 왼쪽은 해방 후 우리나라에서 세웠다. 故 이예순 할머니는 그때를 증언해주신 유일한 분이었다.

보니, 거기에 조선총독부라고 새겼는데, 해방 후 그 지역의 교육감이 와서 그 글자를 지우게 하고 옆에 비석을 하나 더 세워 놓았는데, 현재도 두 비석이 나란히 있다. 새로 세운 비석 앞면의 글귀는 조선총독부가 세운 비석의 글귀와 같았고 비석 뒷면에는 대한민국이라는 글자가 새겨졌다.

김중철 씨는 해방 후 한국 사람들이 비석을 세울 때 현장에 있었지만, 조선총독부가 비석을 세울 때의 상황에 대해서는 알지 못했다. 그때의 상황은 그의 노모가 생생하게 들려주었다. 김중철 씨의 노모는 96세로 연세에 비해 아직 건강해 보였다.

"어느 날 일본인들이 비석을 마차에 싣고 말을 타고 왔지요." 황새가 언제부터 번식했는지를 묻자 큰딸의 나이가 지금 74세로, 큰딸이 만 두 살 때부터 황새가 바로 집 옆 소나무에서 번식했다고 했다. "사람들이 새끼를 훔쳐가곤 했어요. 동물원에 갖다 팔려고 했는지, 그 귀한 새를 갖고 간 사람은 제대로 살지 못했을 거예요." 그렇게 새끼를 훔쳐가고 알을 빼내간 것이 한두 해가 아니었다고 증언했다. "새끼를 잃은 황새 쌍이 너무 측은했어요.

하루 종일 따다닥 소리를 내면서 온 마을을 돌아다녔으니까요."

노인의 이야기를 통해 그 마을에 황새가 번식했던 시기는 대략 1936년에서 1947년 정도였으리라 추정해본다. 그 이유는 10여 년 동안 번식기가 되면 해마다 찾아왔다가 새끼를 잃어버려, 주민들이 황새를 보호하기 위해 둥지 주변에 철조망을 쳐주었기 때문이다. 노모는 철조망을 친 사람은 돌아가신 김중철 씨의 부친이라고 증언했다. 아마도 철조망을 친 것은 황새가 번식하기 시작한 지 여러 해가 지나서였고, 그러다가 일본의 관가에서 이 사실을 알고 천연기념물 비석을 세운 것으로 보인다. 그렇다면 황새는 천연기념물 비석이 세워진 뒤 2~3년 정도 이 마을에서 살다가 어디론가 사라진 것으로 보인다.

어쨌거나 당시 황새는 일부 주민들에게 수난을 겪었지만 마을의 수호신으로 살았다. 아직도 그 시절을 회상하는 몇몇 주민들은 엄청나게 큰 새였으며, 아주 기품이 있는 새로 기억하고 있었다.

음성군 대소면 삼호리

이곳은 1973년까지 황새 번식지 천연기념물 보호구역으로 지정되었던 곳이다. 언제부터 이곳에 황새가 번식하며 살았는지 정확히 아는 사람은 없다. 그 마을에서 황새의 번식을 가장 많이 알고 있는 강정원 할아버지는 6·25전쟁 이후로도 황새가 번식하면서 살았다고 생생한 기억을 들려주었다.

"황새는 우리 할아버지 때 이 물푸레나무 위에 둥지를 틀었지요. 6·25가 일어나기 한두 달 전이었던가, 이상하게도 그해따라 둥지의 알은 돌보지 않고 부리를 부딪치며 하늘 높이 날기만 했습니다. 그것을 목격한 동네 할머니가 이런 말을 하더군요. '무슨 큰 변이 일어나겠다'고, 그 직후에 6·25가 터졌어요."

1900~1950년에 걸쳐 황새가 둥지 틀었던 물푸레나무. 아직 이 나무는 음성군 대소면 삼호리에 생존해 있다.

　이뿐만이 아니었다. "6·25가 일어난 지 이듬해였던가, 군에서 휴가 나온 동네 청년이 칼빈 소총으로 황새 한 마리를 쏴 죽였습니다. 그때는 그게 희귀한 새인 줄 몰랐지요. 지금 같으면 당장 잡혀갔겠지만, 새 한 마리 죽인 걸 대수롭게 않게 여기던 때였으니까. 그런데 그 청년이 귀대하고 얼마 지난 후 죽었다는 연락이 온 거예요. 그래서 동네 사람들은 그가 황새를 죽이는 바람에 그렇게 됐다고 믿었습니다."

　이곳에는 아직도 일제가 세워놓은 두 개의 황새 번식지 비석이 남아 있다. 하나는 마을 안 마을회관 앞에 있었고, 다른 하나는 마을로 들어서는 입구에 있었다. 우리가 방문했을 때는 마을 입구에 있던 비석이 입구에서 몇 미터 떨어진 논두렁에 처박혀 있었다. 장정 두 사람이 겨우 들 정도로 무거운 비석이었다. 원형이 그대로 보존되어 있었고, 앞면에는 천연기념물 관번식지라고 새겨져 있었고, 뒷면에는 조선총독부라는 글씨가 또렷하게 새겨져 있었다. 아마도 일제가 전국적으로 황새 번식지를 파악하면서 거의 비슷한 시기에 비석을 세워놓은 것 같았다.

　아직도 강정원 할아버지의 집 마당에는 황새가 번식했던 나무가 살아 있었다. 수종은 물푸레나무로 수령이 약 400년 정도, 나무 둘레는 어른 두 사람의 팔로 둘러야 할 정도로 우람했다. 너무 오래되어 나무의 절반은 썩어 있었지만 그래도 반은 아직 살아 있어 그 옛날 황새의 둥지로 제공했던 흔적이 남아 있었다. 밑둥 위로 갈라진 가지에 황새가 수십 년 동안 새끼를 치며 살았다고 한다. 강정원 할아버지의 할아버지 때부터였으니, 족히 1900년 초부터 이 나무에서 살지 않았을까 추측해본다.

황새의 수명은 30년이며, 1900년대 초반에서 1950년 6·25전쟁 때까지만 헤아려도 약 50년 가까이 그곳에서 살았다면 두 세대가 이어서 그곳에서 번식하며 살았을 가능성이 높다. 그리고 1년에 2마리씩 번식했다면 음성 대소면 황새 번식지에서 100마리 정도의 황새가 탄생했을 것으로 추정된다. 그렇게 많은 새끼들이 모두 우리나라 자연에서 생존했다면 지금처럼 완전 사라지지는 않았을 것이다.

충북 진천군 이월면 중산리

이곳은 1920년부터 1961년까지 황새가 번식했던 지역으로, 일제 강점기 당시 조선총독부에서 천연기념물 황새 번식지로 지정했다. 당시 비석을 세웠으나 1970년대 개발로 사라지고 없다. 해방 후 우리 정부에서 천연기념물 보호구역 제134호로 지정했지만, 1973년 7월에 해제했다. 그 당시 황새가 미루나무에 둥지를 튼 것으로 확인되었으며, 황새가 죽은 원인은 밀렵 때문이라고 기록되어 있다.

천연기념물 보호구역 이월면 중산리와 불과 1.5킬로미터 거리에 이월면 노원리가 있다. 노원리는 원래 황새 번식지로 기록된 지역은 아니지만 이월면 중산리를 조사하던 중 과거에 번식지였다고 주민들이 증언했다. 주민들의 증언에 따르면, 10미터 정도의 높지 않은 참나무에 황새가 둥지 틀고 살았다. 현재 이곳에서 500미터 떨어진 곳에 백로와 왜가리 집단 번식지가 있다. 탐문을 계속하다 보면 더 많은 황새 번식지를 찾는 것이 그리 어렵지 않을 것 같다.

과거 번식지를 찾아서

남한에서는 황새가 충남 예산, 충북 음성 그리고 진천에만 번식했다고 믿었다. 어디에도 번식 기록이 없었기 때문이다. 그러던 중, 예술가로 환경운동을 하는 국민대학교 윤호섭 교수(명예교수)를 만났고, 윤 교수는 황새가 우리나라 다른 곳에서도 번식했다는 소식을 들려주었다. 윤 교수는 어린 시절을 경기도 여주군 북내면 신접리에서 보냈다 했다.

"황새가 동네에서 가장 큰 은행나무에 둥지를 틀고 살았습니다. 내가 어릴 때로 6·25전쟁이 지나서였어요. 황새 한 쌍이 공중에서 부리를 부딪치며 소리를 내는 모습은 아주 멋진 광경이었지요."

윤 교수는 어린 시절 마을의 모습을 이렇게 회상했다.

"지금 어쩌다 고향 땅을 찾지만 그 모습이 아닙니다. 많이 변했어요. 골프장이 들어서고 마을이 개발과 농약 오염으로 엉망이 되었으니 이젠 황새가 살 수 없을 거예요."

그는 황새를 그곳에 복원시키기에는 너무 늦었다고 안타까워했다.

우리는 윤호섭 교수가 가르쳐준 경기도 여주군 북내면 신접리 은행나무를 찾았다. 동네 사람들은 1920~1951년까지 은행나무에서 황새 한 쌍이 둥지 틀고 살았다고 증언했다. 은행나무는 비록 고사되었으나 1982년 10월 군보호수로 지정되어 보호받고 있었다. 이 은행나무의 높이는 약 18미터, 한국전쟁 당시 거의 다 자란 새끼 황새들이 인민군이 쏜 총에 맞아 죽고 어미황새는 다시 돌아오지 않았다고 한다.

경기도 여주군 가남면 대신리, 1950년까지 황새가 둥지 틀었던 은행나무

옛날에 황새가 살았던 여주군 북내면 신접리에 과연 황새를 복원시킬 수 있을까, 자문해 보았다. 답은 아니다. 그 이유는 마을이 너무 많이 변했다. 무분별한 개발로 황새가 발붙일 곳이 없었다. 농경지는 개간되어 여기저기 건물과 도로로 바뀌었고, 그 옛날 황새의 먹이터였던 곳은 비닐하우스가 점령해 버렸다. 인근 골프장은 황새 서식지 복원에 치명적일 수밖에 없었다. 농약 사용으로 마을의 하천과 농수로가 오염되었으니 그야말로 황새에게는 최악의 상황으로 변한 지가 꽤 오래된 듯하다.

문헌에 나타난 것 외에 황새가 번식했던 곳이 우리나라에 있다는 윤 교수의 제보를 계기로 과거 황새 번식지를 본격적으로 찾아 나섰다. 모두 탐문하는 방식으로 이루어졌다. 탐문 결과 문헌의 기록 외에 22곳에서 황새가 번식했던 것으로 확인되었다. 경기도 17곳, 충청남도 3곳 그리고 충청북도 2곳이 탐문에서 새롭게 밝혀졌다.

새롭게 밝혀진 과거 번식지

발품을 팔아 황새의 과거 번식지를 추적한 이유는 황새 복원을 성공적으로 해내기 위함이었다. 문헌에 알려진 곳만으로는 황새가 어떤 곳을 좋아하는지 파악하기가 쉽지 않았다. 다행히 경기도와 충청도 땅에서 황새의 번식지를 찾게 되어 앞으로 우리나라에 황새를 복원시키는 데 귀중한 자료로 활용하기에 충분했다. 비록 일부는 개발로 말미암아 복원이 불가능한 곳도 있었지만, 그래도 몇몇 번식지는 서식지를 복원해 황새를 방사할 수 있는 곳도 있었다. 무엇보다 한반도의 과거 번식지 특징은 비옥했던 땅인 것만은 틀림없었다.

한마디로 범람원이었다. 범람원이란 우기 때 하천이 범람한 곳으로 생물자원이 풍부하다. 황새가 번식하려면 새끼들의 먹이가 많아야 한다. 우리나라에서 생물자원이 풍부한 곳이 황새의 번식지였음이 밝혀졌다. 옛날에는 비료가 없었으니 당연히 생물자원에 의존하여 농사를 지을 수밖에 없었다. 생물자원이 풍부하면 땅이 비옥해져 농사가 잘된다. 물론 농약이 없었던 시절에 땅이 비옥하면 그 땅에서 자라는 벼는 병충해에 대한 저항력도 일반 땅보다 높을 수밖에 없었다. 우리나라 황새 번식지는 모두 그런 공통의 특징을 갖고 있었다.

우리가 찾아낸 과거 번식지를 종합해보면 대략 약 80퍼센트가 한국전쟁 이전에 살았던 것으로 밝혀져, 아마도 우리나라 황새는 한국전쟁을 겪으면서 많이 사라진 것으로 보인다. 문헌에 따르면 북한에도 황해도 연백군, 배천군 그리고 평산군에 한국전쟁 이전에 번식했던 것으로 알려져 있다. 연백평야가 있는 연백군은 옛날부터 곡창지대로 알려진 곳으로, 그곳이 예외 없이 비옥했던 이유는 범람원으로 생물자원이 뛰어났기 때문에 한반도에서 농사가 잘되는 곳 중 하나였다.

남한의 황새 과거 번식지

번식지 마을 주소	번식 시기	멸종 원인	번식 수종
경기도 여주시 흥천면 다대리	~1950년 초	한국전쟁	아카시아나무
경기도 여주시 능서면 매류리	~1970년 초	?	소나무
경기도 여주시 가남면 오산리	~1950년 중반	?	소나무
경기도 여주시 가남면 신해리	~1953년	한국전쟁	은행나무
경기도 여주시 가남면 대신리	~1950년	한국전쟁	은행나무
경기도 여주시 점동면 사곡리	~1948년	밀렵	은행나무
경기도 여주시 북내면 신접리	~1951년	밀렵	은행나무
경기도 이천시 신둔면 장동리	~1945년	고목화로 쓰러짐	은행나무
경기도 이천시 부발면 신하리	~1950년 초	한국전쟁	미루나무
경기도 이천시 부발읍 수정리	~1950년 초	밀렵	참나무
경기도 이천시 율면 고당리	~1950년 초	밀렵	은행나무
경기도 이천시 장호원읍 어석리	~1960년 후반	?	은행나무
경기도 안성시 삼죽면 율곡리	~1970년	밀렵	참나무
경기도 안성시 양성면 추곡리	~1950년 초	?	소나무
경기도 안성시 대덕면 소현리	~1920년 초	둥지나무 불에 탐	전나무
경기도 안성시 공도읍 신두리	1963~1967년	개발	미루나무
경기도 평택시 팽성읍 내리	~1970년	?	왕버드나무
충청북도 음성군 금왕읍 유포리	~1960년대 중반	둥지나무 쓰러짐	전나무
충청북도 진천군 이월면 노원리	~1940년 초	?	참나무
충청남도 천안시 입장면 산두리	~1950년	?	소나무
충청남도 예산군 예산읍 수천리	~1970년	?	소나무
충청남도 연기군 동면 명학리	~1950년 초	?	소나무

북한은 문헌상에 3곳만 기록되어 있지만, 만일 지금이라도 직접 가서 조사를 할 수만 있다면 경기도와 마찬가지로 황해도에도 20여 곳은 더 발견할 수 있지 않을까? 그렇다면 한국전쟁 이전에 우리나라 황새 수는 얼마였을까? 북한의 황새 번식쌍은 20~25쌍, 남한은 약 20쌍 이상으로, 한반도에 약 50쌍이 번식했을 것이라 추정할 수 있다.

이 황새들은 8월 말이면 새끼들을 데리고 남으로 이동하기 시작한다. 만약 한 쌍이 평균 2마리의 새끼 번식에 성공했다면 한반도 농경지와 하천에 약 200마리가 살았으리라. 200마리가 함께 모여 이동하는 것이 아니었기 때문에 사람들의 눈에 쉽게 띄지 않았을 것이다. 아주 추운 겨울에는 남쪽 해안까지 내려와 얼지 않은 강 하구에서 먹이 활동을 했을 테고, 아마도 이중에는 겨울철 북서풍을 타고 일본 시코쿠 지방의 해안가로 내려갔을 가능성도 높아 보인다.

일본 효고현 황새고향공원의 오사코 박사는 일본의 번식 개체군이 과거에 유지되었던 이유는 한국에서 황새가 건너와 일본의 개체와 쌍을 이루었기 때문이라고 추측하고 있다. 그의 판단이 옳다면 우리나라 일부 개체가 일본까지 내려갔다가 그중 일부는 일본에 남고 나머지는 다시 한국의 과거 번식지로 되돌아와 한반도의 번식 개체군을 이루었을 것이다.

물론 우리나라 황새 개체군도 200마리 수준이라 그 수만으로 유전자 다양성을 유지하기 어렵기 때문에 러시아와 중국의 개체군에서 몇 마리가 겨울철에 한국으로 내려와 우리의 개체군과 짝을 이루었을 것이다. 이러한 점에서 오사코 박사는 러시아와 중국의 번식 개체군, 한국의 번식 개체군 그리고 일본의 번식 개체군이 메타개체군을 형성하여 서로 유전자를 교환했을 것이고, 이런 방식으로 동아시아에서 수천 년을 살아왔다고 추정하고 있다.

북한 황새 서식지 복원에 대한 희망

황새 서식지 복원은 남한보다 북한이 더 유리할 수도 있다. 남한은 개발로 말미암아 서식지를 재생하는 일이 쉽지 않다. 유기농사를 한다 해도 이미 밭으로 개간된 땅을 논으로 돌리기가 쉽지 않다. 그리고 그 옛날 황새가 살았던 농촌에 거센 개발의 바람으로 산업단지가 들어선 것도 황새 서식지 복원에 큰 걸림돌이다.

그러나 북한은 다르다. 아직도 논에 농약을 쓰고 있다는 점 외에는 우리보다 서식지를 복원하는 데는 훨씬 수월할지도 모른다. 한국교원대학교 지리교육과 이민부 교수는 일찍이 북한의 지형에 대해 연구해 왔다. 그가 연구한 북한 연백평야의 지형 변화를 살펴보면 우리처럼 대규모 간척사업이 없어 지형상의 큰 변화가 없어 보인다. 물론 하천을 저수지와 연결하다 보니 일부 하천의 직강화(straight strengthening)로 변화가 생기긴 했지만, 황새 서식지 복원에는 그리 큰 문제로 보이지는 않았다. 과거 남한에 황새가 대단위로 번식하며 살았던 경기도 여주와 이천에 이미 공장이나 골프장이 들어선 우리 농촌과는 사뭇 다르다.

2005년 6월 중국 북경에서 회의가 열렸다. 미국 위스콘신에 본부를 둔 국제두루미재단이 터너재단(Turner Foundation)에서 지원받아 두루미 월동지인 북한의 안변 서식지 보호 프로젝트 준비회의였다. 이곳은 1990년까지만 해도 두루미의 겨울철 먹이 서식처였다가 북한의 식량 사정이 열악해지자 두루미들이 이곳을 떠나 비무장지대에서만 겨울나기를 하고 있다.

한마디로 북한 안변에 벼농사를 짓는 주민들을 도와 유기농사를 짓게 해서 두루미 월동지를 회복한다는 계획이었다. 5년 동안 약 20만 달러를 지원한 사업으로, 현재 적은 수이긴 하지만 안변의 월동 개체수는 사업 전에 비해 늘어나고 있다.

2005년 북경회의에 참석해 북한의 황새 서식지 복원에 대해서도 발표를 했다. 물론 남한 학자들은 북한에 들어갈 수 없기에 두루미 월동지 보호 프로젝트에 직접 관여할 수가 없었다. 다만 두루미 서식지 복원을 위해 앞으로 남한이 참여할 수 있는 새로운 사업은 북한의 황새 서식지 복원이라는 사실을 알리는 것으로 만족해야 했다.

북한에 두루미 월동지가 강원도 안변이라면 황새의 번식지는 황해도 연백평야다. 연백군은 월동지가 아닌 번식지였기 때문에 안변의 두루미 서식지와는 생물상에서 매우 큰 차이가 있다.

남한과 북한을 합쳐 가장 큰 평야는 호남평야(1,850km²), 재령평야(1,300km²), 그 다음이 연백평야(1,150km²), 이어서 평양평야(959km²), 나주평야(950km²) 순으로, 이 연백평야는 통일이 되면 우리가 가장 큰 관심을 가져야 할 땅이다. 단순히 곡창지대이기 때문만은 아니다. 분명 이곳은 곡창지대이자 한반도에서 생물다양성이 가장 높은 생태 보고(寶庫)가 될 수 있다는 점에 주목하자! 황새가 번식했고, 그것도 한두 쌍이 아닌 적어도 과거 한반도 절반 이상의 번식 개체군이 이곳에 집중되었다는 점에서 이곳의 생물다양성은 세계에 자랑해도 전혀 손색이 없어 보인다.

한국전쟁 이전에 황해남도 연백군(도촌면)을 중심으로 배천(또는 백천 오봉리)과 평산(고지면) 연안과 해주 등지에 황새들이 적어도 10쌍 이상이 번식했을 것으로 추산한다. 북한은 연안, 해주 그리고 연백의 황새 번식지를 천연기념물 보호지역으로 지정했다가 1980년 번식 집단이 사라지자 현재는 보호지역에서 해제한 상태다.

남북한 교류가 이루어지면 연백 황새 번식지 복원에 나설 생각이다. 연백과 비무장지대는 30여 킬로미터밖에 떨어져 있지 않아 황새들이 번식 시기 동안 비무장지대 안의 습지와 경기도 파주시 장단면까지 활공기술을 뽐내며 먹이 서식지로 이용할 것으로 보인다. 무엇보다 연백 주민들의 논농사를 유기농업을 바꾸고, 논에 비오톱(biotope, 생태용어로 생물이 사는 그릇이라는 뜻)을 조성하는 등, 남북한의 새로운 교류가 이루어지길 희망한다.

이 사업의 시작은 단계적 방사장 건립이다. 연백평야는 연백군 서쪽으로 해주, 동쪽으로 개성에 이르고 남으로는 교동도 사이에 위치해 있다. 경기만과 예성강으로 흘러드는 명천천, 나진포천 그리고 한교천 주변 인근 마을 가까이에 약 10곳의 단계적 방사장 건립을 먼저 추진하고자 한다. 물론 인공둥지도 단계적 방사장 옆에 짓는다. 그리고 이곳에 황새가 둥지 틀었던 나무 수종이 물푸레나무, 소나무, 참나무 등 다양한 수종인 것으로 알려져,

황새

Ciconia boyciana

황새-왜가리목 Ciconiformes
황새과 Ciconidae

황새는 우리나라에 드물게 나타나는 희귀한 종이다. 황부류에 속한다. 황새는 암컷과 수컷은 다 같은 색이다. 머리와 목은 흰색이고 목의 아래부분에 있는 것은 가늘고 길어서 못가슴을 덮고 있다. 눈주위의 드러난 부분은 붉은색이다. 날깃은 검은색, 부리는 검은밤색, 끝은 누런밤색, 다리는 붉은색, 꼬리는 흰색이다. 몸길이는 1,120mm, 날개길이는 620~670mm, 부리길이는 200~260mm, 부척길이는 242~280mm, 꼬리길이는 220~267mm이다. 황새는 월동하는 장소에 홀로 또는 작은 무리로 살고 있다. 황새들은 저수지와 바다기슭의 갈밭, 큰 강기슭의 풀숲에서 활동하며 일부 개체들은 간석지 또는 논벌에서 먹이활동을 한다. 이형시기에는 쌍 또는 작은 무리로 1~2일간씩 머물러 있다가 날아간다. 과학자들이 1986년 1월 황해남도 강령군 동포리에서 16마리, 황해남도 청단군 금학리에서 4마리가 월동을 하는 것과 1991년 11월 24일 황해남도 태탄군 성남리에서 36마리, 11월 28일 옹진군 서해리, 그밖에 이형시기에는 옹덕군 룡림리, 안변군 룡화리, 금야군 해중리, 신포시 대이호, 라선시 굴포리 일대에서 각각 1마리씩, 2000년 1월 10~16일 사이에 강령군 동포리에서 9마리의 무리를 조사관찰하였다.

황새는 보통 주민지 가까운 산기슭의 외딴 높은 나무에 둥지를 틀고 새끼를 친다. 둥지는 높은 나무 우에 마른나무가지로 오목하게 트는데 해마다 새로 틀거나 묵은 둥지를 리용하기도 한다. 암컷은 3월 하순~4월 초순에 3~4개 또는 2~5개의 알을 낳는다. 알은 길둥근모양이고 란깔은 흰색이다. 알은 약 30일 지나서 까나고 새끼는 55일 지나서 둥지를 떠난다. 황새는 황해남도 배천군, 함경북도 김책시 림명벌과 강원도 철원군 저탄리, 황해북도 평산군 일대에서 번식하였으나 1970년대 이후부터는 찾아볼 수 없었다. 이행 및 월동시기에는 라선시, 신포시, 안변군, 룡덕군, 옹진군, 강령군, 청단군의 습지대와 간석지 논벌에 분포되어 있다. 세계적으로는 중국의 동북지방과 로씨야의 아무르연해변강에 분포되어 있으며 그 총 마리수는 2,500마리 정도이다.

북한에서 발간된 『조선대백과사전』 「자연편」

현재 한국교원대학교 황새생태연구원에서 조성한 물푸레나무(현재 음성군에 생존하고 있는 유일한 황새 둥지 나무) 묘목을 1만 그루 이식할 계획이다.

　다음 작업은 농업이다. 친환경 농자재 지원을 받아 우리 인력이 북한에 들어가 북한 주민들과 이곳을 황새생태농업단지 조성에 나설 계획이다. 그리고 이곳에서 생산한 쌀과 농산물에 황새 브랜드를 달면 남한의 소비자들은 안전하고 질 좋은, 그리고 보다 저렴한 가격으로 최고 품질의 농산물을 접할 수 있을 것이다. 물론 북한 주민들에게는 개성공단과 같은 친환경 농업 단지가 세워져 농산물을 팔아 소득을 올릴 수 있으니, 어쩌면 남북한 교류사업 가운데 가장 중요한 사업이 되지 않을까!

　해마다 9월이 되면 연백평야에서 번식을 마친 어미 황새들이 새끼들을 데리고 한반도 남쪽으로 이주하여 겨울을 지낸 뒤, 어미 황새들만 다시 북한 땅 연백을 찾을 것이다. 연백 황새 번식지 복원 프로젝트는 정말 실현될 수 있을까? 글을 쓰는 이 순간, 금강산에서 만나는 남북한 이산가족이 된 기분이다. 언제 다시 만날지 기약할 수 없는 심정으로 돌아가야 하기 때문이다.

3

연구실 밖으로 나온 황새

한반도에서 사라진 황새

생물학과 학생으로 1년을 맞이한 날, 충북 음성군에서 마지막 황새가 총에 맞았다는 소식을 접했다. 그때 대학들은 정치적으로 매우 어수선했다. 정치적 민주화를 외치는 대학생들의 시위로, 툭하면 휴교령으로 수업이 정상적으로 진행될 리 없었다. 그런 어수선한 정치적 상황 때문인지 새 한 마리의 죽음이 세상에 더 크게 부각되었다.

음성군 황새의 죽음은 1980년대까지 언론에 등장했다. 혼자 남은 과부황새 때문이었다. 겨울 철새로 황새들이 한반도에 나타났지만, 그 철새 황새들은 과부황새와 만나지는 않았다. 그 당시 사람들은 혹시 이 과부황새가 재혼을 하지 않을까 기대하기도 했다. 그러나 그런 일은 일어나지 않았다. 결국 외국에서 수컷을 들여다가 혼인을 시켜야 한다는 여론이 일기 시작했다. 끝내 이 혼사는 성사되지 못하고 과부황새는 1994년 서울대공원에서 임종을 맞았다. 태어난 해를 모르니 대략 서른쯤 되지 않았을까 추측할 뿐, 정확한 나이는 알 수가 없었다.

그 후 2년이 지나 대한민국 땅에서 텃새 황새는 자취를 감췄다. 완전 멸종이 아닌 종이면 몇 마리는 남아 있어야 하는데, 한반도에는 그조차 없었다. 아직 황새가 서식하고 있는 곳에 수소문할 수밖에 별도리가 없었다. 그때는 일본도 멸종하여 복원을 하고 있는 중이라서 종을 달라고 할 수도 없는 노릇이었다.

일본도 우연의 일치인지는 몰라도 우리와 똑같이 1971년도에 황새가 자연에서 완전히 사라졌다. 남은 황새 두 마리를 생포하여 인공증식에 나섰지만 실패하고, 결국 러시아와 중국에서 황새를 들여와 1986년에서야 첫 인공증식에 성공했다. 그러니 우리가 요청한다 해도 일본은 우리나라에 황새를 줄 수 있는 처지가 아니었다.

그때 러시아 아무르 지역에서는 약 700여 쌍이 자연번식하고 있었다. 그 지역을 관할하고 있는 러시아 조류학자 블라디미르 안드로노프 박사를 만난 것은 1996년이었다. 그는 아무르 자연보호구 최고위 직책을 맡고 있었다. 우리로 치면 국립공원 원장직인데, 실제로는 군대의 장성급이라고 했다. 특히 그는 푸틴 대통령과 대학동창이라 그런지 나름대로 정치적 인맥도 있었다.

그를 통해 우리나라에서 살아갈 종조를 도입하자는 결정을 내렸다. 먼저 안드로노프 박사를 설득하는 것이 급선무였다. 그는 종 복원 전문가로 자국에서 멸종한 종이 아직 외국에 생존하고 있으면 그것을 가져다 증식하여 방사해야 한다는 국제자연보전연맹(IUCN)의 종 복원 지침을 잘 알고 있었다. 그래서 그는 나의 제안에 대해 적극 지원하겠노라 했지만 생각과는 달리 쉽지 않았다. 러시아 정부에서 외국으로 황새의 종 유출을 막고 나섰기 때문이다. 황새는 지금 러시아와 중국 국경지대인 아무르 강 유역에서만 번식하는 세계적인 희귀조류이자 국제적인 멸종위기종이기 때문에 러시아도 자국에서 보호대상종 목록에 넣어 해외 유출을 억제하고 있었다.

이미 일본은 1970년대 구소련 시절에 황새를 도입한 바 있었다. 그때는 소련에도 황새라는 종에 대한 보호정책이 없었던 시절이었고, 지금처럼 자국에서 황새가 멸종위기 보호 목록에 있지도 않았기에 가능했다. 그러나 내가 황새를 러시아에서 도입하려고 결정했을 때는 러시아의 상황이 많이 달라져 있었다.

그 당시 안드로노프 박사의 연구소가 하바롭스크에 있어 그는 하바롭스크와 모스크바를 비행기로 왕래하며 러시아 정부를 설득했다. 좀처럼 희망의 소식이 없었다. 마냥 기다려 달라는 답신뿐이었다. 시간은 거의 반년이 흐르고 있었다. 종조를 구할 수 없으니 황새 복원을 포기해야 하나? 우리나라에서 황새 복원이 거의 불가능한 일이라는 생각이 들기 시작했다. 그래도 희망의 끈은 놓지 않았다.

그러던 중, 러시아 황새가 자연번식하는 곳에서 큰 사건이 벌어졌다. 산불이 일어나 황새들의 둥지가 잿더미로 변했다. 그때 태어난 지 2개월가량의 새끼 황새들이 모두 타죽었다. 얼마나 많은 황새 둥지가 산불로 손상되었는지 정확하게 알려지지 않았다. 그나마 다행인 것은 황새가 집단을 이뤄 번식하는 조류가 아니기 때문에 전체가 훼손된 것은 아니라는 연락을 받았다. 어쨌거나 이 사건은 황새를 한국으로 보내는 결정적 계기가 되었다.

곧바로 안드로노프 박사가 러시아 환경국의 담당자를 설득했다.

"산불은 또 일어날 수 있다. 만일 그렇게 된다면 지구상에 황새라는 종은 완전 멸종하고 만다. 그러니 지금 살아 있을 때 한국으로 보내고, 나중에 러시아에서도 이런 천재지변으로 황새가 멸종되면 한국에서 다시 도입할 수 있는 것 아닌가."

마침내 그의 설득이 먹혀들었다. 이에 러시아 환경국은 우리에게 황새를 보내면서 다음의 조건을 달았다. '한국에서 잉여개체가 발생하면 다시 러시아로 보내주도록.' 이 조건은 지금도 유효하다. 우리 자연으로 돌려보낸 뒤에 유전적으로 겹치는 개체들을 러시아로 보내 그쪽에서 방사한다는 약속

1 2 **1** 러시아 킨간스키 자연보호구의 황새를 가지러 갔을 때 안드로노프 박사 부인이 아무르 야생에서 채취한 알을 인공부화하여 태어난 어린 황새를 인공둥지를 만들어 돌보고 있다. 자세를 높여 먹이 차례를 기다리고 있는 황새(수컷). 엎드려 먹이를 받아먹는 어린 황새(암컷)
2 한반도 자연에서 황새가 멸종된 이후 한국으로 이송하기 위해 황새 2마리가 하바롭스크 공항에 첫 모습을 드러냈다. 이 사진은 故 김수일 교수(뒤)와 박시룡 교수(앞)가 이 황새를 들고 항공기에 오르는 모습이다.

은 지킬 수 있을 것 같다.

황새를 처음 만나다

가까스로 러시아에서 황새의 기증 허가를 받아냈지만 막상 우리나라에서 황새를 사육할 곳이 없었다. 내가 쓰고 있는 실험실은 10평도 채 안 되는데, 그 정도의 크기는 작은 케이지(cage)를 마련해 참새목의 새를 기를 수 있는 공간이었다. 그러나 황새는 날개편 길이가 2미터에 달하고, 우리나라 텃새 가운데 가장 큰 새였다. 이 때문에 조상들은 '한새'라고 불렀다. '한'은 '크다'라는 뜻을 지닌 접두사로, 이후 황새라 불렀다고 한다.

이런 큰 새를 위해 사육장을 짓겠다는 내 발상이 잘못일까? 아닌 게 아니

1996년 7월 17일 오후 5시 국내 처음 도착한 날, 2마리 어린 황새들은 건강했다. 오른쪽은 수컷 동서, 왼쪽은 암컷으로 이름이 없다. 수컷 동서는 이후 러시아에서 온 폐재(암컷)와 결혼하여 많은 자손을 남겼다. 그러나 암컷은 한국에 온 지 1년 만에 사육장 안에서 부딪치는 사고로 사망하고 말았다.

라 황새 사육시설을 만드는 과정에서 엄청난 저항에 부딪쳤다. 몇 번이나 포기하려고 마음먹었는지 모른다. 나중에는 동물원 같은 곳에 갖다줘야겠다고도 생각했다. 하지만 황새를 본 순간, 눈을 뗄 수가 없었다.

내가 황새를 가까이에서 처음 본 것은 러시아에서 수출 허가가 난 직후 러시아 킨간스키 자연보호구에서였다. 그때 안드로노프 박사는 러시아 정부의 허가를 받아 한국에 황새를 보내기 위해 야생에서 알 2개를 채취, 인공부화한 황새를 기르고 있었다. 부화한 지 6주가 지난 새끼였다. 6주면 새끼 황새가 둥지에서 다리를 펴고 일어설 수 있는 시기였다. 2주만 더 지나면 어미와 큰 차이가 없을 정도로 거의 자란다.

비록 새끼였지만 환상적이었다. 나의 눈에는 그렇게 보였다. 아! 어떻게 이런 새가 한반도에서 멸종했을까? 정말, 이 황새들이 한반도의 자연에서 다시 정착할 수 있을까? 대자연은 나에게 이렇게 명령하는 것 같았다.

"가져다가 다시 번성케 하라."

새끼 2마리 운송은 모두 가슴으로 일궈냈다. 러시아 킨간스키에서 한국의 땅까지 무려 3,000킬로미터에 이르는 거리를 작은 나무배로 호수를 가로질러 한 시간, 다시 한나절 동안 오지의 마을을 트럭으로 달렸다. 그리고 아카라에서 시베리아 철도로 하바롭스크까지 밤을 새워 또 달렸다. 마지막 비행기로 한국 땅을 밟을 때는 만 하루가 지나고 6시간이 흘렀으니 새끼 황새에게는 엄청난 스트레스가 아닐 수 없었다.

죽지 않고 버텨준 것이 기적이었다. 먹이로 준비해간 생선조각은 있었지만, 황새들이 멀미를 해 전혀 먹지 못했다. 운반상자 바닥은 온통 토사물 투성이에다 냄새가 진동했다. 겨우 물을 숟가락에 떠서 부리를 적셔 물을 조금씩 먹이는 게 고작이었으니, 아무튼 이 새끼 황새들은 한국의 황새 복원을 위해 이렇듯 큰 시련을 겪어야만 했다.

황새 도입

한반도에서는 황새를 전혀 찾을 수 없었기에 무엇보다 러시아에서의 황새 도입은 황새 복원에서 가장 중요한 과제였다. 1996년 새끼 2마리를 처음으로 도입했지만, 유전자 다양성을 이루기 위해서는 지속적으로 러시아에서 야생 황새를 들여와야만 했다. 그러나 이 작업도 마냥 쉽지만은 않았다.

1997년 4마리, 1998년 2마리, 1999년은 일본에서 알 4개를 들여와 2개 부화에 성공, 2002년과 2004년에는 각각 4마리를 러시아에서 도입해서 우리나라에 복원할 황새의 종조를 준비했다. 그중에서 2004년 황새 4마리 도입 과정은 잊을 수 없는 기억으로 남는다.

2004년 9월 9일에 러시아에서 들여올 새끼 황새 4마리가 수의과학검역원에서 허가서를 내주지 않아 무산될 위기에 처하게 되었다. 이유는 러시아에서 조류독감 발생 때문이었다. 이미 5월에 농림부에서 발표한 고시에 따르면 호주, 네덜란드, 프랑스 등 몇몇 나라를 제외하고 가금류(야생조류 포함)

수입을 전면 금지한다는 내용이었다. 그래서 러시아에서 야생조류도 들여올 수 없다고 했다.

그 전날만 해도 검역지정서를 보내주더니 당일에 느닷없이 전화로 취소한다고 통보한 것이다. 취소 통보를 받는 순간 정신이 아찔했다. 러시아와 5년째 지속되어온 황새 도입사업이 무산될 순간이었다. 수의검역 담당자에게 따지고 또 따졌지만, 규정이 그렇단다.

이웃나라 일본은 황새와 같은 멸종위기이자 천연기념물 도입은 특별법을 만들어 다루고 있지만, 우리나라는 가축위생법 하나만으로 황새의 수입을 막고 있었다. 여러 각도로 해결 방안을 찾아보았다. 먼저 문화재청 천연기념물과에 이 사실을 알렸다. 그리고 신문과 방송국에 보도자료를 보내 여론화하기로 했다.

그러던 중 검역원에서 다시 전화가 왔다. 재검토해서 알려주겠으니 조금 기다려보라는 내용이었다. 다시 말해 재검토란 말은 일정대로 들여오게 할 것인지, 아니면 규정을 다시 정비할 때까지 수입을 보류할 것인지, 아직 확정되지 않은 애매한 표현이었다. 일단 최악의 경우를 대비해 러시아에 메일을 보내 9월 9일에 들어오는 일정을 조금 늦추자고 제안했다.

한국에서 태어나 산다는 것을 불행하다고 느낀 적이 한번도 없었는데, 그 일로 한국에서 태어난 것이 큰 불행이라 느꼈다. 그 당시 황새 도입이 얼마나 중요했으면 그런 생각을 했을까. 황새를 들여오기 위해 4월부터 준비해왔다. 그때 새끼를 야생 둥지에서 꺼내 사람의 손으로 키워왔고, 들여오기로 한 9월에 새끼의 몸무게는 어미의 몸무게에 버금갈 정도로 큰 상태였다. 단지 비행만 아직 못할 뿐이었다.

우리는 러시아에서 야생 황새 도입 시기를 정할 때 황새가 스트레스를 가장 적게 받는 나이를 택한다. 거의 하루에 더해 반나절을 트럭과 기차 그리고 비행기로 움직이는 여정이라 어른 황새는 이런 스트레스에 매우 민감해 먹이를 먹지 못하고 도중에 쓰러지는 까닭에 새끼를 선택한다. 너무 어린 새끼는 하루에 5~6회로 먹이를 자주 줘야 하기 때문에 이런 스트레스에 노출되면 먹이를 잘 먹지 못할뿐더러 사망으로 이어진다. 어쨌든 이런 스트레스에 가장 덜 민감한 시기는 새끼가 둥지에서 떠나는 이소(離巢) 시기 직전이다.

4월에 부화한 새끼가 9월 초면 다 자라 이소 준비를 할 시기이기 때문에 러시아의 아카라에서 출발하는 야간열차로 오는 도중에 준비한 생선으로 요기를 달래준다. 그리고 하바롭스크에서 한국행 비행기에 싣기 전 잠시 휴식시간을 갖고 마지막 먹이를 주는 것으로 황새의 도입에 따른 보살핌이 끝난다. 물론 중간 중간에 물을 먹이는 것은 먹이보다도 더 중요하다. 물병에 물을 따로 준비하지만 황새는 부리가 길어 물을 마시게 하는 것이 매우 어렵다. 자칫 기도로 물이 들어가 사고가 생기기 때문에 숟가락으로 물을 떠서 부리 안쪽 깊숙이 식도로 향하게 해 정확한 부위에 넣는 식으로 물을 준다.

이런 힘든 과정을 거쳐 들여오는 황새 4마리가 우리 검역당국의 거부로 러시아 야생으로 날려 보내야 할 상황에 처하게 되었다. 야생 황새가 있는 곳에서 적어도 1,000킬로미터 넘게 떨어진 곳에서 조류독감이 발생했다는 이유만으로 법이 그렇다 하니 어쩔 수가 없었다.

어느덧 닷새가 지났다. 러시아 새끼 황새들에게 무슨 사고라도 생긴 것이 아닐까 걱정이 되었다. 이메일을 몇 차례 보냈는데 아무런 응답이 없다. 우리 검역당국에서 재허가도 없고, 이따금씩 야생 조류에서 조류독감이 의심된다는 보도가 나오자 과연 황새가 우리나라에 무사히 도착할 수 있을지, 자꾸 불안감이 앞섰다.

그러던 중 러시아에서 반가운 소식이 들려왔다. 황새들에게 아직 아무 문제가 없다는 소식에 조금 마음이 놓였다. 먼저 수입 날짜를 다음 주로 다시 잡고 수입 수속에 들어갔다. 다행히 수입을 허가하되, 다음과 같은 조건을 붙였다. 러시아 검역당국에서 우리가 요구한 검사항목을 넣어 그것에 아무 이상이 없으면 수입하는 것으로 재협상이 이루어졌다. 결국 예정 날짜보다

20여 일이 늦어진 9월 30일에 새끼 황새 4마리가 한국으로 향했다.

이 황새들을 가지러 황새복원연구센터 연구원 정석환 박사가 러시아로 떠났다. 새끼 황새 4마리는 야생 둥지에서 꺼내져 벌써 5개월째 킨간스키 자연보호구 호수에서 잡은 물고기로 양육되고 있었다. 한국을 출발한 지 3일 만에 정 박사는 황새복원사업 파트너인 러시아 안드로노프 박사 일행의 배웅을 받아 이 황새들을 데리고 하바롭스크 공항까지 오는 데 성공했다.

그런데 뜻밖의 일이 벌어졌다. 공항까지 배웅 나왔던 안드로노프 박사 일행이 무사히 탑승을 확인하고 공항을 떠난 후였다. 달라비아 러시아 항공기 승무원이 기내에 탑승하여 자리에 앉아 있는 정 박사를 찾아왔다. 황새를 짐칸으로 옮기는데 황새 상자의 높이가 항공기 짐칸에 들어가지 않자 승무원이 정 박사에게 황새와 함께 내리라는 것이었다. 정 박사는 러시아어로 말하는 그들과 의사소통이 되지 않아 매우 황당한 사건에 부딪치고 말았다.

새끼 황새 4마리와 함께 다시 공항으로 돌아온 정 박사는 연락할 길이 없어 막막했다. 안드로노프 박사에게 전화를 해봤자 소용이 없었다. 그 일행이 돌아가는 중이라면 하루가 지나야 접촉이 될 터였고, 새끼들의 먹이도 더 이상 갖고 있는 것이 없었다. 게다가 한국에서는 러시아 항공기 도착만을 기다리며 김포공항에 청원군 한국교원대학교로 옮길 차량을 대기시켜 놓고 있었다.

이렇게 1시간쯤 지났을까, 그 비행기가 하바롭스크 공항으로 다시 돌아왔다! 기체 결함으로 회항한 그 비행기는 출발이 3시간이나 늦춰지고, 결국 수리가 어려웠던지 다른 항공기로 교체되었다. 그러자 이번에는 황새 상자를 짐칸이 아닌 기내에 실을 수밖에 없는 촌극이 벌어졌다. 이런 상황이 벌어지자 러시아어를 못하는 정 박사는 더 당황했다. 모두가 항공사의 자체 결정이었기에 어안이 벙벙했다. 항공사는 이 기체 결함이 황새를 실어주지 않아서 벌어진 징크스로 여겨 특별 배려를 했으리라는 것밖에, 그 어떤 것으로도 설명되지 않았다.

이 해프닝은 황새를 싣지 않아 기체 결함이 발생했다고 표현해야 옳을 것 같다. 황새는 복을 가져다주는 주술적 의미를 지닌 새다. 그러니 그 복덩이를 버리고 간 비행기가 온전할 리 있었을까? 따져 묻지는 않았지만 다시 싣게 한 이유도 여기에 있었을 것이다. 황새의 신비한 마력은 러시아뿐만 아니라 모든 나라에서 공통으로 여기고 있지 않은가. 황새는 복을 가져다주기도 하지만 화를 가져온다는 주술적 양면성을 갖고 있었다.

황새가 담겨 있는 상자는 높이 1미터 30센티미터 정도로, 구소련에서 만들었던 항공기의 짐칸에는 들어가지 않아 탑승객들과 함께 기내에 자리 잡았다. 불과 2시간여 동안의 비행이었지만, 기내는 온통 황새 배설물의 희한한 냄새로 가득할 수밖에 없었다. 탑승객들이 모두 코를 막고 버텨야 하는 참사가 벌어지고 만 것이다. 많은 탑승객들은 그 당시 비행기가 회항한 이유를 황새 때문으로 여겼던 터라 특급 승객 대우를 받는 황새들에게 항의할 수도 없는 상황이었다.

사육할 곳이 없네!

황새들이 도착하기 전부터 이 황새들을 위한 사육시설 마련에 커다란 장애물이 놓여 있었다. 한국교원대학교에 첫 발령을 받고 부임했을 때만 해도 건물이 그리 많지 않았다. 시골에 자리 잡은 학교라 땅이 여유 있어 보였다. 학교와 경계를 이룬 곳은 논으로, 황새들에게 더없이 적합한 곳이었다.

이곳에 작은 사육시설 마련하려고 학교에 요청을 했고, 학교는 교수의 연구목적으로 실습실을 마련해준다는 명분에 쉽게 허락해주는 듯싶었다. 그러나 막상 행정 처리과정에서 반대에 부딪치고 말았다. 이유 가운데 하나가 "교원대학교는 교사 양성기관이지 동물원이 아니지 않는가" 하는 거센 반발이었다. 아! 진작 동물원에 보내는 건데, 왜 황새를 이곳에 가져오려고 했는지 스스로를 질타할 수밖에 없었다.

밤새워 고민을 했다. 한 번 더 학교를 설득해보고 그렇지 않으면 정말 동물원으로 보낼 생각이었다. 물론 우리나라 동물원에는 그 당시 황새가 있는 곳이 한 군데도 없었기 때문에 충분히 내가 기증하려고 마음먹었으면 그쪽으로 보낼 수 있었다. 그러나 동물원에서 사육은 할 수 있지만 황새 복원이라는 역사적 프로젝트 운용은 접어야 했기에 쉽게 결정 내릴 수가 없었다.

우여곡절 끝에 학교에서는 학생들의 실험실습비로 황새 4마리 정도를 수용할 소규모 사육장 마련을 허락했다. 여유 공간이 넓은 곳은 허락하지 않았다. 그저 내가 연구하고 있는 연구실 옆에 조그맣게 마련하는 것이 조건이었다. 다행이었다. 당장 새끼 2마리를 넣을 수 있는 공간이 생기다니, 그 기쁨은 세상을 모두 얻은 듯, 마치 금방이라도 날아갈 것만 같았다.

이렇게 대한민국 최초로 황새 복원의 문이 열렸다. 새끼들은 아무 탈 없이 무럭무럭 자랐다. 첫해 추운 겨울에 접어들자, 과연 황새가 우리에 갇혀서 겨울을 날 수 있을지 걱정이었다. 자연에서는 겨울철에 기온이 영하로 떨어져 물이 얼어붙어 먹이를 구할 수 없기 때문에 우리나라 텃새 황새들은 모두 남으로 내려갔다.

우리가 아니었다면 이 황새들은 벌써 남으로 내려갔을 것이다. 그러나 갇혀 지내면서 영하의 추위와 싸워서 버텨내야 하기에 학교 한구석의 우리에서 겨울을 보내기란 여간 어려운 것이 아니었다. 기온이 영하 10도 이하로 떨어지면 황새들은 횟대 위에서 덜덜 떨었다. 유독 다리가 가늘고 긴 황새들이 그렇게 추운 날 다리를 떠는 모습이 자주 관찰되었다.

사람 같으면 뜨거운 음식이라도 만들어 먹으면 덜 추울 텐데, 황새는 익힌 것을 먹지 않아 그런 방법을 쓸 수도 없었다. 이 추위에 황새를 구하는 방법은 활어였다. 사람을 포함한 동물들의 몸은 추워지면 갑상선 호르몬의 분비를 높여 대사율을 촉진시킨다. 대사율이 높아지면 체온을 높이는 작용을 한다. 잘 먹이면 이 추위를 견디겠지! 당시 황새에게 값이 비교적 싸고

시장에서 쉽게 구할 수 있었던 얼린 작은 조기를 먹이로 주었다. 날씨가 추워지자 그동안 잘 먹었던 조기 양이 반으로 줄어들었다.

얼지 않은 싱싱한 먹이를 구해야 하는데 먹이 살 돈이 없었다. 그동안 실험실습비로 얼린 조기를 구입했지만, 싱싱한 먹이를 구하려면 달리 비용을 마련해야 했다. 결국 그해 겨울, 내 월급을 털어 황새 먹이를 사올 수밖에 없었다. 황새를 살려야겠다는 일념뿐이었으니 전혀 아깝지 않았다.

시간이 흐르면서 황새 사육에 대한 나름의 비법을 터득하기 시작했다. 겨울철 우리에 갇힌 황새를 살리는 방법은 먼저 수조(작은 연못)의 물을 얼지 않게 하는 것이다. 이 원리는 의외로 아주 단순했지만 이 방법을 터득하는 데도 수년이 걸렸다.

처음에는 황새가 올라서서 쉴 수 있는 횃대를 베니어판을 이용하여 큰 상자 형태로 제작했다. 물론 일반 상자와는 다르게 상단면을 둥글게 했다. 황새가 나무 위에 서 있을 때를 보면 평평한 곳보다 둥근 나뭇가지 위에 서 있기 때문이다. 상자 안에 전기 라디에이터를 설치하고 상자의 둥근 상단면에 열이 잘 전달되도록 구멍을 뚫어주었다. 하지만 이 방법은 한두 마리였을 때는 가능했지만 황새 수가 늘어나면서 감당하기 어려웠다. 생각해보면, 추운 겨울 황새들이 겨울을 나는 방법은 의외로 간단했다.

겨울철 야생 오리들을 보라! 그 추운 날에도 물속에 있지 않은가. 그런데 주의 깊게 살펴보면 오리가 있는 주변에는 물이 얼어 있지 않다. 기온이 영하 10도 이하일 때 둔치 위에 있으면 다리로 내려가는 혈관의 피가 금방 얼어버리지만, 물은 영상이다. 그런 원리로 오리들은 영하의 날씨에 피가 얼지 않도록 모두 물속에 들어가 몸속의 피를 돌게 한다. 이렇게 하면 체내의 에너지 소모를 줄일 수 있는데, 바로 이 원리에 따라 겨울철 우리나라에 오는 새들이 겨울을 보낸다.

따라서 새장 안의 수조를 얼지 않게 하는 방법이 우리에 갇혀 있는 황새들이 쉽게 겨울을 나게 하는 비법임을 뒤늦게야 깨달았다. 처음에는 수조

안에 수중 히터를 다는 등, 별의별 수단을 동원했지만 의외로 간단한 방법이 따로 있었다. 흐르는 물은 얼지 않는다는 법칙에 따라 무조건 물을 흘려보내는 것이었다.

지금 우리 황새들은 겨울철 영하 10도 이하로 내려가면 예외 없이 모두 물속에서 지낸다. 밖의 기온이 낮으면 낮을수록 물속에 들어가 있는 황새수는 더 늘어난다. 물속은 털이 없는 황새들의 다리를 영상의 체온으로 유지해준다. 자연의 오묘함을 나는 황새에게서 느끼며 살고 있다.

황새 물러가라 외친 대자보

황새의 인공번식을 하기 위해 러시아에서 황새 몇 마리가 더 왔다. 해마다 2~4마리를 안드로노프 박사의 연구원이 보냈고 그렇지 않으면 우리 연구원이 황새를 가지러 가는 방식으로 황새 식구가 늘어났다. 5년 동안 러시아에서 황새의 이송으로 사육장도 확장되었다.

단칸방이었던 황새장은 학교 캠퍼스 외곽으로 옮겨 더 넓어졌다. 그동안 사용했던 면적이 20평이었다면 새로 옮겨간 곳은 3천 평쯤 되었으니 처음보다 무려 150배가량 늘어난 셈이다. 그런데 이게 어쩐 일일까? 우리 연구원에게서 다급한 목소리로 전화가 걸려왔다. "교수님, 여기 학생회관 게시판에 교수님을 비판하는 대자보가 붙여 있습니다." 갑자기 이게 무슨 소리인가. "정 연구원, 진정하고 차근차근 이야기해봐. 대자보라니?"

일단 그 대자보를 떼어내게 해 즉시 대자보 내용을 확인했다. '박시룡 교수는 학교의 구성원이 공적으로 사용할 땅을 개인의 연구목적으로 사용하고 있다'는 내용이었다. 게다가 '혼자 엄청난 땅을 사용하고 있어 이에 강력히 규탄한다'는 내용도 있었다. 황새복원사업을 시작한 지 5년 만에 일어난 사건이었다. 도대체 누가 이런 글을 썼단 말인가! 한 여학생이 급히 내 연구실로 달려왔다. 그러고는 학생이 쓴 대자보를 교수가 떼어낸 것에 대해 강력하게 항의했다.

나도 놀란 일이었지만 그렇다고 같이 흥분할 수는 없었다. 학생을 진정시키고 왜 이런 대자보를 붙였는지 물었다. 학교 교지 편집장직을 맡고 있는 국어교육과 학생이라고 자신을 밝히고, 이 대자보를 붙이게 된 배경에 대해 설명했다. 강의시간에 교수님이 "생물교육과 박시룡 교수가 황새 복원을 한다면서 학교 땅을 개인적으로 사용하고 있다"는 이야기를 듣고 대자보를 붙였다는 것이다. 이 이야기를 듣고 너무 어이 없어 한동안 할 말을 잃었다.

뭐라 설명해야 흥분한 학생이 진정될 수 있을까? 거의 한 시간 동안 '황새 복원을 왜 학교에서 시작했으며 어떤 목적으로 이 사업을 진행했는지'를 조목조목 설명해 나갔다. 그제야 학생이 자신의 행동이 너무 경솔했다고 고백했다.

"교수님, 지금까지 왜 그런 상황을 학생들에게 제대로 설명해주시지 않았나요? 저는 수업시간에 어떤 교수님이 박시룡 교수를 성토하는 것만 듣고 대자보를 붙였고, 학생들을 부추겨 데모하려 했습니다."

나는 그 교수가 누군지 묻지 않았다. 그리고 알고 싶지도 않았다. 교수들 간에 그런 오해는 늘 있는 일이니까 넘어가기로 하고, 언제 기회가 되면 교원대학교 학생들 앞에서 황새 복원에 대해 이야기해주겠노라 약속하고 대자보 사건은 이렇게 일단락되었다.

만일 그때 대자보를 늦게 발견했더라면, 그러니까 많은 학생들이 읽었더라면 아마도 황새 복원은 더 이상 존속하지 않았을 거라는 생각이 들었다. 학생들은 단순하다. 그 때문에 일의 자초지종을 들으려 하지 않아 결국 문제가 눈덩이처럼 커지고 만다. 박시룡 교수가 학교 땅을 말아먹는다는 괴소문이 나면, 그러잖아도 마지못해 황새복원사업을 지원하는 학교로서는 당장 중단시킬 명분을 갖게 될 판이었다. 어쩌면 수업시간에 그런 말을 한 교수는 그런 일이 벌어질 것을 염두에 두고 학생들에게 이야기했는지도 모른다.

약속을 지키지 못해 미안해!

황새 복원의 궁극적 목표는 개체수를 늘리는 것(증식)과 서식지를 복원하는 일이다. 자연방사를 위해 개체수가 어느 정도면 충분할까? 1차 목표를 100마리로 잡았다. 서식지 복원은 먼저 대상지를 정하고, 파괴된 그 대상지의 생태계를 복원해야만 했다. 생태계 복원이란 논에 농약을 사용하지 않고 그곳에 황새 먹이들이 살게 해줘야만 비로소 황새를 풀어놓을 수가 있다. 만만치 않은 일이다. 황새 수를 늘리는 것도 그렇지만, 대상지도 정하지 못했으니 황새복원사업의 끝이 보이지 않았다.

한때 이 황새복원센터가 위치해 있는 청원군을 대상지로 생각했지만 청원군수가 바뀌면서 물거품이 되고 말았다. 물론 황새를 처음 들여왔을 때는 마지막 번식지였던 충북 음성군 생극면 관성리를 염두에 두었다. 지금도 크게 다르지 않지만 그때만 해도 농촌에는 환경에 대한 인식이 매우 낮았다. 황새 복원에 대해 관성리 주민들을 설득하기가 얼마나 어려웠는지, 그때 주민의 말이 아직도 뇌리에서 지워지지 않는다.

"교수님이시니까 돈이 많으시잖아요! 땅을 사셔서 그곳에 가서 황새를 복원시키세요. 우리는 지금 공장이 들어와 주민들의 일자리가 생기는 것을 더 원합니다."

처음 황새를 들여왔을 때였으니 벌써 18년이라는 세월이 흘렀다. 지금 음성군 생극면에는 공장과 건물들이 많이 들어서서 복원이 거의 불가능한 상태로 변했다.

황새들에게 정말 미안했다. 황새를 러시아에서 들여올 때 황새들에게 약속했다. 꼭 자연으로 보내겠다고……. 그저 약속을 지키지 못해 미안할 뿐이었다. 그래서 그런지 우리에 갇혀 있는 황새들을 볼 때마다 한없이 가여웠다. 나는 가엾은 황새를 보며 가수 윤도현의 '황새야!'를 혼자 부르곤 했다. 이 황새들을 데리고 사람들 앞에 당당하게 서고 싶었다. 황새를 직접 데리고 거리에 나갈 수는 없지만 마침내 방법을 찾았다. 국민대학교 시각디자인과 윤호섭 교수님을 만나 황새를 내 연구실 밖으로 데리고 나올 수 있었다!

황새야!

노래 : 윤도현 작사 : 고선희 작곡 : 임준철

내가 떠난 그 하늘가 우린 한참을 바라다봤지
햇살 저 너머로 날갯짓 고운 무지개
그렇게 네가 언젠가 돌아와주기를
우리는 항상 기다리며 꿈꾸고 있었지

기다란 그 다리로 희고 고운 그 날개로
네가 다시 우리 곁에 돌아올 그 날을~

다시 날자 우우~ 황새여
죽어가는 숲 멍든 하늘이 제 빛을 찾을 수 있도록

다시 날자 우우~ 황새여
이 땅 모두의 소망을 싣고 다시 날아보자꾸나
그 하얀 날개로 ~

윤 교수는 인사동에서 황새복원사업의 중요성을 인식하고 한국교원대학교 황새 사육장을 직접 방문해주셨다. 1950년 한국전쟁 전에 경기도 여주에서 사셨는데, 동네에 엄청나게 큰 은행나무 위에서 황새 한 쌍이 둥지 짓고 살았던 것을 기억하셨다. 어린 시절 둥지 위로 암수가 부리를 부딪치는 소

짝짓기 전 고공비행하는 황새 한 쌍의 구애 춤(사진 제공 이재홍 기자)

리를 내면서 멋진 고공비행하는 모습도 회상하셨다. 그리고 그 멋진 황새의 모습은 캔버스로 옮겨졌고, 거리를 오가는 사람들의 티셔츠에 한 마리씩 새겨졌다.

강의실 밖으로 나온 황새

무엇보다 황새를 복원하려면 사람들에게 우리나라 황새에 대해 알려야겠다고 생각했다. 정작 사람들은 황새가 어떤 새인지조차 몰랐다.

"두루미 아닌가요? 우리나라 황새가 멸종됐다고요?"

학교 강의실에서만 있을 수 없어 거리로 나섰다. 연구원들과 함께 일요일을 택해 인사동에서 황새 복원 캠페인을 벌였다. 이 활동은 2004년과 2005년에 걸쳐 각각 6월과 9월까지 약 4개월간 매주 일요일 오전 11시에서 오후

6시까지, 하루에 수만 명이 지나가는 인사동에서 우리나라 황새 복원에 대해 알렸다.

솔직히 한 동물학자의 힘으로 이 황새를 자연으로 돌려보내는 것은 불가능한 일이 아닌가! 숱하게 황새 이야기를 들려주면서 이 멋진 황새가 살 땅을 다시 만들어 보자고 호소했다. 우리나라에서 가장 사람이 많이 오가는 인사동 거리였지만 들어주는 사람이 너무 없었다. 그 장소는 윤호섭 교수가 시민들의 옷에 그림을 그려주면서 환경에 대한 퍼포먼스를 해오던 곳이었다.

나는 황새 모빌을 나눠주고, 윤 교수는 오가는 사람들의 옷에 황새를 그려주는 행사에서 사람들에게 멸종 황새 이야기를 하기로 했다. 윤 교수는 황새의 날에 티셔츠에 황새를 그리고, 또 배지도 직접 그리겠노라 약속했다. 나는 황새 모빌과 황새 복원의 뜻이 담긴 팸플릿을 준비했다. 윤 교수가 황새를 그리고 내가 황새 모빌을 만들어 나눠주는 모습을 상상했다. 비록 황새를 그린 종이이지만 받는 사람 모두에게 행운이 담겨지길……. 말하자면 황새는 복을 상징하는 새이기에 모빌에 그런 염원을 담아보았다.

2004년 6월 13일

정오, 인사동 골목에 윤 교수가 먼저 기다리고 있었다. 윤 교수는 티셔츠에 그림을 그리고 나는 황새 모빌을 만들어 팸플릿과 함께 나눠주었다. 가지고 간 모빌 300장은 2시간 만에 모두 동이 났다. 일단 시민들의 반응은 좋았다. 그러나 황새는 너무 생소했다. 황새가 무슨 새인지도 모르는 사람들이 정말 많았다.

"두루미요? 백로가 황새 아닌가요? 황새가 우리나라에서 멸종됐다구요?"

이런 식으로 황새에 대한 시민들의 인식은 제로에 가까웠다.

나는 늦게야 깨달았다. 그동안 신문과 방송에서 황새가 많이 보도되어 알고 있으리라 생각했던 나의 판단은 여지없이 빗나가고 말았다. 황새 복원이 순탄치 않음을 실감했지만 지금부터 시작이라는 마음으로 다가가기로 했다. 작지만 이것이 모이면 큰 힘이 될 수 있다는 믿음을 갖고서……. 얼마나 많은 모빌을 접어야 황새가 이 땅에서 살아날 수 있을까? 황새 모빌을 접으면서

한 어린이의 옷에 황새를 그리고 있는 윤호섭 교수와 주변에 모여든 인사동 나들이객들

아주 간단하고 쉬운 말을 생각해냈다. "황새가 다시 살면 우리 생태계가 다시 살아나고, 오염되지 않은 농산물을 먹을 수 있다"는 말로 오가는 사람들에게 황새가 사는 생태계의 중요성을 알렸다.

2004년 7월 19일

모빌은 하나의 종잇조각에 지나지 않는다. 그러나 그 종이 황새에서 새로운 희망을 발견했다. 지루한 장마가 끝나고 무더위가 시작된 일요일. 연휴에 주 5일 근무로 휴일이 길어서인지 인사동 거리는 다른 날보다 사람들로 북적거렸다. 황새 캠페인 장소에도 사람들이 몰려들었다.

윤 교수가 티셔츠에 그림을 그리는 시간이면 주변에 사람들이 모여 장사진을 쳤다. 이 기회를 놓칠세라 부모를 따라온 아이들에게 모빌을 하나씩 건넸다. 그리고 황새가 사라진 이유와 황새가 무엇을 가장 잘 먹는지 대화를 하면서 자연스럽게 자연 재생의 중요성을 전달했다.

어떤 노신사는 무료로 나누어주는 모빌을 보고 "돈이 어디 있어서 공짜로 그런 걸 나눠줍니까?" 하고 물었다. "황새를 사랑하는 사람들이 후원을 해줘 그 후원금으로 이 모빌을 나눠주는 거지요"라고 대답했다. 그 노인은 "참 좋은 일을 하시는군요.

아이들이 황새 모빌을 받고 저렇게 기뻐하니!" 하며 고개를 끄덕였다.

이 작은 기쁨이 우리의 희망이 될 수 있길 간절히 바란다. 모빌을 집안에 걸고, 이 황새 모빌들이 진짜 황새가 되어 우리나라 하늘을 날 수 있기를, 그리고 우리에 갇혀 있는 황새들이 살 수 있는 자연이 속히 회복되는 날이 올 수 있기를 고대한다.

인사동 황새 복원 캠페인에 참여했던 시민 한 분은 격려의 편지를 보내왔다. 윤 교수는 티셔츠뿐만 아니라 광목 천으로 만든 가방을 준비해 거기에도 그림을 그려 주셨는데, 그분은 그 가방을 받고 마음에 들어 편지를 적어 보냈다.

우연히 친구랑 인사동 거리를 걷다가
사람들이 많이 모여 있기에 궁금해서 다가갔습니다.
자세히 보니,
한 분은 황새 모빌을 나눠주시고,
한 화가 분은 어린 꼬마의 등에 새를 그리고 계셨습니다.
황새라고 하더군요. 우리나라에서 이미 멸종이 됐다며…….
황새 복원 운동을 하는데 오늘이 마지막이라고
한 분이 설명을 해주셨습니다.
저도 교수님이 나눠주신 황새 모빌을 암수 한 쌍 받아들고
돌아왔습니다.
가방이 예뻐서 지로 용지를 받아들고 왔는데
사실 오늘까지 망설였습니다.
우리나라의 자연을 사랑하는 마음으로
황새가 다시 대한민국 땅에서 날갯짓길 소망하는 마음으로
오늘 은행에 가서 작은 정성이지만 후원을 했습니다.
뿌듯하네요.
황새복원운동에 동참해서 기쁘고,
예쁜 가방도 받을 수 있어서 기대가 됩니다.

황새야 다시 날아라~ 훨~훨~

황새복원운동 홧팅!!

인사동 캠페인 2

윤 교수는 인사동에서 오랫동안 퍼포먼스를 해오셨다. 그래서 윤 교수의 활동에 참여하는 많은 팬들이 있다. 특히 그의 홈페이지 게시판에 들어가면 팬들과 의사소통하는 글로 가득 차 있다. 내가 황새 복원 캠페인을 인사동에서 벌였을 때 윤 교수의 홈페이지 게시판에 올랐던 글들이 지금도 진한 추억으로 남아 있다.

2004년 6월 13일

황새 복원에 큰 성과를 거두시고 계시는 조치원의 한국교원대학교 황새복원연구소 소장님이신 박시룡 교수님이 인사동에 제 그림 그리는 곳에 직접 오십니다. 박교수를 도와 저도 오늘은 주로 황새 그림만 그리려고 합니다. 배지, 티에 황새의 멋진 모습을 그려보려고 하는데 황새가 워낙 잘생겨서 잘 그릴 수 있을는지…….

잘생긴 사물은 그리기 힘들답니다. 비례가 이상적이기 때문에 조금만 틀려도 다른 느낌이 되기 때문입니다. 아름다운 황새의 모습을 그리려고 그동안 초록색 페인트만 사용해 왔습니다만 보관해온 검은색과 붉은색 아로로 천연잉크를 오늘 처음으로 뚜껑을 열려고 합니다.

아이들에게 황새 사랑의 티를 입혀 보려고 합니다. 동물

광목 천 가방에 그린 황새

윤호섭 교수가 그린 검정 황새 티셔츠

보호, 보존의 상징을 그려주렵니다. 인사동으로 나가다 글을 올립니다. 윤호섭

다음은 인사동에서 티셔츠에 황새 그림을 받아간 어느 커플이 남긴 글이다. 윤 교수는 주로 입고 있는 밝은 티셔츠에 빠른 붓놀림으로 그림을 그린다. 이때 그림 그리기 전 잉크가 피부에 묻지 않게 헌 신문지를 티셔츠 안에 끼워 넣는다. 잉크가 마를 때까지 조금 시간이 필요한데, 이 커플은 신문지를 티셔츠에 넣고 시내를 돌아다니다가 일어났던 에피소드를 글로 적어 보내왔다. 윤 교수와 나의 환경보전에 대한 활동을 보고 장지오노의 '나무 심는 사람'에 비유하며 짧은 느낌도 적었다.

2004년 7월 14일

그림이 마를 때까지 스무하루가 걸린다 하셔서 계속 신문지를 붙이고 다녔더니 기사가 등짝에 인쇄돼 버렸습니다. 어떡하죠? 농담이구요. 지하철 타고 가는 길에 신문지를 쑥 뺏더니 주위 사람들이 하도 쑥덕쑥덕대는 통에 친절히 설명을 해주었답니다.

그림 그리시는 거 보고 옷 사러 다니고, 태연히 등짝 내밀어 그림 하나 받고, 함께 사진 찍고 황새랑 같이 거리를 헤집고 다니는 것이 어찌나 신나던지, 하루 종일 흥분을 감추지 못했습니다. 생태건축학교 간사를 하는 친구 덕에 온라인에서 먼저 만나뵈었는데, 어제 뵙고 느낀 것은 살아 움직이는 사람은 이렇게 아름답구나 하는 것과 변화는 아주 작은 행동에서 시작된다는 것. 장지오노의 '나무 심는 사람'이 생각나는 오늘입니다.

1 2 1 황새 모빌 2 황새 커플이 보내온 사진
3 3 윤 교수가 인사동 나들이객의 흰 티셔츠에 직접 황새를 그려주는 모습

감사합니다. 최고입니다. 전연재

ps. 어제 하루 종일 선물 받은 황새(모빌)를 데리고 다녔었는데, 녀석도 즐거워하더군요. ^^
또 뵐게요.

일요일이면 자주 윤 교수의 행사를 보러 오는 쌍둥이 남매가 있다. 초등
학교에 다니는 남매는 윤 교수를 할아버지라고 부른다. 이 아이들과 사귄
지 꽤 오래되었다고 했다. 쌍둥이 남매는 윤 교수를 통해 자연을 사랑하는
마음이 몸에 배었다. 윤 교수는 아이들의 옷에 그림을 그려주면서 대화를
한다. 황새가 왜 멸종되고 없어졌는지에 관해 설명도 하지만, 물건을 아껴
쓰는 방법, 에너지 절약이나 음식물 쓰레기 버리지 않기 등 실제 생활에서
우리가 할 수 있는 환경보호에 대해 많은 이야기를 주고받는다.

아이들은 어른들과 참 많이 다르다. 어려서부터 몸으로 느끼는 교육을 받
은 이 아이들에게서 장차 자연을 다시 살려내 아름다운 환경을 만들 수 있
으리란 희망을 본다. 윤 교수에게 가르침을 받은 이 아이가 학교에서 급식
을 먹다가 음식을 남겼던 모양이다. 아이는 식사 시간이 다 끝나가는데 그
자리에서 일어나지 못하고 울었단다. 어찌된 일인지 선생님이 물어봤더니,
음식을 다 먹을 수가 없어 남겼는데 자기가 음식을 남기면 쓰레기가 많이
생겨 환경이 오염된다는 할아버지 말씀이 생각나서 버릴 수도 없고 그렇다
고 먹을 수도 없어, 당황한 나머지 울었다고 한다.

이 아이들의 이름은 이원재, 이윤정이며 당시 초등학교 3학년이었는데 윤
교수께 메일 한 통을 보내왔다. 그리고 윤 교수가 그림을 그리는 것을 보고
나름대로 황새 그림을 그려 덧붙였다.

2004년 8월 17일

어제 많이 피곤하셨지요? 안마해드리고 싶었는데, 사람들이 너무 많았어요. 인사
도 못하고 그냥 왔어요. 죄송해요. 타자 연습하다가요 황새를 그렸어요. 할아버지는

사람들에게 황새를 그려주시
잖아요. 저도 할아버지께 황새
를 그려드릴게요. 마음에 드세
요? 그럼 안녕히 계세요. 매일
매일 지구의 날.

　윤정 올림

윤정이가 그린 황새

일본에서 황새 야생방사를 지켜보면서

　일본에서 초청장이 왔다. 황새 야생방사를 하니 한국 대표로 참석해 달라
는 내용이었다. 2005년 9월 24일 오후 2시 30분 카운트다운에 맞춰 5마리가
한 마리씩 창공을 향해 날아올랐다. 첫 번째 황새 방사는 일왕의 둘째 아들
아키시노노미야(秋篠宮)와 그의 아내 기코(紀子)가 맡았고, 나는 러시아 학자
와 마지막 황새를 야생으로 돌려보내는 일을 맡았다. 그곳에는 효고현(兵庫
縣) 이토 지사와 3,500여 명의 관중과 수백 명의 보도진이 자리를 함께했다.

　이 하루를 위해 이 마을 사람들은 50년을 준비해왔다. 주민, 행정가, 학
자들이 힘을 합쳐 이뤄낸 역사적 사건이자 쾌거였다. 25일 일본 신문들은
일제히 1면 톱기사로 역사적인 황새 방사를 보도했다. 〈마이니치신문(每日
新聞)〉은 「황새, 다시 야생으로−인간과 공생의 첫발」이라는 제목으로 1면을
장식했다.

　무엇보다 과학기술은 더 이상 인간을 행복하게 해줄 수 없다는 인식이 일
본인들에게 싹 트고 있다는 점이 놀라웠다. 환경과 생태를 보호하면 재물은
나중에 따라오는 것으로 받아들이기 시작했다. 황새마을을 만들면 정부에

서 지원해줄까? 이것에만 관심이 있다면 우리의 황새 복원은 아주 아득하다는 생각이 들었다.

효고현 도요오카시(豊岡市) 황새마을은 오래전부터 황새와 공생할 수 있는 마을로 가꾸어 왔다. 바로 3년 전 '하치고로'라는 야생 수컷 황새 한 마리가 이 마을에 찾아와 지금까지 다른 곳에 가지 않고 이곳에 눌러앉았다는 사실이 이를 말해주고 있다. 이 마을은 하치고로 때문에 더 유명해졌다. 그리고 이 하치고로에 대한 마을 사람들의 자부심도 대단했다. 먼저, 하치고로가 떠나지 않고 있다는 사실은 그만큼 이 마을의 환경이 달라졌다는 징표다. 또 다른 하나는 황새를 방사해도 좋은지를 이 하치고로가 선생님 역할을 했다고 마을 사람들은 말한다.

하치고로가 어디서 무엇을 먹는지, 하루에 얼마나 먹이를 먹는지 등 많은 정보를 이 마을 사람들에게 가르쳐주어, 이번 첫 자연방사도 하치고로 덕분에 용기를 얻었다고 한다. 황새를 살리면 이 마을도 살아난다고 마을 사람들은 생각하고 있었다. 정부와 현의 지원금은 그리 중요하지 않았다. 황새와 함께하는 것만으로 이 마을 사람들은 행복을 맛보았다.

정말 중요한 점은 황새와 공생하는 삶, 지속가능한 생태마을의 구현이다. 새삼 물질만능주의와 경쟁만이 최우선으로 하는 지금 우리의 각박한 삶을 되돌아본다. 아마 우리의 생각이 바뀌려면 수십 년은 더 걸릴 것 같다. 우리는 황새 야생방사 날을 2015년으로 잡았지만, 그때까지 사람들의 생각이 일본 사람들처럼 바뀔 수 있을까? 한국행 비행기를 타고 오면서 내내 착잡한 마음이 떠나지 않았다.

황새 복원은 돈으로만 하는 것이 아니라는 점도 깨달았다. 돈보다 우리의 마음이 중요하다는 사실을 새삼 깨달은 순간이었다. 물질만능, 경쟁만이 최우선이라는 생각, 바로 30년 전의 일본이었다. 이제 이것이 더 이상 행복한 삶이 아니라는 것을 깨닫고 있는 지금, 우리는 일본이 실패한 그 과거를 그대로 밟아가고 있다는 사실에 더 안타깝기만 하다. 그러나 한 줄기 희망을 잃지 않으려 한다. 비록 우리에 갇혀 있지만 황새들이 내 곁에서 이렇게 살고 있는 한…….

일본 왕세자비의 아들 출산

황새는 출생을 상징하는 새다. 다시 말해, 아기를 못 낳는 집에 아이를 물어다 준다는 전설에 등장하는 새다. 이 이야기의 기원은 무엇일까? 출생이란 한자 문화권에서는 '삶을 얻는 것'(세상에 나오는 것)을 가리키지만, 영어 문화권에서는 '어딘가에서 날라다주었다'는 뜻에서 'Birth'라고 한다. Birth의 어원은 '나르다'라는 의미의 고대영어 'Beran'이다.

이런 관념은 어린이에 대한 성교육에서도 여실히 나타난다. 호기심에 찬 꼬마가 출생에 대해 물으면 우리나라 어른들은 주로 "다리 밑에서 주워왔다"고 대답한다. 그 말에 아이들은 시냇물에 걸려 있는 다리를 연상하지만 사실 여기에서 말하는 '다리'는 여성의 다리를, '밑'은 성기를 상징한다. 이 말에는 사실대로 말해주면서도 은유적으로 표현한 지혜가 담겨 있다.

이에 비해 서양에서는 "황새가 물어서 날라다 주었다"고 말한다. 왜 출생에 황새가 등장하는 것일까? 북유럽의 문화 정서와 관계가 있다. 고대영어 Beran은 스칸디나비아어에서 유래했는데, 북유럽의 전설에 따르면 창조의 바다에서 떠다니는 태아를 황새가 발견해 사람에게 전해 주었다고 한다. 또 황새는 봄이 다가오는 것을 알려주는 길조로, 생명의 소생을 상징하기도 한다. 이런 관념이 "황새가 아기를 날라다 준다"는 출생 설화로 탄생했다.

2006년 9월 6일, 일본 왕실의 둘째 며느리인 기코 비가 셋째 아기를 출산해 일본 열도는 환희에 들떴다. 그도 그럴 것이 일본 왕실은 물론, 대다수의 일본인이 지난 41년간 애타게 기다리던 왕위 계승권자였기 때문이다. 그런데 이 탄생도 황새와 연관되어 있다는 사실을 일본인이라면 모르는 사람이 없을 정도로 유명하다.

2005년 일본 효고현 도요오카시에서 황새 야생방사가 50년 만에 이루어졌다. 그때 5마리의 황새를 처음 방사한 주인공이 천황의 둘째 아들 아키시노노미야 왕자 부부였다. 이 일이 있은 뒤 기코 비는 곧바로 임신했고, 바로 왕위 계승서열 3위인 아들을 낳았던 것이다. 그 후 효고현 황새고향마을은 일본 전국 각지에서 아이 낳기를 원하는 젊은 부부들로 넘쳐났다고 한다.

독일에는 '아이 우체통'이라는 것이 있다. 이 아이 우체통의 심벌마크가 바로 황새다. 이것을 본떠 일본에서도 황새의 요람을 만들었다. 아이 우체통이란 아이를 낳았지만 키울 형편이 안 되는 사람들을 위해 신생아를 놓고 갈 수 있는 시설이다. 밖에서 문을 열고 작은 상자 안에 아기를 놓고 갈 수 있도록 고안되어 있는데, 아기가 들어오면 전자 감응장치가 작동해 병원 직원들이 아기를 데려와 돌본다. 물론 이 아기는 나중에 아이 없는 집으로 입양된다. 아기를 낳지 못하는 집에 아기를 물어다 준다는 황새의 뜻에 맞물려 지금도 심벌로 사용하고 있다.

정말 황새의 이런 속설이 맞을까? 독일의 한 과학자는 여러 전원마을을 대상으로 전원마을 근처에서 발견된 황새의 수와 출생아 수를 조사했다. 그 결과 황새의 수가 많은 전원마을에서 출생아도 많다는 것을 알게 되었다. 그렇다면 혹시 황새가 아기를 가져다준 것이 아닐까 하고 과학자들도 고개를 갸우뚱할 정도였다. 정밀조사 결과 숨은 원인이 있음을 알게 되었다.

유럽에서 황새는 전원마을, 즉 사람이 사는 농가에 둥지를 튼다. 농사를 짓고 살 만한 전원마을에 인구, 특히 청·장년 인구의 유입이 늘어났고, 그에 따라 출생아 수도 늘어났다. 유럽의 전원마을은 우리와 발전의 형태가 다르다. 우리 농촌처럼 공장과 같은 시설을 세우는 것이 아닌 친환경 농경지를 조성하여 생태계의 안정을 가져와 발전하고 있다. 이에 새로운 인구가 유입되고 그 농경지 주변에 황새를 유인할 만한 먹이가 늘어나 황새가 번식하는 것이다.

우리나라는 현재 출산율 3년 연속 OECD 국가 중 최하위 수준으로 떨어져 저출산이 국가적인 문제가 되어 있다. 이대로 가면 앞으로 노동인력 부족이 엄청난 사회 부담이 되는 현실에 처할 수밖에 없다. 출산율이 계속 떨어지는 상황은 사회 분위기로 해결될 일도 아니다.

우리나라에서 인구수가 가장 많은 나이는 몇 살일까? 통계청 분석 자료에 따르면 1971년생이 87만 5,187명으로 가장 많다. 우리나라 인구가 4,800만 명 정도이니 전체 인구의 1.8퍼센트를 차지한다. 다음은 1970년생, 1972년생이 나란히 순위에 올랐다.

이렇게 우리 사회의 허리를 형성하고 있는 1970년대 초반 출생자들은 이른바 '눈물 젖은 IMF세대'로, 외환위기 속에서 취업하는 데 어려움을 겪기도 했다. 또 6·25전쟁 직후 출생률이 급격히 늘어났던 1955~1963년의 베이비붐 세대도 이제는 50대 초반에서 50대 후반으로 인구 구성에서 큰 비중을 차지하고 있다. 가장 인구수가 많을 것이라고 생각한 58년 개띠 생들은 의외로 13위에 그쳤다.

이 통계 결과, 우리나라는 1971년을 고비로 저출산 국가로 전락한 셈이다. 그런데 1971년은 바로 우리나라에서 새끼를 낳고 살았던 텃새 황새가 사라진 해이기도 하다. 충북 음성군에서 마지막 황새 한 쌍이 발견된 뒤 3일 만에 밀렵꾼에 의해 수컷이 살해되었다. 그 후 우리나라에서 황새는 더이상 새끼를 낳고 살지 못했다. 우연일까? 황새가 새끼를 낳지 못하니 아이 수도 줄어들었다.

지금 자연으로 비상하기 위해 준비 중인 우리 황새들과 약속했다. 2015년에는 꼭 자연으로 돌려보내겠노라고. 황새가 살 수 있는 땅은 사람이 살 만한 세상이다. 살 만한 세상이 돌아오면 출산율이 높아지는 것은 당연하다. 이 땅에서 황새가 부활하는 날, 저출산으로 고민하는 대한민국에 아이를 가져다주는 복도 함께 돌아오기를 간절히 기원한다.

청원군 미원면의 황새 복원 활동

황새를 복원하는 사업은 주민들만의 몫이 아니다. 물론 주민들의 요구가 필수인 것만은 틀림없다. 무엇보다 지자체가 움직여야 하는데, 충북 청원군의 행정은 반기는 분위기가 아니었다. 한국교원대학교 황새복원센터가 위치한 곳이 청원군이라 행정 지원을 받을 수 있다고 생각했지만, 청원군의 황새복원사업은 불발로 끝나버렸다.

청원군 미원면 주민들은 이 사업에 대해 매우 우호적이었다. 2005년 10월 주민공청회가 미원면에서 있었다. 미원면 주민 대표 20여 명과 주민자치위원장, 문화재청 천연기념물과 사무관, 금강환경청 환경관리국장 등 모인 인원이 40여 명에 이르렀다. 정작 이 자리에 참석해야 할 충청북도 청원군에서는 아무도 참석하지 않았다. 청원군청에서 누군가 참석하리라고 기대했지만, 못내 아쉬운 자리였다.

황새와 공생하는 생태마을을 조성하기 위한 연구계획 발표와 함께 주민들의 질의와 그에 대한 답변 식으로 진행되었다. 청원군에서 이미 사업을 승인한 골프장과 황새마을이 양립할 수 있느냐는 질문이 있었으나 답변은 '아니오'였다. 황새마을에 골프장이 들어서면 음식에 독을 풀어넣는 것과 같다. 골프장에서 흘러내려온 폐수는 곧바로 황새 서식지로 흘러들어가 생태마을에 조성된 생물 서식지 파괴로 이어지기 때문에 양립할 수 없다.

청원군 미원면에 골프장 건설 허가를 둘러싸고 이미 청원군에서는 골프장 건설을 내부 방침으로 정했기 때문에 이 회의에 참석하지 않은 것은 당연했다. 황새마을이 들어서면 개발 행위에 제한을 받아 주민들 가운데 일부는 황새 복원을 반대하는 의견도 있었다.

황새 복원에 관한 법적인 규제는 없다. 다만 살기 좋은 곳으로 발전하여 황새가 살고 많은 생물들이 살아나 주민 스스로 보호지역(예를 들어 천연기념물 보호구역) 지정을 요청해 보호지역으로 지정되면 그때는 개발 행위에서 제한을 받지만, 그 전에는 주민 스스로 자연을 해치는 개발 행위는 각자의 자제가 필요할 뿐이다. 황새마을이라는 공동의 이익을 창출하기 위해서는 그렇다.

희망 어린 제안도 있었다. 황새라는 이름 등록은 빠를수록 좋다는 이야기였다. 마을이 조성되어 이 이름을 사용하면 그때는 너무 늦을지 모른다는 것이다. 일본은 '황새의 선물'이라는 브랜드 쌀을 생산하고 있고 그밖에 많은 농산물에 황새가 붙는다.

이번 공청회는 일부 주민들만 참석했지만 그런대로 수확은 있었다. 공감대는 절반 정도 이루어진 셈이었기 때문이다. 이런 공청회를 더 많은 주민들이 모일 수 있는 미원면에서 한 번 더 열어줄 것을 제안해, 적절한 시점에 2차 공청회를 갖기로 정했다. 황새마을을 조성하려면 실무자 모임인 황새마을추진위원회를 구성해야 하는데, 이번에는 그 준비단계인 황새마을추진준비위원회로 출범하기로 결정했다. 준비위원회는 본격적인 추진위원회가 구성될 때까지 한시적으로 일을 하게 되었다.

성대하지는 않았지만, 잃어버린 자연을 되찾고자 주민들이 자발적으로 모임을 가진 것은 아마 우리나라에서 처음 있는 일일 것이다. '황새가 살 수 없는 곳은 인간도 살 수 없어요'가 그때의 슬로건이었다. '농자천하지대본'이란 말도 이젠 옛말이 되었다. 쌀이 우리의 생명이었을 때가 있었지만, 이제는 없어도 살 수 있는 그저 공산품 정도로 전락하고 말았다. 게다가 쌀 개방을 앞두고 지금은 그런 농심도 찾을 수 없어 안타깝다.

그러나 더 이상 쌀이 상품이 아닌 우리 생명으로 새롭게 변신하려면, 또한 황새들이 자연에 다시 터를 잡으려면 어느 한 개인의 힘으로 될 수 없기에 주민들의 단합된 마음이 절대로 필요했다. 바로 황새가 우리나라의 농촌에서 둥지 틀고 살았기 때문에 더욱 그렇다.

우리나라에서 황새를 복원한다는 것은 꿈일까?

두 달이 지났다. 청원군 미원면 주민들이 다시 모여 이틀에 걸쳐 대화를 이어갔다. 미원면 화원리 경로당에서 주민 총회가 열리던 첫날이었다. 전체 주민들이 공식적으로 모이는 자리라서 그런지 잔치 분위기였다. 밖에서는 음식을 준비하느라 마을 여성들의 손길이 바빴다. 방 안에서는 청년들과 노인들이 큰 상을 앞에 두고 오찬을 즐기고 있었다.

경로당에 들어선 우리가 황새마을에 대한 설명을 다 끝내기도 전에 벼르고 있었다는 듯이 여기저기서 황새에 대한 부정적인 질문들이 쏟아졌다.

"황새가 들어오면 농약을 전혀 사용하지 못한다는데 우리 늙은이들은 농사를 어떻게 지으란 말이오?"

"황새가 벼를 밟아 논을 못 쓰게 만들 텐데 나는 황새가 이 마을에 들어오는 거, 반대하네요."

"황새마을이 되면 개발이 제한될 텐데 어떻게 땅을 팔아먹을 수 있겠소?"

주로 노인들의 입에서 나온 말들이었다. 설득이 쉬워 보이지 않은 질문들이었다. 아무리 좋은 말을 해도 자신들의 생각만 옳지, 우리의 말은 귀담아 들으려고 하지 않았다. 황새를 보여주면서 이야기를 해보면 어떨까 하는 생각이 들었다. 바로 그때였다.

"나는 이 농촌에서 태어나 지금까지 살았지만, 지금처럼 이렇게 잘산 적은 없어요. 그래서 황새를 복원해 유기농사도 짓고 더 살기 좋은 농촌으로 만드는 것에 찬성합니다."

서로 목소리를 높여 반대하며 어수선했던 분위기가 이 한마디에 갑자기 조용해졌다.

"그러나 마음에 걸리는 것이 하나 있어요. 여기가 황새마을이 되면 땅값이 오르지 않는다는 말이 있는데 그 말에 일리가 있습니다. 그렇게 되면 우리는 상대적인 빈곤을 느낄 거예요. 다시 말해 옛날에 비해 이렇게 잘살아도 어느 마을에 건물이 들어서고 땅값이 올라간다고 하면 우리는 곧 상대적인 박탈감을 느낄 테니까 반대하는 것은 당연합니다."

그 노인의 말에는 여러 사람들이 왜 반대하는지 그 의미가 함축되어 있었다. 바로 물질만능 사회, 돈이 행복이라고 생각하는 한, 황새 복원은 아주 먼 꿈일지도 모른다고 생각했다. 그래서 젊은이나 노인들은 돈이 생기는 일이라면 모를까, 친환경농사와 같은 것에 별 관심이 없었다. 물론 일본 사례를 설명해주었지만, 주민들은 마음에 그리 와 닿지 않는 모양이었다.

도요오카시에 근무하는 황새공생과 사타케 과장의 말이 생각났다.

"일본은 주민들이 황새를 살려야겠다는 마음으로 시작했기 때문에 지금과 같은 결과가 있었지만, 한국은 주민들이 돈부터 생각하는 것 같아 한국에서 황새 복원은 쉬워 보이지 않습니다!"

사타케 과장의 이 말은 지금 미원면 주민들에게만 해당하는 것이 아닌, 선진국 일본과 우리나라와 근본적 차이가 아닐까! 아, 불쌍한 우리 황새들, 대체 언제쯤 자연으로 돌아갈 수 있을까!

황새법을 만들자!

생태학에서 개체는 그리 중요하지 않다. 왜 그럴까? 한 개체에 일어난 일이 그 종 전체에 영향을 미치지 않기 때문이다. 그러나 멸종위기의 희귀종일 때에는 경우가 다르다. 한 개체의 죽음이 생태계에 영향을 미치기 때문에 우리는 멸종위기종의 개체를 보호하려고 한다.

황새는 아주 희귀한 종이다. 우리나라 생태계에서는 특히 그렇다. 따라서 황새 한 마리가 있고 없고가 우리 생태계에 엄청난 영향을 미치는 것만은 틀림없다. 이미 우리 생태계에서 사라졌지만, 우리가 인공증식한 개체들은 1년가량 야생적응 훈련기간을 거치면 곧바로 한반도 자연으로 되돌아갈 수 있다. 이 한 마리의 황새가 우리 생태계의 대변혁을 예고하는 셈이다.

그동안 아무 의식 없이 사용했던 농약과 비료도 사용을 자제해야 한다. 또 지난날 논에 있던 둠벙(생태용어로 비오톱biotope)을 다시 만들어야 한다. 그리고 하천과 논을 이어주는 생태수로도 복원해야만 한다. 이런 일들은 아주 간단한 것 같지만 절대로 쉽지 않다. 이런 일들을 해결하려면 연간 수조 원이 들어갈지도 모른다. 아니, 수조 원이 들어가도 복원된 생태계는 우리에게 그 이상의 가치를 보여준다.

깨끗한 농산물을 안심하고 먹을 수 있다는 것만으로도 우리는 그 가치를 돈으로 환산할 수 없다. 농경지만 살아나는 것이 아니다. 삼면의 우리나라 바다가 다시 살아나는 효과도 가져온다. 해마다 반복되는 부영양화(富營養化, 강·바다·호수 등의 수중생태계의 영양물질이 증가하여 조류藻類가 급속히 늘어나는 현상)로 수중생물들이 죽어가고 있는데, 바로 이 부영양화는 농경지에 뿌리는 질소 비료가 주원인이다.

황새 한 마리를 살리기 위한 노력은 캠페인만으로 해결되지 않는다. 물론 캠페인은 해야 하지만 무엇보다도 법을 바꾸는 캠페인을 병행해야 한다. 우리는 그 법을 '황새법'이라고 붙였다. 원래 황새(stork)는 그리스어로 스토르게(storge)라고 하는데 '강한 혈육의 정'을 뜻하며, 고대 로마에는 이미 황새법이 있었다. 그때는 황새가 멸종되어 사라져서가 아니라, 자녀가 나이든 부모를 의무적으로 보살피도록 하는 법이 곧 황새법이었다. 일종의 효도법인 셈이다. 그럼 황새가 효도하는 새라서 이렇게 붙였을까?

아마도 고대 로마인들은 다 자란 새끼 황새가 둥지에서 내려와 부모와 함께 지내는 것을 자주 보았을 터였다. 그리고 한여름에는 새끼를 기르기 위해 고생한 부모 황새가 가끔 기진맥진한 상태로 발견되곤 했다. 인간이나 동물 세계에서 새끼들을 보살피느라 수척해진 부모의 모습은 지금도 어렵지 않게 볼 수 있다. 어쩌다 쓰러진 부모 새 곁에서 한동안 자리를 뜨지 못하는 새끼들을 보고 고대 로마인들은 황새를 효도 새로 여겼던 것은 아닐까?

지금 황새법은 효도법이 아니라, '논생태관리기본법'이라 할 수 있다. 현재 정부에서 쌀 재배농가의 소득을 일정 수준으로 보장하기 위해 지급하는 보조금 제도인 쌀직불제가 있다. 이에 빗대어 황새법은 자기 논에 생물들이 살면 현행 쌀직불제에 해당하는 기본금은 물론, 생물다양성을 높이면 더 많이 지원해주는 제도를 말한다.

선진국에서는 이미 농촌을 생물들이 사는 서식지로 인식하고 이와 같은 제도를 두고 있다. 말하자면 농민들을 농산물 생산자로만 보지 않고 생태관리자로 인정해 그에 걸맞은 대가를 지불하고 있는 셈이다.

이런 제도를 마련하기 위해 2011년 9월부터 '지속가능한 생태조화형 농업 모델 개발과 제도개선'이라는 주제로 연구가 시작되었다. 공동 연구자인 동국대학교 법대 최정일 교수도 황새법의 필요성을 연구에 담았다.

1971년 충북 음성에서 마지막 번식쌍 발견-발견 후 3일 만에 총에 맞고 수컷 사망, 1994년 한반도 텃새인 황새가 완전히 사라짐, 1996년 새끼 황새 2마리 러시아에서 첫 도입, 2002년 황새 인공증식에 성공-세계에서 4번째 번식 성공, 2009년 충남 예산으로 황새 방사지 선정, 현재 자연으로 돌아갈 비행훈련 중-2013년 자연 복귀, 2015년 황새법 국회 통과(?)……. 이런 여정을 밟아 황새는 한반도에 다시 정착해 우리와 함께 살아갈 것이다. 황새가 행복해지면 우리도 행복해질 수 있다. 이것이 우리가 사는 이 지구의 생태법칙이기 때문이다.

유럽의 황새와 한국의 황새

유럽의 황새들이 한국의 황새들에게 묻는다.

"너희들 살 만하니? 한국에서는 1971년에 황새가 완전히 사라졌다면서? 그러다가 간신히 되살려 이제 겨우 150마리가 있고, 그나마 우리 안에 갇혀 산다면서? 유럽은 어떠냐고? 우리야 물론 다르지…….”

유럽황새가 사는 시골마을을 다녀올 기회가 있었다. 말하자면 우리 농촌과 선진국 농촌의 환경을 비교해보는 시간인 셈이었다. 유럽 여행을 가면 대부분 도심을 둘러보지만, 이번에 나는 황새가 사는 유럽의 산골마을을 다녀왔다. 한 곳은 독일 북동부로 옛 동독지역인 로부르크(Loburg)이고, 다른 한 곳은 프랑스 북동부의 알자스 지방 오랭 주에 있는 리보빌레(Ribeauville) 황새 시골마을이었다.

유럽의 황새도 1970년대에 접어들면서 숫자가 많이 줄기 시작했다. 내가 간 알자스 지방의 경우 1972년에 5쌍만 남았는데, 황새 복원 프로젝트를 수행한 이후 꾸준히 늘어 지금은 그 지역에만 450쌍이 산다고 한다. 그러니까 거의 40년 사이에 엄청나게 늘어난 셈이다.

단순히 유럽황새와 우리나라 황새를 비교할 수 없다. 우선 유럽황새의 수가 현재 53만 마리인 것에 비해 우리 황새와 동종인 황새는 중국과 러시아 등지에 고작 2,500마리밖에 안 된다. 외형은 우리 황새의 부리가 검은 데 비해 유럽황새는 붉은색이다. 체격은 우리나라 황새가 조금 큰 편이며, 성격이 많이 다르다. 번식기가 되면 우리 황새는 단독 쌍을 형성하고 살지만, 유럽황새는 여러 쌍이 함께 모여 산다. 말하자면 우리 황새는 유럽황새에 비해 사교적이지 않다. 우리 황새는 논에서 물고기를 많이 잡아먹는데, 유럽에는 우리처럼 논이 없어서 그런지 물고기보다 지렁이와 벌레를 더 많이 잡아먹는다.

프랑스 리보빌레 황새마을에서 맞이한 어느 날 아침, 숙소에서 창문을 열었더니 뾰족한 지붕 위에 인공적으로 마련해준 둥지에서 번식하고 있는 황새 한 쌍이 보였다. 그 뒤로 낮은 언덕이 눈에 들어왔다. 언덕은 모두 포도밭이었다. 황새가 먹이를 찾아 날아가는 곳은 주변 초지와 개간한 밭들이었다. 경관이 무척 아름다웠다. 그 경관은 아름다움에서 머물지 않았으며, 황새의 먹이가 풍부한 자연 그대로였다. 말하자면 생물다양성이 풍부한 곳으

프랑스 리보빌레 황새마을(왼쪽)에서 저 멀리 보이는 뾰족한 지붕 위에 번식 중인 황새(오른쪽). 유럽황새는 전원마을의 집 지붕에서 둥지를 틀고 사는 것이 특징이다.

로, 그곳에 사는 황새는 무척 행복해 보였다. 자연과 인간이 어우러져 사는 지구상에서 가장 아름다운 곳, 바로 유럽의 황새마을 모습이었다.

1900년대 초만 해도 유럽황새의 수는 지금보다 훨씬 많았지만, 1940년대 이후 농약 사용으로 차츰 감소하기 시작했다. 1970년에는 10만도 안 되는 번식쌍으로 줄어들었다. 그러다가 점차 그 수가 회복되기 시작해 1985년에 13만 5천 쌍으로 늘어났으며 지금은 약 25만여 쌍에 이르게 되었다.

황새는 생태계에서 우산종(雨傘種, umbrella species)이라고 부른다. 황새가 살면 다른 종들도 함께 살 수 있다는 뜻이다. 1970년대에 유럽황새가 감소했다가 다시 회복했던 것은 바로 농약 사용을 자제한 덕분이다. 농사에 농약을 사용하기 시작한 것은 1945년으로, 그 후유증으로 생물 멸종이 일어났다. 이에 따라 자연히 황새들의 먹이가 고갈되면서 유럽황새의 감소로 이어졌다. 이러한 사실을 깨닫고 농약 사용을 줄이자 1980년대 중반에야 황새 수가 다시 회복 기미를 보였다.

현재 우리는 아직도 농약 대국이라고 불릴 정도로 많은 양의 농약을 사용한다. 캐나다의 21.3배, 뉴질랜드의 12.8배, 유럽의 6.5배, 미국의 5.5배, 그리고 일본의 3배에 이른다니, 생물들이 살 수 없는 땅이라는 것이 이런 수치에서도 나타난다. 그러니 우리 황새들의 먹이가 없는 게 이상할 것이 없다.

우리 땅에서 완전히 사라진 황새는 1996년 한국교원대학교에서 시작한 황새 복원 프로젝트 이후 현재 150마리로 늘어났다. 우리에 갇혀 사는 이 황새들은 충남 예산군의 서식지가 복원되면 2015년부터 매년 10마리씩 자연으로 방사할 예정이다.

이렇게 다시 황새가 살아나면 우리 농촌 환경도 살아날 수 있다는 희망을 가져본다. 황새가 사는 미래의 우리나라 농촌은 지금과는 사뭇 다를 것이다. 무엇보다 황새가 사는 곳에서 생산된 농산물이라면 소비자는 돈을 더 주더라도 안심하고 사 먹을 것이다. 도시의 소비자들을 대상으로 한 설문조사에서 정말 안심할 수만 있다면 농산물 가격이 좀 비싸도 사먹겠다는 사람들이 소득이 높을수록 더 많다는 결과가 나왔다. 이렇듯 도시민들이 그 대가를 지불하면 농민들의 소득이 올라가는 것은 당연한 이치다.

황새가 행복하면 사람도 행복해질 수 있다는 것을 유럽에서 다시 배웠다. 아직 우리에만 갇혀 사는 우리 황새들은 행복해 보이지 않는다. 우리 자연이 황새가 살아갈 수 있는 땅으로 회복되었으면 좋겠다. 머지않은 장래에 황새와 공생하는 녹색 새마을운동이 일어나기를 기대해본다. 그래서 우리도 유럽의 농촌처럼 아름답게 살 수 있는 날이 꼭 왔으면 좋겠다.

"혹시 자녀가 남자아이예요? 그럼 이 쌀을 먹이세요."

2013년 10월 코엑스에서 친환경대전이 열렸다. 그곳에서 한국교원대학교 '황새의 춤 사업센터'에서 '황새의 춤' 쌀을 홍보하면서 젊은 엄마들에게 건넨 말이다. 황새의 춤 쌀은 차세대 유기농 쌀로 출시되었다. 농약과 비료 없이 황새마을에서 재배한 친환경 농산물이다. 일반 유기농 쌀과 무엇이 다르냐고? 농약을 사용하지 않는 것은 유기농 쌀과 황새의 춤 쌀 모두 같다. 그러나 유기농 쌀은 퇴비를 주어 농사를 지었다면, 황새의 춤 쌀은 논에 퇴비 대신 생물들을 서식하게 하여 그 생물들이 배설한 유기물질을 비료로 사용했다는 점에서 일반 유기농 쌀과는 차이가 있다. 유기농 쌀과 황새의 춤 쌀은 우리 환경에 미치는 영향에서도 다르다.

해마다 여름이면 우리나라 하천과 바다는 부영양화로 몸살을 앓는다. 수온 상승으로 물에 녹조가 지나치게 발생하여 물의 산소 부족을 일으켜 강의 민물고기와 바다의 어패류 등 생물들을 질식하게 한다. 게다가 우리가 먹는 상수도의 악취 발생의 원인도 이 부영양화에서 비롯된 녹조 때문이다. 흔히 농가의 축산 폐수가 하천의 부영양화 원인이라고 하는데, 난 그렇게 생각하지 않는다. 오히려 농경지에 퇴비나 비료 사용이 부영양화를 가속시키는 주범이다. 그런데 왜 여자가 아닌 남자아이가 황새의 춤 쌀을 먹어야 하는가?

최근 국민건강보험공단에서 발표한 자료에 따르면, 지난 몇 년 사이에 우리나라 젊은 부부의 불임률이 여성에 비해 남성이 눈에 띄게 높아졌다는 결과가 나왔다. 남성 불임률이 증가한 원인으로 스트레스와 환경호르몬에 따른 것이라 추정하는데, 스트레스는 남성에게만 있는 것이 아니라 여성에게도 있어 설득력이 떨어진다. 그렇다면 무엇일까? 환경호르몬은 동물들이 화학물질에 노출되었을 때 암컷보다 수컷의 호르몬인 테스토스테론 형성에 영향을 미쳐, 마치 체내의 호르몬처럼 작동한다. 이 환경호르몬이 정자 형성을 방해하여 불임을 일으킨다. 지난 10년 동안 우리나라 남성들의 정자수가 급격히 줄어들고 있다는 전문기관의 연구발표가 있었던 것도 이 환경호르몬과 무관해 보이지 않는다.

과거에는 남자들의 정자 방출수가 1밀리리터당 1억 마리였는데 최근 젊은 남성들의 정자수는 6천만 마리로 40퍼센트 이상 줄었다. 남성의 정자수가 4천만 마리 이하로 내려갈 경우 불임확률은 90퍼센트에 이르게 된다. 또 얼마 전 우리나라 젊은 남성들의 정자 운동성이 과거에 비해 떨어졌다는 한 전문기관의 보고는 최근 국민건강보험공단의 남성 불임률 원인과 연관 있음을 보여준다. 여성의 자궁에 사정한 정자수 가운데 나팔관까지 도달하는 정자수가 절반 가까이 떨어질 정도로 우리나라 젊은 남성들의 정자운동 힘이 떨어졌다는 사실은 우리 모두 심각하게 고민해야 할 대목이다.

이러한 이유로 나는 대한민국에서 태어난 남아들에게 쌀만이라도 이 황새의 춤 쌀을 먹이고 싶다. 환경호르몬에 취약한 남성들이 한두 번 화학물질에 노출되었다고 이 지경에 이르지는 않는다. 어려서부터 기준치 이하라는 화학물질의 누적 노출이 결국 남성 불임이라는 사태에 이르게 한 것은 결코 우연이 아니다. 오랜 기간 동안 농약을 사용하면서 농산물 대량생산이라는 풍요를 가져왔지만 불임을 일으키는 환경호르몬이라는 재앙도 함께 가져왔다.

인생은 짧고 황새는 영원하리라!

황새는 수명이 30년밖에 안 되는데 어찌 우리네 인생보다 길며 영원하다고 하는가! 황새를 한반도에 복원하는 작업은 나의 시각으로는 적어도 남은 내 인생의 시간보다는 길며, 생태학적으로 한 종의 시간에서 보면 한반도에 사는 우리가 또다시 이들을 멸종시키지 않는 한 우리의 인생보다 더 길다. 아니, 영원하리라 소망한다.

2015년 한반도 황새 야생복귀는 황새 영속성의 출발점이다. 사회적, 경제적, 정치적 그리고 국제적으로 몰고 올 파장은 우리의 상상을 초월할 수 있다. 사실 이 글을 적고 있는 나도 모른다. 다만 한반도 황새 복원에 관해 "시작은 미약하였으나 나중은 심히 창대하리라"는 구약성서의 한 구절이 떠오른다. 황새들을 바라보노라면 그런 믿음이 생긴다.

그런 조짐 가운데 맨 먼저 일본에서 황새가 날아와 일본과의 국제적 관계

설정의 첫 신호를 보내고 있다. 지금 한반도와 일본은 정치적으로 매우 좋지 않다. 그동안 두 나라는 경제적 격차가 매우 컸지만, 지금은 그렇지 않다. 지난날 일본은 경제대국으로 한국은 안중에도 없었다. 후쿠시마 원전 사태 이후 일본은 경제적 위기를 맞고 결국 극우파가 정치의 전면에 나섰다. 이들은 침략주의의 망상에 사로잡혀 다시 경제대국을 꿈꾼다. 선량한 일본인들 가운데 그동안 물질적 부에 가치를 두었던 삶의 방식에 깊은 성찰을 하는 사람들도 많다. 나는 2014년 7월 19일 일본에서 열린 황새의 미래 국제회의에서 그런 분위기를 느끼고 돌아왔다. 그 자리에 참석해 황새를 통해 한국과 일본의 새로운 우호관계 설정을 전달했다. 미래는 야생복귀한 황새들이 한국과 일본을 오가면서 그런 관계를 요구할지도 모르기 때문이다.

현재 남·북한 간의 정치적 상황도 그리 좋지 않다. 황새가 남·북한 사이에 무슨 일을 하지 않을지, 조심스레 희망을 품는다. 2014년 10월 평창에서 제12차 생물다양성협약총회가 열린다. 이 행사의 사이드 이벤트로 한국과 일본이 공동으로 미래의 황새복원 포럼을 가질 예정이다. 이 포럼에서 우리는 북한의 옛 황새 번식지(황해남도) 복원을 주제로 삼으려 한다. 연백평야를 중심으로 황새를 복원하면 연백평야에서 불과 30킬로미터밖에 떨어지지 않은 비무장지대는 황새들의 먹이 사냥터가 충분히 될 수 있다. 겨울이면 이 황새들이 남한 땅으로 내려온다. 결국 황새들이 정치적 통일에 앞서 생태적 통일을 이루는 셈이다.

미국의 투자은행 골드만 삭스는 2007년 세계경제전망보고서에서 현재 한국의 경제 규모는 국내총생산(GDP) 8,140억 달러로 세계 11위이지만 2025년에는 9대 강국으로 부상할 것이고 2050년에는 1인당 국내총생산 8만 1천 달러를 기록, 일본과 독일을 따돌리고 미국에 이어 세계 2위를 차지할 것이라고 내다보았다. 우리 국민들은 이 보고서에 얼마나 신뢰를 보낼까? 나 역시 설마하는 마음이 크다. 하지만 한반도의 황새 야생복귀가 실현되면 상황이 달라진다. 우선 이 보고서는 한반도에 전쟁이 일어나지 않고, 1국가 2체제 통일을 기본 전제로 한다. 한국전쟁은 황새의 한반도 멸종 원인 가운데 하나였다. 전쟁은 황새가 한반도에서 둥지 틀고 살았던 큰 나무들을 앗아갔다.

한반도가 2050년 골드만 삭스의 전망대로 세계 2위의 경제대국이 된다면 한국은 더 이상 일본이 자국의 극우파를 앞세워 무시할 수 있는 나라가 아니다. 따라서 이러한 경제대국으로 나아가기 위해 미래는 생태계가 전제되어야 한다.

고대 그리스 아리스토텔레스의 과학철학이 우주 · 물리과학 시대라고 한다면, 근대 과학에서는 화학 분야의 발달로 인류의 식량문제가 해결되었다. 오늘날은 분자생물학이라는 과학의 발달로 인류의 건강과 수명 연장에 도움이 되었다. 그렇다면 미래는 무얼까? 바로 생태시대다. 진정한 경제적 지위는 생태를 통해 확보될 수 있다. 그때 한반도가 경제대국이 되려면 러시아, 중국 그리고 일본을 연결하는 생태계의 중심 역할을 해야 한다. 황새들의 이동 생태축이 이 4개 나라에 만들어지면 분명 그 중심은 한반도다.

4

황새와 함께 살다

왜 황새가 사라졌을까!

우리나라에서 텃새로 살았던 황새가 사라진 지도 어느덧 40여 년이라는 세월이 흘렀다. 황새와 비슷한 새에는 백로와 왜가리가 있다. 그런데 백로와 왜가리는 멸종하지 않고 아직 많다. 황새와 백로, 왜가리의 공통점은 습지와 논에서 물고기를 잡아먹고 산다는 점이다.

우리나라에서 멸종된 황새 복원을 시작하면서 멸종 원인을 찾아보려고 나름대로 무던히 애썼다. 문헌을 찾아보고, 전문가들의 세미나에도 참석했다. 그동안 발표된 문헌 연구에 따르면, 농약 때문에 습지와 논에 물고기가 사라진 것이 주요 원인이다.

나도 이에 동의하지만, 그래도 그 이유가 내 의문에 대한 정답은 아니다. 그 까닭은 백로나 왜가리가 함께 멸종하고 있다면 그 말이 맞지만, 여전히 백로와 왜가리는 사라지지 않고 그 숫자도 그리 많이 줄어든 것 같지 않기 때문이다.

마침내 나는 그 해답을 찾았다. 그것도 내 연구를 통해서다. 2006년 6월 15일 황새 실험방사가 있었다. 약 6천여 제곱미터에 울타리를 치고 황새 두 마리를 풀어놓았다. 물론 실험을 위해 날개깃 한쪽을 잘라내 날지 못하게 했다(날개깃은 1년 후 다시 정상으로 자란다). 이 실험이 진행된 지도 벌써 두 달이 되었다. 그런데 이곳에 백로와 왜가리가 찾아왔다.

관찰 결과 매우 놀라운 사실을 발견했다. 결론부터 말하면 황새의 사냥 실력이 형편없다는 점이다. 이에 비해 쇠백로와 왜가리는 아주 능수능란한 사냥 기술을 갖추었다.

황새는 습지 위를 걸으면서 부리로 이곳저곳을 찔러가며 사냥을 한다. 찔러대는 횟수는 5분당 10회 정도, 물론 먹이양에 따라 횟수가 다르지만 1제곱미터당 미꾸라지가 1.5마리였을 때 그렇다. 그중에서 1회 정도 먹이를 낚으면 성공이라고 할 수 있다. 한 마리를 잡기 위해 9번은 허탕 치는 셈이다.

이에 비해 쇠백로나 왜가리는 이곳저곳 찔러대지 않는다. 쇠백로와 왜가리는 황새가 먹이를 잡는 것을 지켜본다. 황새가 습지 위를 걷거나 부리로 찔러댈 때 자극을 받은 미꾸라지가 꿈틀하고 반응을 보이면 진흙 위의 물이 미세하게 움직인다. 이때 쇠백로와 왜가리는 시각으로 감지하고 일격에 먹이를 낚아챈다.

이처럼 쇠백로나 왜가리는 황새가 판을 벌여놓은 곳에서만 사냥을 할까? 그렇지 않다. 혼자 사냥할 때 지켜보면 쇠백로의 먹이 잡는 기술은 명품 중에서도 명품이다. 어린 시절 개울에서 물고기를 잡던 기억이 있다. 풀숲에 족대를 갖다대고 한 발을 풀숲에 넣고 저어대면 풀숲에 숨어 있던 물고기가 밖으로 나온다.

바로 쇠백로가 이런 식으로 물고기를 잡는다. 숨어 있는 풀숲에 한 발을 넣고 가볍게 저어대면 물고기가 나오는데, 이때 밖으로 나온 물고기를 재빨리 낚아챈다. 황새는 이렇게 사냥하지 못한다. 그냥 이곳저곳을 찔러대면서 먹이를 잡는다.

이런 황새의 먹이 잡는 기술은 먹이가 많을 때는 아무 문제가 없다. 그러나 먹이가 줄거나 없어지면 생존할 수가 없다. 우리나라에 황새가 살았던 그 옛날에는 논에 먹이가 참 많았다. 먹이가 지천으로 있었으니 그냥 이곳저곳 찔러도 쉽게 먹이가 잡혔다.

농약을 사용하면서 황새의 먹이가 줄어들었다. 논에 물고기가 사라지자 황새 또한 멸종위기에 처하게 되었다. 황새와 비슷한 먹이를 먹는 새들은 따오기, 저어새, 노랑부리백로다. 이 새들 또한 모두 멸종위기종이다. 이런 현상이 과연 우연일까?

우리 자연에 먹이가 풍부했을 때는 사냥 실력이 좋은 새나 나쁜 새 모두 함께 살 수가 있었다. 그러나 먹이가 없어지자 사냥 실력이 나쁜 새들 또한 사라지고 말았다. 그리고 새로운 사냥 실력을 갖추도록 진화하기 위해서는

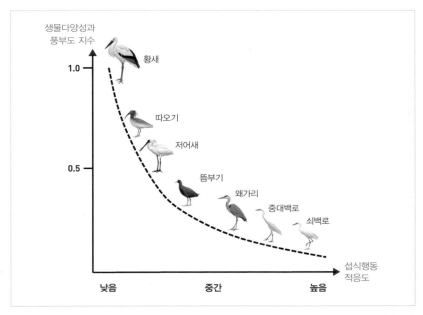

황새는 왜가리나 다른 백로류에 비해 섭식행동 적응력이 매우 낮다. 따라서 먹이 환경이 풍부한 곳에서만 생존이 가능하다. 이 그림표는 야생에서 황새, 왜가리 그리고 백로가 함께 먹이행동을 관찰한 것을 바탕으로 만들었다.

먹이가 사라진 이후 50~60년이라는 세월이 황새들에게 너무 짧았다.

황새의 특별한 이타행동

황새는 사람처럼 일부일처제인 조류다. 굳이 사람과 다른 점이 있다면 한 번 부부로 연을 맺으면 이혼하는 법이 없다. 그래서 암수가 만나 부부로 탄생하기가 워낙 어렵다. 아마 황새만큼 암수의 만남에서 신중한 동물도 없을 것이다.

사육 상태에 있는 황새들은 생후 2~3년이 지나면 번식이 가능하다. 번식이 가능하다고 해서 인위적으로 적령기의 암수를 짝지어 같은 우리에 넣으면 실패하기 십상이다. 이때 수컷이 암컷을 부리로 찍어 죽이는 경우가 종종 일어나는데 황새의 부리는 마치 단도처럼 끝이 뾰족하여 무기가 된다. 황새 복원을 시작한 지 5년여 동안 인위적 짝짓기 시도는 모두 실패로 끝나고 말았다. 인위적으로 황새를 짝짓는 것은 안 된다는 교훈을 철저히 몸으로 익힌 셈이었다. 지금은 약 3천 제곱미터 크기의 대형 우리를 만들어 어미에게서 독립하는 생후 6개월 정도부터 황새들을 이곳에서 기른다. 이 방법은 어른이 된 뒤에 만나면 대부분 싸움을 하는 황새들에게 매우 효과적이다. 이는 어려서부터 서로 친근하게 해주어 이후 자연스럽게 짝짓게 하는 방식이며 우리가 세계에서 처음 시도했다.

왜 황새는 이렇게 짝을 맺기가 어려운지 아직 과학적으로 밝혀진 바가 없다. 아마도 우리가 모르는 그 무엇이 이 황새들에게 존재하는 것이 분명하다. 사람을 포함한 대부분의 포유류는 생식기간에 접어들면 암수가 짝짓기를 하는 것은 그리 까다롭지 않다. 예를 들어 성적으로 건강한 젊은 남녀가 20명이 있다고 가정하자. 이들을 무작위로 짝을 맺게 하여 10개의 무인도에서 각자 살게 한다면 어떻게 될까? 이 젊은 부부들 모두가 아이를 낳으리란 것은 상상하기 그리 어렵지 않다. 그러나 황새를 이런 식으로 하면 성공할 확률이 10퍼센트도 되지 않는다.

현재 황새복원센터(한국교원대학교)에서 짝지은 황새 부부는 모두 8쌍이다. 첫 번째 쌍은 청출(암컷) 쌍인데, 수컷의 이름은 자연이다. 이 쌍은 매우 우연히 맺어졌다. 청출이와 자연이는 철망을 사이에 두고 살았고, 당시 청출이의 나이는 만 2년으로 번식할 나이로는 좀 이르다고 생각해 짝을 맺어줄 시도조차 하지 않았다. 물론 수컷 자연이는 청출이보다 세 살이 많았으니까 번식할 나이는 충분히 지난 셈이었다.

어느 날 아침, 황새장으로 가서 살펴보니 자연이 방에 청출이가 함께 있는 것이 아닌가? 어떻게 청출이가 자연이 방으로 갔을까? 센터에 단독장을 꾸밀 때 황새를 모니터링하기 위해 두 개의 장 사이에 카메라 1대를 설치해 놓은 터였다. 카메라가 설치된 곳에 약간의 틈이 있지만 황새가 쉽게 통과할 만한 공간은 아니었다. 그곳을 통과하려면 비집고 들어가야 할 정도로 아주 비좁았다. 그런데 청출이는 그 좁은 틈으로 자연이 방으로 들어갔던 것이다.

청출이(암컷, 오른쪽)가 남편인 자연이(왼쪽)의 머리 깃을 정성스럽게 다듬어주고 있다.

청출이와 자연이가 함께 있는 것을 발견한 그날은 청출이가 날다가 우연히 그 틈에 끼어 자연이 방으로 간 것으로만 알았다. 그래서 청출이를 다시 제 방으로 옮겼다. 그런데 다음 날에도 똑같은 일이 벌어졌다. 자연이가 올라 있던 횃대 옆에 청출이가 있었다. 그제야 '청출이와 자연이는 서로 철망을 사이에 두고 오랫동안 정을 나누어 왔구나' 하는 생각이 들었다.

그 이듬해 우리나라에서 처음으로 이 쌍의 부부에게서 새끼가 태어났다. 황새 복원 7년 만이었다. 세계에서 4번째의 성공치고는 참 행운이 따랐다. 우리보다 앞선 일본은 복원사업을 시작한 지 무려 30년 만에 번식에 성공했는데. 최근에도 청출이는 4개의 알을 낳았고, 7년째 번식을 하고 있다. 청출이가 낳은 새끼는 무려 14마리이다. 원래 황새는 암컷이 수컷보다 조금 작은데다. 청출이는 보통 암컷보다 조금 더 작아 약할 것 같았는데 모성애는 아주 강한 엄마다. 사육사가 둥지에 다가서면 자연이는 도망가도 청출이는 끝까지 새끼들과 함께 둥지에 남아 강하게 저항을 하며 절대 물러서는 법이 없다.

황새 쌍들은 부부간의 애정도 가지각색이다. 청출이처럼 암컷이 헌신적인 부부도 있지만, 어떤 쌍은 적이 나타나면 수컷이 공격적으로 대항하고 암컷은 피하는 쌍도 있다. 그리고 또 어떤 쌍은 알 품기를 반반씩 교대로 알을 품기도 하지만, 어떤 쌍은 암컷이 대부분 품고 수컷은 놀고먹는다. 새끼를 양육할 때도 마찬가지다. 새끼들에게 먹이를 물어다주는 것을 암컷과 수컷이 나눠서 하는 쌍도 있지만, 수컷 또는 암컷이 헌신하는 경우도 있다.

그런데 최근 어람(수컷) 쌍에서 아주 희한한 부부애를 보았다. 황새들에게 하루 한 번 먹이를 주기 때문에 황새들은 항상 먹이 주는 시간을 기다린다. 매일 오후 4시에 맞춰 먹이를 주는 이 시간이 되면 황새들은 황새장 안에서 분주하다. 멀리서 먹이를 준비하는 사육사의 모습만 보아도 사육장 입구로 몰려와 우왕좌왕한다. 이들은 새끼 조기만 한 전갱이를 불과 몇 분 만에 10마리를 먹어 치운다.

어람 쌍이 있던 황새장에서 먹이를 주면서 벌어진 일이다. 사육사가 먹이통에 먹이를 담아 다가가자 어람이가 먼저 달려왔다. 당시 어람이의 짝인 보람이는 알을 품고 있는 상태였다. 평소 같으면 암수가 먹이통에 달려와 동시에 머리를 박고 허겁지겁 먹이를 먹었지만, 그날은 달랐다. 그날은 암컷이 알을 품고 있어 어람이만 먹이통에 도착했다. 하루 종일 굶었던 터라 어람이가 적어도 10마리 넘게 먹어야 정상인데, 그날은 3마리만 먹고 재빨리 알을 품고 있는 보람이에게 달려갔다. 그러고는 알을 품고 있는 보람이에게 자기가 알을 품겠노라 신호(둥지 교대신호, 부리로 알을 품고 있는 황새의 꽁지 쪽을 깊게 쑤시는 행동)를 보내고 보람이에게 가서 먹이를 먹고 오라고 배려를 했다.

그렇다. 분명 상대를 배려하는 행동이었다. 보람이가 하루 종일 배를 곯는 것을 어람이는 알고 있었다! 자기가 배고프면 보람이도 배고프리란 것을……. 그래서 한꺼번에 다 먹지 않고 3마리만 먹은 어람이. 이런 사실을 어떻게 해석해야 할까? 자신의 생존 기회를 줄여서라도 동료를 도와주는 이타행동이 이 황새들의 유전자에 새겨져 있는 것은 아닐까? 이타행동의 유전자가 인간의 전유물이 아니라는 사실을 깨닫기에 충분한 모습이었다.

새끼를 거부하는 수컷 황새

황새는 한번 맺은 짝을 평생 바꾸지 않는 철저한 일부일처제 조류다. 청출 쌍의 경우 철망을 사이에 두고 맺은 짝이지만, 폐자 쌍과 매 쌍은 우리나라에서 처음 시도한 방법으로 맺어졌다. 황새 20마리를 대형 우리, 즉 공동 사육장 안에서 자연스럽게 짝을 맺은 쌍이다.

이렇게 어렵게 만난 청출 쌍에 이어 폐자 쌍도 알이 깨어나기 시작했다. 첫 알이 깨어난 것은 4월 10일 아침이다. 암수가 열심히 31일간 알 품기를 교대한 끝에 새끼 두 마리가 태어났다. 그런데 엄마 페자는 새끼를 품어 돌보려 하는데, 아빠 동서가 새끼를 둥지 밖으로 밀어버리는 일이 벌어졌다. 재빨리 아빠 동서를 옆 우리로 떼어 놓고 둥지 밖으로 떨어진 새끼를 주워 엄마 페자의 품으로 돌려주었다. 동서가 왜 그렇게 행동했는지 지금까지도 그 이유를 전혀 알 수가 없다.

새 가운데 암수가 새끼 양육을 함께 하지 않는 새들도 있다. 청둥오리나 원앙은 교미한 뒤 알 품기에서 새끼를 기르기까지 모든 일을 암컷이 도맡아 한다. 이 부류의 새들은 수컷이 화려한 깃을 지닌 것이 공통점이다. 수컷이 암컷과 함께 있으면 천적의 표적이 되기 때문에 교미를 마치면 재빨리 암컷의 곁을 떠나는 것이 생존에 도움이 된다. 그리고 새끼가 알에서 깨어나면 스스로 걸을 수 있고 엄마를 따라다니며 먹이를 찾아 먹을 수 있어 암컷 혼자 길러도 문제가 없다.

그러나 황새는 다르다. 반드시 부부가 일을 나눠서 해야 한다. 부부 가운데 하나가 죽거나 새끼를 부양하는 일을 게을리하면 새끼의 생존에 문제가 생긴다. 황새 부부는 알 품기를 교대로 하고(페자 쌍은 이 부분에서는 잘했다), 새끼에게 교대로 먹이를 먹인다. 알 품기를 한쪽만 하면 먹이 사냥을 나간 사이에 알이 식어 부화율이 떨어진다. 게다가 천적(뱀·까치·까마귀 등)이라도 나타나면 새끼들이 완전 무방비 상태에 빠진다.

그러니까 정상적인 황새 부부라면 암컷이 사냥을 나간 사이에 수컷이 새끼를 품고, 수컷이 사냥하러 가면 암컷이 품는다. 새끼를 기를 때 어미 황새에게는 엄청난 희생이 따른다. 하루에 새끼 한 마리가 먹는 양이 어미가 하루 먹는 양의 두 배가 넘을 때도 있다. 생후 4주 정도 지나면 새끼가 먹는 양이 하루에 미꾸라지 1킬로그램 정도 된다. 어미는 400그램밖에 먹지 않는다. 그러니 새끼 4~5마리를 암컷이 혼자 먹여 기르면 이는 암컷을 죽음으로 몰아가는 꼴이 될 수 있다.

페자의 남편 동서를 1주 정도 따로 지내게 한 뒤 다시 페자 곁으로 보냈다. 그동안 새끼들이 좀 더 자랐으니 아빠 동서가 자기 새끼를 받아들일 수 있기를 바라서였다. 하지만 동서는 자기 새끼를 끝까지 거부했다. 결국 페자 혼자 새끼들을 감당하기 어렵다고 판단해 곧바로 육추실(育雛室)로 옮겨 사람의 손으로 양육할 수밖에 없었다.

그 당시 황새 번식장에는 모두 3쌍의 번식쌍이 있었고, 이 페자 쌍만 수컷 동서가 계속 새끼를 거부했다. 그 이듬해에도 페자 쌍에서 알 5개가 나왔다. 수컷 동서가 왜 새끼를 거부하는지를 연구과제로 하여 먼저 양육 시기를 조절해 동서의 마음을 돌려보기로 했다. 이 방법이 여의치 않으면 암컷 혼자 기르도록 하고, 그래도 안 되면 사람의 손으로 기를 수밖에 없었다.

3년을 줄곧 지켜보았지만, 안타깝게도 수컷 동서의 새끼 거부행동은 바뀌지 않았다.

근친으로 맺어진 인연

번식장의 쌍들은 유전적으로 근친관계는 아니다. 그런데 유일하게 근친으로 맺어진 쌍이 하나 있다. 1997년 독일에서 온 맑음이(암컷)와 남북이(수컷)는 한 어미에서 탄생한 새끼들이다. 이 둘은 3년 전부터 짝을 맺었지만 교미는 하지 않아 암컷 맑음이는 해마다 무정란만 낳는다.

수컷 남북이가 교미를 시도하긴 하지만, 암컷과 정상적인 교미가 아닌 자위행위를 한다. 황새가 자위행위를 한다? 정상적인 교미는 수컷이 암컷의 등 위로 올라가 자세를 낮추고 암컷의 꽁지와 수컷의 꽁지에 있는 배설공(생식기)을 결합하는 것이지만, 수컷 남북이는 암컷이 보는 앞에서 배설공을 둥지의 바닥에 대고 교미행동을 했다.

맑음이와 남북이가 남매 사이라서 정상적인 교미가 이루어지지 않는 것일까? 이 한 쌍만으로 그렇다고 단언하기에는 성급한 판단이지만, 이 쌍이 이렇게 무정란을 낳은 지가 어느덧 4년째다.

옆 칸에는 3년 전부터 짝을 맺어 수정된 정상적인 알을 낳아 품긴 하지만 알에서 깨어난 새끼를 수컷 동서가 밀어버리는 페자 쌍이 있다.

앞에서 살펴보았듯이 사육사가 땅바닥에 떨어진 새끼를 주워다 둥지 위에 올려놓아도 소용이 없었다. 수컷 동서는 계속해서 부리로 새끼를 물어 둥지 밖으로 내다버렸다.

우리는 보통 황새 쌍과는 다른 모습을 보이는 맑음이 쌍과 페자 쌍을 활용해 이들의 역할을 나누었고 마침내 알들을 성공적으로 부화시켜 기르고 있다. 다시 말해, 페자 쌍이 수정된 알을 낳으면 맑음이 쌍이 그 알을 정성스럽게 품어 기르도록 한 것이다.

두 쌍은 해마다 거의 같은 시기에 알을 낳아 31일 정도 알을 품는데, 20일 정도 지나면 두 쌍의 알을 바꾸어 넣어준다. 페자 쌍은 어차피 알에서 깨어난 새끼를 기르지 못하지만, 맑음이 쌍은 페자의 알에서 나온 새끼를 암수가 서로 협력하여 기른다.

실제로 황새복원센터에서는 버려진 알을 가져다가 인큐베이터에서 부화해 사람의 손으로 기른다. 사실 사람의 손으로 새끼를 기르는 것에는 엄청난 수고가 따른다. 거의 갓난아이를 기르는 수준이다. 한 마리를 기르기 위해 하루 종일 한 사람이 꼬박 붙어 있어야 가능하기 때문이다. 그러니 페자 쌍의 수컷 동서가 버린 새끼를 사람이 기르지 않는 것만으로도 엄청난 수고를 던 셈이다. 요즘은 맑음이 쌍이 보모 역할을 톡톡히 해주고 있어 얼마나 다행인지 모른다.

황새의 부부싸움

황새가 갑자기 부부싸움을 한다고 해서 달려갔다. 수컷이 암컷을 심하게 구박하는 바람에 둥지에서 쫓겨나고 말았다. 수컷은 2002년에 러시아에서 건너온 녀석으로 이름은 부활이다. 나이는 열 살이 넘어 사람으로 치면 청년기에 해당한다. 암컷 새왕이도 러시아에서 왔으며 수컷보다 한 살 어리다.

이 황새들이 짝을 맺은 인연은 2007년 연구차 충북 미원면 야외 방사장에서였다. 미원면 야외 방사장은 두 계곡을 사이에 두고 약 1만 제곱미터 계단식 논을 임대해 높이 2미터인 철망을 울타리로 둘러쳤다. 이는 앞으로 방사에 대비하여 황새들이 야생에서 어떻게 먹이행동을 하는지에 대해 미리 알아보기 위한 실험이었다.

황새가 날아가는 것을 방지하기 위해 맨 먼저 날개 한쪽의 깃털을 살짝 잘라주었다. 이 방식은 1년에 2번 정도 잘라줘야 유지되며, 그렇지 않으면 털갈이하면서 다시 자라나 울타리를 뛰어넘을 수 있다. 어쨌든 내 연구실 공동사육장의 20여 마리 황새들 가운데 선발한 두 황새가 마침내 부부로 연을 맺었다. 어떻게 선발했을까? 공동사육장의 황새들은 번식기에 접어들지 않은 개체들이다. 그중에서 서로에게 관심을 갖기 시작하는 황새들의 구애행동을 지켜본 뒤에 부부가 될 수 있다고 판단한 쌍을 번식장으로 옮기는 방식을 택했다.

사육 상태에서 황새의 구애행동은 맨 먼저 암수가 친밀행동을 보인다. 주로 암컷이 수컷의 깃을 다듬어주는 행동으로 시작하며, 나중에는 둘이 마주서서 부리 부딪치기를 자주 한다. 부활이와 새왕이는 이렇게 해서 탄생했다. 이 쌍은 2007년 5월에 미원으로 옮겨졌고, 그해 가을에 다시 연구실 사육장으로 옮겨왔다. 공동사육장에서 검증을 거치긴 했지만 둘이 그리 친한 것은 아니었다.

2007년 가을부터 연구실의 번식장으로 옮겨온 뒤 부활이와 새왕이는 부부로 인연을 맺었다. 그러던 중 2010년 봄에 알을 4개 낳았고, 이 가운데 2마리가 깨어나자마자 어미 새왕이가 모두 갖다버리는 바람에 가까스로 이 새끼들을 살려냈다. 갓 깨어난 새끼들을 둥지 밖으로 버렸으니 더 이상 그대로 두어서는 안 된다고 생각해 곧 깨어날 2개의 알은 인큐베이터로 옮겨와 사람의 손을 거치기로 했다.

페자 쌍의 수컷 동서와 마찬가지로 왜 새왕이가 깨어난 새끼를 둥지 밖으로 내다버리는지 알 수가 없었다. 이 쌍은 아주 정상적으로 31일 동안 열심히 교대로 알을 품었다. 새왕이의 행동이 아마도 스트레스 때문일 것이라 생각해 2011년에는 검은 천으로 막아 인접해 있는 번식장의 황새 쌍과 시각적으로 차단했다. 훨씬 스트레스가 지난해와 덜했다. 다른 동물들과 마찬가지로 황새들은 번식기에 매우 민감하다. 자연에서는 둥지와 둥지 간의 거리가 규칙적으로 수 킬로미터 떨어져 있지만, 이곳 번식장은 이웃 둥지와의 거리가 10미터도 안 되니 그럴 만도 했다. 사육장 구조를 바꾼 그해에 이 황새 쌍은 3개의 알을 낳아 모두 성공적으로 길렀다.

2012년에 일이 터졌다. 이 황새 부부는 2개의 알에서 나온 새끼들을 생후 60일까지 잘 길렀다. 그러던 어느 날, 암컷 새왕이가 새끼를 내다버리려는 장면을 보고 수컷 부활이가 화가 나고 말았다. 이 황새 부부의 이상한 행동을 보면서 처음에는 수컷이 암컷을 구박하는 줄로만 생각했다. 그러나 관찰 결과, 이번 부부 갈등의 원인 제공자는 암컷인 새왕이였다.

새왕이가 둥지에 올라서서 새끼 한 마리의 한쪽 깃을 부리로 물고 뛰어내리려 했지만, 제법 자란 새끼라 쉽게 부리로 집을 수 없었다. 바로 그 모습을 부활이가 보았던 것이다. 부활이는 화가 났는지 목깃을 부풀리더니 마치 검투사가 칼을 앞으로 쭉 뻗듯이 새왕이를 향해 부리를 날렸다. 물론 부리는 새왕이의 몸에 찍히지 않았다.

부활이에게 한번 공격을 받자 새왕이는 우리 안에서 매우 소심해졌다. 쉽게 먹이통에 접근하지 못하니 새끼에게 먹이를 줄 수도 없는 신세가 되었다. 정상적이라면 암수가 교대로 먹이를 가져다 먹여야만 하는데, 수컷 부활이가 새왕이 몫까지 맡아 새끼를 돌볼 수밖에 없었다.

그 일이 계속 가능할까? 새왕이 스스로 먹이를 먹지 못하니 같은 우리에서 함께 살게 하는 것도 쉽지 않아 보였다. 결국 하루를 더 기다려 보기로 했다. 그래도 먹이를 먹지 못하면 암컷 새왕이를 다른 장으로 옮길 수밖에 없었다. 예상한 대로였다. 하는 수 없이 새왕이를 다른 장으로 옮겼지만 걱정이 앞섰다. 부활이 혼자 새끼 두 마리를 성공적으로 길러낼 수 있을까?

황새처럼 암수가 함께 새끼를 기르는 종에서 암수 가운데 어느 한쪽에 사고가 생기면 대부분 번식에 실패한다. 그런 우려에도 부활이는 새끼 두 마리를 성공적으로 길러냈다. 이 황새 쌍을 보고 있으면 마치 우리 인간들을 보는 듯했다. 아이를 두고 집 나간 엄마 몫까지 아빠가 맡아 아이를 돌보는 부성애가 우리 주위에서 그리 생소하지는 않으니까.

어린 황새의 죽음

황새들은 생후 1년 안에 많이 죽는다. 자연의 새들도 어린 새일 때 사망률이 매우 높다. 황새를 야생에서 어미가 기를 때보다 사육 상태에서 사람이 새끼들을 기르는 것이 더 어렵다. 황새를 들여와 인공부화를 시도하면서 많은 새끼들이 죽어갔다.

알에서 깨어나자마자 죽기도 하고, 또 생후 10~20일에 죽었다. 이 시기에는 장염을 앓다가 죽는 경우가 많은데, 어미가 직접 먹이를 줄 때 위에서 먹이를 토해내기 때문에 자연스럽게 새끼에게 면역력이 생기지만, 사람 손으로 먹이를 공급해 기를 때에는 새끼에게 면역력을 생기게 하는 것이 그리 쉽지 않다.

그런데 어미가 기른 두 마리 어린 황새 가운데 한 마리가 죽어 그 안타까움이 더했다. 갑작스러운 죽음이었다. 연락을 받고 간 시간은 오후 6시 무렵, 곧바로 충북대학교 수의대에서 부검에 들어갔다. 결과는 오랫동안 먹이를 받아먹지 못해 굶어 죽은 것으로 나타났다.

자리에서 일어났다 엎드리는 행동이 평소와 똑같았고 아무 이상이 없어 보였다. 새끼가 죽은 뒤에야 원인을 찾기 위해 어미와 어린 황새들이 먹은 양을 체크해 보았다. 확인 결과 거의 1주일 동안 평소보다 먹이가 하루에 300그램이나 남았다. (2마리 새끼에게 하루에 800그램을 제공했다.) 과연 죽은 어린 황새는 어미에게서 거의 먹이를 받아먹지 못한 것이 원인이었을까?

생후 8주째를 맞은 이 어린 황새가 정상이라면 몸무게가 3.8킬로그램 정도 되어야 하는데, 부검 전 몸무게가 2.7킬로그램으로 정상 체중의 3분의 2 수준이었다. 그동안 체내에 축적한 영양분으로 며칠을 버텨왔고, 그래서 체중이 빠지고 만 것이다.

부검 결과를 충북대학교 수의대에서 알려왔다. 위에는 먹이가 없었고, 지푸라기 더미로 꽉 차 있었다는 연락을 받았다. 의사는 오랫동안 짚에서 나온 독성으로 장이 활동하지 못해 결국 짚이 소화되지 못하고 위에 쌓여서 죽은 것으로 판단했다. 그렇다면 지푸라기가 어떻게 새끼 위 속으로 들어갔을까?

죽은 새끼의 어미 둥지로 달려갔다. 남은 한 마리는 아직 별 문제 없어 보였다. 먹이도 정상적으로 받아먹고 있었다. 그때였다. 어미가 게워낸 미꾸라지를 먹는 새끼 모습에서 죽은 새끼 위에 짚이 쌓여 있었던 원인을 알아냈다. 어미가 게워낸 미꾸라지가 둥지 바닥에 잘게 썰어 깔아놓은 지푸라기 위에 꿈틀대면서 지푸라기 범벅으로 변한 것이었다.

죽은 새끼는 지푸라기 양이 적었을 때는 별 문제가 되지 않다가, 지푸라기가 소화되지 않고 위에 쌓여 장을 틀어막은 것이었다. 그런 상태에서 어미가 게워낸 먹이를 받아먹지 못하고 거의 1주일 동안이나 버텼던 것이다.

그렇다면 야생에서도 이렇게 새끼가 죽어갈까? 야생에서는 이런 일이 거의 일어나지 않는다. 이 새끼 황새가 죽고서야 야생에서는 어미가 이렇게 잘게 썬 짚을 물어오지 않고 좀 거친 짚을 물어온다는 사실을 알아냈다. 흥미로운 점은 유럽의 황새들에게는 이런 일이 야생에서도 일어난다는 사실이다. 농촌에서 제초를 할 때 제초기를 사용하는데, 황새들은 그대로 방치해놓은 제초기에 잘린 풀을 물어다 둥지 바닥에 깐다는 것이다. 유럽의 야생 황새들이 가끔 죽는 원인이 제초기에 잘게 잘린 풀이라는 점을 염두에 두고, 훗날 우리 황새들이 자연으로 돌아갈 때를 대비해 이런 일이 발생하지 않도록 신경 써야 한다.

새끼 황새의 죽음 이후로 우리는 황새들에게 볏짚을 제공할 때 볏짚의 끝 20센티미터 정도를 제거하고 굵은 줄기 부분만 제공하여 이 문제를 해결했다. 되도록 짚의 길이를 5센티미터 이하로 잘랐던 것을 10센티미터 이상으로 잘라 먹이와 함께 짚이 새끼 입으로 들어가지 못하게 했다.

수컷 황새의 아내 찾아 3만 리

황새는 전 세계에 7종이 있다. 이 가운데 2종은 아주 비슷한데, 우리나라에 있는 황새와 유럽에 있는 황새다. 우리나라 황새의 부리색이 검은색인데 비해 유럽의 황새는 부리가 붉은색이다. 나머지는 전문가들도 구별하지 못할 만큼 매우 비슷하다. 이 종을 우리나라에서는 홍부리황새 또는 유럽황새라고 부른다. 이 유럽황새는 유럽에서 번식해 아프리카로 월동하러 가는 철새다.

매년 3월부터 6월까지가 유럽황새의 번식철인데, 최근 크로아티아의 작은 마을에서 황새 부부의 순애보라고 일컬을 만한 기막힌 일이 벌어졌다. 그 사연이 인터넷으로 전 세계에 알려지게 되었다.

2월의 어느 날 수컷 황새 한 마리가 머나먼 남아프리카에서 1만 3천 킬로미터를 날아와 크로아티아에 도착했다. 암컷 황새를 만나기 위해서다. 5년 동안 한 해도 쉬지 않고 장애가 있는 아내 황새를 만나기 위해 크로아티아

동부의 한 마을로 찾아온 수컷 황새는 올해는 다른 때보다 조금 일찍 아내를 만나러 왔다.

5년 전 사냥꾼에게 포획될 뻔해 상처를 입은 아내 황새는 날개에 구멍이 뚫려 더 이상 날지 못했다. 현지의 마음씨 좋은 주민이 아내 황새를 발견하고 돌보기 시작했고, 결국 수컷 황새만 다시 남아프리카로 돌아가야 했다.

그런데 이듬해 봄 놀랍게도 수컷 황새가 아내를 만나기 위해 다시 크로아티아의 마을을 찾아왔고, 수개월 동안 아내와 함께 시간을 보냈다. 그들은 알을 낳기도 했으며, 새끼들이 태어나자 수컷 황새는 새끼들에게 나는 방법을 가르쳐주었다. 그리고 그해 8월 수컷 황새는 새끼들을 데리고 남아프리카로 돌아갔다. 수컷 황새는 그 이후에도 해마다 한 해도 거르지 않고 아내를 만나러 왔다.

아내 황새를 기르고 있는 현지 주민에 따르면 예년보다 조금 일찍 온 수컷 황새는 여행이 힘들었는지 올해는 매우 피곤해 보였다고 한다. 수컷 황새가 아내 황새를 찾아온 거리는 13만 킬로미터가 넘는다. 진정한 사랑은 아무리 거리가 멀어도 가로막을 수 없다는 사실을 이 수컷 황새가 보여주었다.

2013년 2월 말 번식이 한창인 우리 황새 쌍에서 아주 놀라운 일이 벌어졌다. 그 주인공은 2007년 전 충북 청원군 미원면 화원리에서 야생 방사실험을 했던 쌍, 암컷 새왕이와 수컷 부활이다.

앞에서 살펴본 그 황새 쌍이다. 2012년 봄 3개의 알을 낳고 31일 동안 암수가 열심히 교대해 가면서 알을 품었고, 첫 알에서 새끼가 깨어 나왔다. 수컷은 새끼를 돌보려 했지만, 암컷 새왕이는 새끼를 부리로 물어 밖에다 내다버렸다. 그 이유는 알 수 없지만, 이 부부의 새끼들을 사람 손으로 길렀다. 이렇듯 새왕이처럼 잘못된 양육 습관은 다음 해에도 이어지는 것이 일반적이다.

그래서 2013년에는 큰 기대를 하지 않았다. 새왕이를 관찰해보고 2012년과 같은 행동을 보이면 우리 손으로 기르려고 준비했다. 3월 24일 아침 7시 40분경 3개 알 가운데 1개에서 새끼가 태어났다. 수컷 부활이가 품고 있었을 때 새끼가 나온 것이 천만다행이었다. 그다음 순간이 문제였다. 알 2개와 새끼 한 마리를 품고 있는 부활이가 새왕이와 교대를 하면 2012년과 같은 일이 벌어질 것이 분명했다.

그런데 부활이는 새끼를 품은 채 좀처럼 일어날 기미를 보이지 않았다. 정상적이라면 1~2시간 품다가 교대하지만 이날은 달랐다. 무려 5시간 가까이 먹이를 가지러 갈 생각도 하지 않고 새끼만 품고 있었다. 물론 간간이 일어나 알과 새끼를 부리로 다듬어주기는 했다.

새왕이는 몇 번이나 새끼를 품고 있는 부활이에게 가서 교대하자는 신호를 보냈지만, 부활이는 일어날 기미를 보이지 않았다. 그때의 일을 부활이는 분명히 기억하고 있는 듯했다. 일어나면 새왕이가 새끼를 또 내다버릴 거라고 생각했던 것일까? 낮 12시가 넘어서 다시 새왕이가 둥지로 다가갔다. 별안간 부활이가 쪼그린 채 새끼를 품고 머리 깃을 곤두세우더니 새왕이를 위협했다. 그 모습에 새왕이는 둥지에서 물러났다.

1시간이 지나서였을까, 그제야 둘이 교대를 했다. 새왕이는 부활이에게서 둥지를 물려받고는 새끼에게 먹이를 게워냈다. 그러나 태어난 지 몇 시간이 지나지 않은 새끼는 새왕이가 게워낸 먹이를 먹을 준비가 되어 있지 않았다.

새왕이의 행동은 2012년과 사뭇 달랐다. 그때 새끼를 보고 부리 끝으로 집어 던지는 행동을 보였던 새왕이가 2013년에는 먹이를 게워내는 행동을 보인 것이다. 비록 새끼는 그 먹이를 먹지 못했지만, 좋은 징조였다. 그리고 새왕이는 새끼와 알들을 품기 시작했다. 2012년과 달리 새왕이와 부활이가 세 마리의 새끼를 잘 기르고 있다.

아! 황새 부활이가 새끼를 잃은 그때 일을 기억했을까? 그리고 교대하자는 신호를 보낼 때 부활이의 위협적인 행동에 새왕이가 마음을 바꾸었을까? 분명 현상은 있는데, 과학적으로 황새의 마음을 풀이해낼 방법이 없다. 이런 자연현상을 접할 때마다 과학자로서 다만 경외감을 느낄 뿐이다.

황새는 왜 가짜 알을 품어야 했을까?

황새가 가짜 알을 품을 수밖에 없는 사연이 2011년 5월 일간신문에 보도되었다. 간단히 말하면, 환경부에서 지원받던 예산이 전액 삭감되어 문화재청에서 지원하는 예산으로만 황새 증식사업을 할 수밖에 없는 상황이 벌어졌기 때문이다.

돈이 없으니 황새 식구 수를 줄일 수밖에 없는데다 1주일에 한 번 먹이를 주지 않는 것으로 한 해를 버텨나갈 수밖에 없었다. 이 소식을 듣고 주변의 많은 사람들이 안타까움을 표시했다. 그동안 귀중한 새를 증식해왔는데, 돈이 없다고 어떻게 가짜 알을 품게 할 수 있느냐? 게다가 먹이도 맘껏 주지 못한다니, 관계당국의 태도에 분통을 터뜨리는 분들도 있었다. 사실 이런 사연의 뒷얘기를 들어보면 거기에는 언제나 인간들의 욕심이 작용하고 있음에 매우 씁쓸함을 느낀다.

황새는 천연기념물이자 멸종위기 동물이다. 그래서 문화재청과 환경부에서 황새 지원을 해주고 있었다. 1996년 황새사업을 시작하던 그해에 러시아에서 야생 번식하는 새끼 황새 두 마리를 국내에 처음 도입했다. 그 무렵, 환경청이 환경부로 승격되면서 환경부는 문화재청으로부터 천연기념물 생물종 사업을 모두 가져오려고 해서 환경부와 문화재청의 사이가 그리 좋지 않았다.

그 후 환경부는 반달곰을 러시아에서 들여와 지리산에 풀어 반달곰 사업을 벌였다. 1996년 황새복원사업 초기에 환경부와 결별한 뒤 이 복원사업은 환경부와 사이가 좋지 않은 문화재청이 지원을 맡게 되었다. 처음에는 문화재청이 환경부를 견제하기 위해 열심히 지원해주었다. 문제는 황새가 날로 늘어남에 따라 예산액도 늘어나 문화재청으로서는 감당하기가 좀 버거워진 것이다.

결국 2010년 문화재청 외에 환경부 '서식지 외 보전기관'(우리나라 멸종위기종 관리기관으로, 서울대공원·한택식물원·황새복원센터 등 20곳 지정) 지원을 받아 황새복원사업을 했는데, 환경부 예산이 삭감되면서 20개 지원기관 가운데 황새복원센터는 문화재청의 지원을 함께 받고 있던 까닭에 지원을 중단한 것이 이번 가짜 황새알 사건의 배경이었다.

환경부에서는 반달곰 프로젝트 운영비로 연간 10억 원 이상 지원하고 있었다. 게다가 새끼 한 마리만 낳아도 비디오로 촬영해 극성스러울 정도로 홍보에 열을 올렸다. 그러나 한반도에 생태학적으로 더 절실한 황새복원사업에는 거의 관심이 없었다. 결국 예산은 다 똑같은 국민세금인데 이 일과 관련된 정부 부처들의 생각이 서로 달라 황새는 아직도 자유롭게 날지 못하고 있다.

국제적 멸종위험도 측면에서도 반달곰보다 황새가 더 시급하다는 사실을 우리 국민들은 모르고 있다. 국제자연보전연맹(IUCN)의 종(種) 복원 순위에서 황새는 멸종위기종인 데 비해 반달곰은 그 아래 단계인 취약종에 속한다. 이 분류는 그 종이 얼마나 지구상에 남아 있느냐에 따라 정해진다. 황새가 종의 기준에서 약 2,000마리 정도라면 반달곰은 종의 기준으로 10만 마리 이상으로 추정한다.

왜 국제적으로 시급한 종도 아닌데 환경부는 반달곰 복원에 열을 올릴까? 투자에 비해 홍보효과가 매우 크기 때문이 아닐까 생각한다. 지구상에서 개체수가 아직 충분하기 때문에 외국에서 개체를 쉽게 도입할 수 있고, 따로 복잡한 증식 단계 없이 그냥 자연에 방사하면 될 테니까.

그러나 황새는 종 자체를 구하기가 어려워 증식 단계가 필요하다. 게다가 황새 서식지는 사람이 살고 있는 농촌인데, 이미 농약 살포로 환경이 피폐해진 상태여서 농약 살포를 자제토록 해야 하는 과제를 안고 있다. 또 농경지와 하천을 생물이 서식하는 환경으로 바꾸는 데 시간과 비용이 아주 많이 든다. 반달곰은 숲이 서식지라서 따로 서식지 복원에 비용이 들어갈 필요가 없어 지리산을 택해 러시아에서 도입하여 곧바로 방사했던 것이다.

지금에 와서 환경부를 원망할 생각은 없다. 다만 문화재청이 더 지원해 줄 수 있도록 근거를 마련하기 위해 노력할 뿐이다. 문화재청에서 관리하는 천연기념물은 471종이다. 그 많은 종 가운데 황새만 특별히 지원할 수 없어 이렇게 소극적인 태도로 일관하는 정부기관에 답답함을 느낀다. 우리도 일본처럼 보호와 관리가 필요한 종을 지정해 보호하고 복원하는 특별천연기념물제도를 서둘러 도입할 필요가 있다. 일반 천연기념물과는 차등을 두어 지원하자는 것이다. 어렵게 증식한 황새를 자연으로 돌려보내기도 전에 이렇게 굶길 수만은 없지 않겠는가?

황새가 가짜 알을 품은 사연이 알려진 그 이듬해, 환경부는 마지못해 서식지 외 보전기관으로 다시 지원을 시작했다. 그러나 중복지원이라는 불씨는 여전히 남아 있어 우리 황새들은 지금도 매우 불안한 날을 보내고 있다.

황새에게서 인간을 본다

사람에게 동물의 모습이 있는 것은 당연하다고 여기지만, 동물이 사람처럼 행동한다면 예사로운 일이 아니다. 인간은 동물들이 갖고 있는 본능을 갖고 있다. 음식을 먹고, 짝짓기를 하고, 자신의 영역을 주장하는 것은 동물이나 인간 모두 똑같다. 사람들이 이웃과 담을 치고 자기 영역을 주장하는 것과 마찬가지로 동물들도 소리, 냄새 등으로 자기 영역을 주장한다.

이 점은 누구나 잘 알고 있다. 그런데도 동물들에게서 인간의 모습을 발견하는 순간 모두 신기해한다. 나는 최근에 황새들의 사회생활을 관찰하면서 인간들에게서 볼 수 있는 그런 모습을 보았다.

어느 황새 부부의 일로, 이 쌍에는 아직 아기가 없다. 사실 황새가 부부 맺기란 사람이 부부가 되는 것보다 훨씬 더 까다롭다. 그 조건을 나는 알지 못하지만, 황새들이 아무나 짝을 맺지 않는 것은 분명하다.

이미 일본에서 부부로 맺어진 이 황새 쌍은 2008년 바다 건너 일본에서 왔다. 이 쌍에게는 2011년까지도 새끼가 없었다. 부부가 한방에 살고 있었지만 특별한 짝짓기 행동은 보이지 않았다. 예를 들어 둥지를 함께 만든다거나 서로 털을 골라주는 등 특별한 행동이 없었다.

2012년에는 달랐다. 3월이 되면서 수컷의 행동이 예사롭지 않았다. 열심히 나뭇가지를 물어다 집을 짓기 시작했다. 집짓기는 보통 부부가 함께 하는데, 암컷은 집을 짓는 데 별 관심을 보이지 않고 수컷만 애가 탄 듯했다. 이내 둥지가 멋지게 완성되었고, 수컷이 암컷 가까이 가려 했지만 암컷은 자꾸 도망만 다녔다.

하지만 그 인내심에도 한계가 있었나 보다. 끝내 수컷은 자기 곁에 오지 않은 암컷에게 분노를 표출했다. 암컷의 한쪽 날개를 부리로 물고 끌어당겼지만 여의치 않자 뾰족한 부리로 몸통을 찍어대기까지 했다. 구애가 증오로 바뀐 셈이었다. 결국 이 부부는 혼인한 후 3년 만에 갈라서고 말았다.

이 부부를 더 이상 같은 우리에 함께 둘 수 없었다. 계속 놔두면 수컷이 암컷을 찍어 몸에 큰 상처를 낼 것이 뻔했기 때문이다. 심하면 죽이기까지 하니까. 애당초 짝이 아닌데, 잘못 맺어준 것일까?

이와는 대조적으로 또 다른 황새 한 쌍은 마치 인간의 연인관계를 보는 듯 다정했다. 1,500제곱미터의 우리에는 아직 짝을 맺지 못한 여덟 마리 황새가 살고 있었다. 여덟 마리 가운데 네 마리가 암컷, 네 마리가 수컷이다. 2010년 가을에 이 무리에서 짝이 탄생했다. 나는 이 쌍들에게 수컷은 황돌이, 암컷은 황순이라고 이름을 지어주었다.

황돌이는 무리 가운데 힘이 센 편이지만 황순이는 그 반대로 무리의 다른 녀석들에게 늘 공격당하는 편이었다. 어쨌든 둘은 2009년부터 친해졌다. 둘이 만나는 시간도 잦아졌고, 만나면 부리로 깃털을 서로 다듬어주면서 애정을 쌓았다.

그렇게 둘이 짝이 된 뒤, 황돌이가 황순이에게 대단히 헌신적이라는 사실을 알게 되었다. 황순이는 사람만 보아도 멀리 달아날 정도로 겁이 많은 편이다. 식사시간에 사육사가 먹이통을 갖고 들어가면 우리 입구에서 반대쪽으로 멀리 달아난다. 사육사가 먹이통을 입구 근처에 놓고 나서도 한참이 지난 뒤에야 먹이통에 다가와 먹이를 먹는다. 물론 다른 녀석들은 사육사가 먹이통을 놓자마자 얼른 달려들어 먹이를 먹는다.

황돌이가 황순이를 짝으로 받아들인 이후, 사육사가 갖다놓은 먹이통에 다른 녀석들이 달려들지 못하게 막고 서 있는 모습을 보고 어안이 벙벙해졌다. 사람과 흡사한 모습 때문이었다. 황돌이는 다른 녀석이 먹이를 먹으려고 하면 부리로 공격해 막아섰다. 이런 행동은 사육사가 먹이통을 갖다놓은 지 몇 분이 지나 황순이가 먹이통으로 다가올 때까지 계속되었다. 황돌이는 황순이가 먹이를 다 먹을 때까지 황순이 뒤에 서서 다른 녀석들의 접근을 막았다.

황새의 뇌가 인간의 뇌에 비해 아주 작은 터라 이런 행동을 할 수 있을 것이라고는 상상하지 못했다. 황새를 더 자세히 관찰하면 이보다 더한 인간적인 모습을 볼 수 있지 않을까?

최고령 황새 푸르미의 죽음

야생동물의 임종을 지켜보는 것은 쉽지 않은 경험이다. 야생에서 동물들의 죽음은 대개 포식자에게 당하거나 악조건의 기후환경 또는 사고사(예를 들어 독이 있는 먹이를 먹거나 사람이 만든 구조물)를 제외하고 자연사로 맞이하는 죽음을 지켜보는 것은 거의 불가능하다. 설령 동물들이 자연사를 한다 해도 자연사 직전에 포식자에게 잡아먹히는 경우가 많아 자연사를 관찰하는 것은 사육하는 환경 외에는 매우 드문 일이다.

2012년 9월 13일 오전 8시 45분 황새복원센터에서 사육해 왔던 푸르미(수 컷)가 죽었다. 푸르미는 32세로, 사람의 나이로 하면 80세 정도라 할까! 그러니까 황새로서 수명이 다한 것이나 다름없다. 푸르미가 고령이라고 생각했던 것은 이미 5년 전부터였다. 겨울이 되면 먹이양이 줄어들고, 1미터 높이의 횃대에도 제대로 올라가지 못했다. 특히 영하 10도 이하로 내려가는 날에는 먹이를 먹지 못해 기력이 쇠진해져 바닥에 주저앉아 있기도 했다.

이에 따라 겨울철에는 푸르미가 거처하는 방에만 전기히터를 틀어주었다. 거의 5년 동안 겨울철만 되면 푸르미는 히터를 끼고 산 셈이었다. 그런데도 이젠 더 이상 버틸 기력도 없었나 보다. 죽음을 맞이하기 20여 일 전부터 정상적인 먹이양보다 눈에 띄게 양이 줄어든 것을 보고 임종을 직감했다.

깃털이 많이 빠져 있었고, 깃털 속에 가려진 근육양도 엄청나게 줄었다. 손으로 만지면 뼈만 잡힐 정도로 앙상해졌다. 푸르미는 죽기 일주일 전부터는 거의 먹지 않았다. 아니, 죽기 위해 곡기를 끊었다. 긴 다리를 접고 사육장 한쪽에 주저앉아 죽음을 기다리고 있었다. 날이 갈수록 고개가 아래로 처지기 시작했다. 사람이 번식장에 들어가 몸을 만져도 아무런 저항을 보이지 않았다. 숨을 가쁘게 몰아쉬며 눈이 자꾸 감기는 모습을 본 것이 마지막이었다. 그다음 날 아침에 출근한 사육사가 푸르미가 숨을 거두었다는 소식을 전해주었다.

푸르미야, 미안하구나. 너를 꼭 자연으로 돌려보낸다고 약속했는데, 그 약속을 지키지 못해서! 네가 살 곳이 아직 온전히 회복되지 못해 널 자연으로 보내지 못하고 결국 사육장에서 죽음을 맞게 했구나.

푸르미는 1997년 황새복원사업을 시작할 때 독일에서 들여왔다. 독일에서 오긴 했지만 태생은 러시아산이다. 독일 포겔파크에서 인공번식하기 위해 1980년 새끼 때 러시아에서 들여왔다. 그리고 번식연령이 지난 나이에 한국에 왔다. 한국에 왔을 때는 번식을 위해서라기보다 서식지가 마련되는 대로 자연으로 되돌려 보내고 싶어서였다. 그러나 나의 바람과는 달리 결국 이렇게 떠나보내게 되었다.

푸르미를 보내면서 인간의 마지막 임종을 생각한다. 『조화로운 삶』이란 책의 저자로 우리에게 잘 알려진 스코트 니어링은 황새 푸르미처럼 곡기를 끊고 죽음을 맞이했다.

니어링은 1883년에 미국 펜실베이니아에서 태어나 펜실베이니아 대학교에서 교수 생활을 하던 중 아동착취 반대운동을 하다 해직되었고, 이후 톨레도 대학에서 정치학 교수로 재직했으나 제국주의 국가들이 세계대전을 일으킨 것에 항의하다가 다시 해직되었다. 1932년부터 아내 헬렌과 함께 버몬트와 메인 주의 시골에서 문명에 저항하고 자연에 순응하는 삶을 살다가 1983년 100세의 나이로 세상을 떠났다. 니어링 부부가 쓴 『조화로운 삶』, 헬렌이 쓴 『아름다운 삶, 사랑 그리고 마무리』는 우리나라에서도 베스트셀러가 되었다.

『아름다운 삶, 사랑 그리고 마무리』에는, 스코트가 100세 생일을 한 달 반 앞두고 더 이상 먹지 않겠다고 말한 후로는 단단한 음식을 먹지 않았다는 얘기가 나온다. 한 달 동안 아내가 만들어준 과일 주스만을 먹다가 어느 날부터는 이제 물만 마시고 싶다 했고, 여전히 맑은 정신으로 대화를 나누다 생일이 지난 지 18일째 되는 날 "나무의 마른 잎이 떨어지듯 숨을 멈추고 자유로운 상태"가 되었다고 한다. 스코트보다 21세 연하였던 헬렌은 스코트가 죽은 지 12년 후인 1995년, 91세로 세상을 떠났다.

스코트는 80세인 1963년에 자신의 죽음에 대비해 5개 항목과 세부사항으로 이루어진 「주위 여러분에게 드리는 말씀」을 작성했다.

2012년 9월 푸르미의 임종 직전의 모습. 깃털을 추스를 수도 없이 기력이 없었고, 깃털 속 뼈만 앙상했다.

나는 단식을 하다 죽고 싶다. 그러므로 죽음이 다가오면 음식을 끊고, 할 수 있으면 마시는 것도 끊기를 바란다. ……나는 죽음의 과정을 예민하게 느끼고 싶다. 그러므로 어떤 진정제, 진통제, 마취제도 필요 없다. ……나는 힘이 닿는 한 열심히, 충만하게 살아왔으므로 기쁘고 희망에 차서 간다. 죽음은 옮겨 감이거나 깨어남이다. 어느 경우든, 삶의 모든 다른 국면처럼 환영해야 한다.

니어링의 죽음은 황새의 자연사와 크게 다르지 않아 보인다. 의미 있는 장수(長壽)를 위해서는 마음과 몸이 건강해야 한다. 니어링 부부가 실천했던 원칙 중 일부를 옮겨본다.

적극적이고 낙관적으로 생각하기, 깨끗한 양심, 바깥 일, 깊은 호흡, 금연, 간소한 식사, 채식주의. 빵을 벌기 위한 노동은 하루 반나절만 하고 나머지 시간은 자기 자신을 위해 쓸 것. 은행에서 절대로 돈을 빌리지 말 것. 하루에 한 번은 삶과 죽음에 대해 생각할 것. 커피, 차, 술, 마약, 설탕, 소금, 약, 의사, 병원은 멀리할 것.

그 수도자 같은 삶의 보상은 무엇일까? 그것은 마지막 순간까지 맑은 정신으로 살다가 자기 집에서 사랑하는 사람의 손을 잡고 편안한 죽음을 맞이하는 것. 스코트처럼 정의롭게 산다면 특별한 보너스도 있을지 모른다. 그의 100번째 생일에 이웃 사람들이 들고 온 깃발에 쓰여 있던 한마디 같은 것 말이다.

"스코트 니어링이 100년 동안 살아서 이 세상은 더 나은 곳이 되었다(100 years of Scott Nearing has left the world a better place)."

죽을 때까지 자연의 일부가 되고 싶어했던 스코트 니어링의 임종이 혹시 우리 인류 조상의 임종은 아니었을까? 자연과 함께하는 삶, 그것이 죽음에서 자유로울 수 있는 우리 모두의 원초적 본능이 현대의 산업화로 빚어진 물질만능적 삶으로 잠시 가려져 있지 않았을까!

바로 한반도에서 황새의 부활과 한반도 자연 재생의 갈망으로 그 원초적 본능이 다시 소생될 수만 있다면 좋겠다.

5

한반도 황새 복원의 역사

한국황새복원센터를 설립하다

1996년 10월, 한국교원대학교 자연과학관 옆(현재 응용과학관) 약 30평의 사육동 하나를 짓는 것으로 한반도 황새복원사업이 시작되었다. 러시아에서 온 새끼 2마리, 독일 발스로데 포겔파크에서 온 황새 2마리가 전부였다. 대학교 안에 황새번식 시설을 허락한 것은 매우 이례적인 일이었다. 그때 시설면적은 100제곱미터 정도였지만, 현재 1만여 제곱미터에 이르는 면적을 차지하고 있어 당시만 해도 상상하지 못했다.

1994년 서울대공원에서 죽은 우리나라 텃새 과부황새가 충북 음성군 야생에서 마지막으로 살았기에 황새 복원 프로젝트는 과거의 서식지 역사가 매우 중요했다. 한국교원대학교가 충청북도에 있으므로 이에 의미를 두고 학교 측을 설득해 학생들의 실험실습 목적으로 겨우 허가를 받았다.

처음에는 사육사도 없었다. 학교에서 파견한 근로장학생이 사육사를 대신했다. 사육비라고는 실험실습비로 책정한 1백만 원 정도가 전부였다. 프로젝트 시작을 알리는 행사를 치러야 했으니 바로 '한반도 황새 복원 출범식'이었다. 이 행사는 한국교원대학교 우종옥 총장이 주최했고, 정종택 환경부장관 그리고 충북 음성군수가 초청인사로 참석했다. 정종택 장관은 황새장 앞에 전나무 한 그루를 기념식수로 심었지만 애석하게도 그 자리에 새 건물(융합과학관)이 들어서는 바람에 지금은 다른 곳으로 옮겨졌다.

황새복원사업을 시작하려면 무엇보다 자금이 필요했다. 시설을 갖추는 것에서부터 사료비 그리고 연구비에 들어갈 자금을 확보해야 했다. 그런데 어떻게 자금을 마련해야 할지 막막했다. 최초의 황새 사료비는 한국교원대학교 교수협의회에서 주관하여 교수들에게서 모금해 충당했다. 그리고 100제곱미터 남짓한 사육장은 학교에서 실험실습용 목적으로 지어주었다. 출범식이라는 간판을 내걸고 시작했지만 연구비와 늘어나는 사육 경비 마련에는 대안이 없었다.

교수협의회의 도움을 받아 환경부장관 면담을 신청했다. 그때가 1997년으로, 정종택 장관에서 강현욱 장관으로 환경부의 기관장이 바뀌었다. 이런 상황에서 과연 황새 복원 출범식에 참석한 정 장관이 아닌 강 장관이 황새 복원사업에 대해 관심을 가져줄지 의문이 들었다. 당시 교수협의회 간사 김

1996년 8월 러시아에서 새끼 황새 2마리가 한국교원대학교에 도착. 1996년 8월 28일 환경부장관과 각계 기관장들이 참석한 가운데 우리나라 황새복원운동 출범식을 가졌다. 지금은 이 자리에 교원대 융합과학관이 들어섰다(왼쪽). 1997년 6월 18일 독일에서 4마리 황새를 추가로 도입해 황새 복원 2000 출범행사를 거행했다(오른쪽).

주성 교수(현재 한국교원대학교 총장)가 장관 면담에 함께 참석했다. 장관은 담당국장을 불렀고, 곧바로 실무자인 환경부 자연보전국 자연정책과 과장과 협의하는 자리가 마련되었다.

황새복원사업을 환경부에서 맡아달라고 제안했지만, 결과는 멋지게 거절당했다. 당시 환경부 자연정책과에서는 자체 사업으로 반달가슴곰 복원사업을 기획 중이었기 때문에 황새복원사업을 쉽게 수용할 리 없었다. 한 시간 반 넘게 열띤 토론이 벌어졌다. 토론에서 감정 개입이 없었던 것은 아니었다. 과장은 실무자를 먼저 만나야지, 왜 장관을 만났는지에 대해 불쾌감을 드러내기도 했다.

그래도 이 토론에서 전혀 소득이 없었던 것은 아니다. 오히려 황새를 한반도에 복원해야겠다는 의욕이 더욱더 불타올랐다. 환경부는 왜 반달가슴곰 복원사업을 황새복원사업보다 우선하는가, 반달가슴곰 복원도 하고 황새 복원도 지원하면 되지 않겠는가가 주요 쟁점이었다. 오히려 환경부는 황새복원사업을 우선해야 한다고 함께 간 김주성 교수가 거들고 나섰다.

"황새 복원은 생물다양성을 갖춘 서식지를 복원하는 사업입니다. 따라서 한 종을 증식해 국립공원에 방사하는 사업보다 한반도 생태복원 정책이 환경부가 해나가야 할 사업이 아니겠습니까?"

이에 대한 환경부 관리의 대답은 뜻밖이었다.

"반달가슴곰은 우리나라 단군신화에 등장하는 동물로, 한민족의 조상이기 때문에 복원해야 합니다."

그때 김주성 교수가 대응하던 모습이 지금도 생생하다.

"당신이 환경부 관리로서 할 수 있는 말인가요? 교육부 편수관이라면 그런 말을 할 수 있겠지만."

전혀 흥분하지 않고 논리적으로 반격하는 김 교수의 말에 나는 감동을 받았다. 김 교수는 황새 복원의 핵심을 정확히 꿰뚫고 있었다.

"환경부에서 반달가슴곰 복원사업도 하고, 황새 복원사업도 지원해주면 좋지 않겠소?”

이 제안에 대해 환경부 관리는 다분히 감정을 섞어서 거절했다.

“황새 몇 마리를 우리나라에 들여와서 간판만 내걸면 황새를 복원하는 것입니까?”

김 교수는 황새 복원의 어록에 남을 만한 말로 되받아쳤다.

“만일 한반도에 한민족이 모두 멸종했다고 가정해 봅시다. 그럴 경우 시베리아에 있는 우리 동포가 한반도로 건너와 종족을 퍼뜨려 살면, 이게 복원이 아니고 뭐겠소?”

황새복원사업에 대한 가치를 인정해주지 않은 환경부의 태도에 우리는 결국 문화재청에 다시 지원을 요청하게 되었다. 이후 황새복원사업은 환경부의 지원에서 멀어졌고, 문화재청의 구원으로 겨우 황새복원 연구사업의 명맥을 이어갈 수 있었다.

본격적인 시작은 황새복원연구센터가 한국교원대학교 캠퍼스 주변, 주민들의 논과 인접한 지역으로 옮긴 뒤였다. 이곳으로 옮길 때만 해도 황새 수는 10마리 정도였다. 급속히 황새 수가 늘어나기 시작한 것은 2002년 첫 자연번식이 있은 뒤였다. 그 전에 인공번식이 한 번 이루어졌다. 1999년 일본 다마동물원에서 알 4개를 들여와 인큐베이터에서 새끼 2마리가 부화에 성공했다. 이 새끼들이 청출(암)과 어람(수)이었다. 청출이가 자란 지 3년 만에 러시아에서 온 3년 연상인 수컷 자연이와 짝을 맺어 선홍이와 상철이가 태어났다. 선홍이와 상철이의 탄생은 우리나라 황새 복원의 첫 신호탄이었다. 비록 사육 상태였지만 국내 첫 자연번식이자 중국, 독일, 일본에 이어 세계에서 4번째로 우리나라에서 황새 복원의 성공시대를 알렸다.

선홍(왼쪽)이와 상철(오른쪽)이의 생후 2주째 모습

국내에서 첫 자연번식 쌍의 탄생

인공번식으로 처음 태어난 황새들의 이름은 한국교원대학교 교육의 이념인 '청출어람(靑出於藍)'에서 따왔고, 청출이에게서 태어난 새끼들의 이름은 2002년 월드컵 때 황선홍 선수와 유상철 선수가 폴란드와의 경기에서 골을 터뜨린 것을 기념하여 이름을 지었다. 선홍이와 상철이는 아주 사이좋은 형제로 둘이 떨어져 다닌 적이 없었다. 하지만 공동사육장의 다른 개체들과의 사이는 그리 좋은 편이 아니었다. 기회만 되면 상철이와 선홍이는 공동사육장의 동료 황새들을 상대로 못된 짓을 하고 다녔다. 둘이 합심해서 한 마리를 집중적으로 뒤쫓아 부리로 찍거나 먹이를 먹지 못하게 훼방 놓는 등 매우 규칙적인 행동으로 괴롭히는 공동사육장의 건달이었다.

태어난 지 3개월밖에 안 된 선홍이와 상철이 때문에 공동사육장의 분위기는 몹시 험악했다. 그때 공동사육장에는 러시아에서 건너온 황새들이 열

마리 정도가 있었는데 모두 선홍이와 상철이를 피해 다녔다. 둘을 다른 곳으로 옮길 것인가, 아니면 한 마리만 옮길 것인가 고민하다가 선홍이를 다른 곳으로 옮기기로 결정했다. 이후로 공동사육장에 다시 평화가 찾아왔다. 선홍이가 없으면 혼자서는 불가능하다는 사실을 깨달았는지 상철이는 매우 얌전해졌고, 그 누구와도 한번도 싸우지 않았다.

왜 선홍이와 상철이는 사나워졌을까? 황새는 사람 손에서 자라면 사나워진다는 사실을 뒤늦게 알게 되었다. 사람 손에 키우면 길들여져 얌전해질 것 같은데 오히려 그 반대였다. 어미인 청출이가 처음 태어난 새끼들 양육에 소홀했던 기억이 떠올랐다. 황새는 보통 두 달 동안 어미가 새끼를 돌보는데, 선홍이와 상철이는 어미와 떨어져 생후 20여 일부터 사람의 손에 길러졌다.

선홍이가 독거방에서 혼자 산 지 어느덧 6개월이 지났다. 이제 다시 공동사육장에 데려다 놓아도 별일 없겠지 하는 생각과 더불어 재미있는 사실을 한번 실험 삼아 확인해보기로 했다. 과연 6개월이 지난 뒤에도 선홍이와 상철이는 서로 알아볼까? 과학적 실험에서 맨 먼저 가설을 세우는 것에 늘 익숙해져 있던 터라 선홍이와 상철이가 서로 알아보지 못할 것이라고 가설을 세웠다. 선홍이가 상철이와 합세해서 동료들을 못살게 굴었던 시간보다 6개월이라는 긴 시간 동안 떨어져 지냈으니 당연히 기억을 못할 것으로 판단했다. 그러나 결과는 달랐다.

선홍이를 상철이가 있는 공동사육장으로 옮기자마자 둘은 다시 옛날로 돌아갔다. 상봉한 첫날은 둘이서 시간을 보낼 뿐 다른 녀석들에게는 전혀 관심을 보이지 않았다. 구애 때에만 보이는 황새의 친밀행동으로, 서로 마주보면서 부리를 목뒤로 젖혔다가 정면을 향하면서 부리를 부딪치며 소리내는 행동을 반복했다. 하루 동안 서로 마주보면서 몇 분 간격으로 부리를 부딪치며 소리를 냈다. 하루가 지나 이틀이 되면서 이 행동의 빈도가 차츰 줄어들더니 다시 옛날처럼 둘이 합세해 동료들을 괴롭히는 행동이 또다시

나타나기 시작했다. 3일째 되는 날에는 더 이상 함께 둘 수 없어 다시 다른
장으로 선홍이를 옮길 수밖에 없었다. 그 일이 있은 뒤부터 선홍이와 상철
이는 한번도 같은 우리 안에서 살지 못했다.

황새를 관찰하면서 뒤늦게 발견한 점은 오랫동안 헤어져 지냈어도 서로
알아보는 황새의 기억력이었다. 과연 선홍이와 상철이는 무엇을 보고 서로
를 알아보았을까? 사람들이 황새를 구별하는 방법은 다리에 컬러링을 끼운
개체 식별이 전부이지만 황새들은 그렇지 않았다. 비록 우리의 눈에는 황새
가 다 비슷하게 보일지 몰라도 황새들은 외형 또는 행동을 보고 서로를 인
식한다는 것밖에 달리 설명할 수 없었다.

오랜 별거생활로 서로가 얼마나 만나고 싶은 욕구에 사로잡혀 있었는지,
평소에 알지 못했던 황새들의 본능 세계에 다시 한 번 놀란 사건이었다. 게
다가 어미가 기르지 않은 황새들은 난폭해진다는 것도 인간의 사회성 결핍
으로 비롯된 행동과 별반 다를 게 없었다.

황새들의 정착촌

황새를 야생으로 복귀하려면 땅이 있어야 했다. 마지막 황새가 살았던 충
북 음성군 생극면 관성리가 첫 후보지였다. 후보지를 찾기 위해 황새를 처
음 들여온 다음 해 한반도 황새 복원 출범식에 음성군수를 초청했다. 1997
년이었으니까 그때만 해도 지금처럼 농촌지역에 환경에 대한 인식이 그리
높지 않았다. 주민들은 생활소득을 위해 공장이 들어서는 것을 더 원했지,
지금처럼 생태복원은 그저 먼 미래의 일이었다.

결국 주민 설득에 실패하고 말았다.

"교수님은 돈이 많으신 분이니 땅을 사서 그곳에 가서 하시죠!"

황새복원사업에 대해 주민들은 비아냥거리는 투의 반응을 보였다. 게다

가 당시 음성군 생극면 지역에 소하천 개발사업이 있었다. 황새가 살 수 있는 친환경 개발을 건의했지만, 공무원들조차 생태하천이라는 감을 전혀 갖고 있지 않았다. 콘크리트로 경수로를 직강으로 파내는 형식으로 생물이 살 공간을 마련해준다는 의식은 먼 나라 이야기였다.

시간이 지나면서 충북 음성뿐만 아니라 우리나라 전 농촌마을이 개발로 치닫고 있는 현실이 두려움으로 다가왔다. 이러다 황새를 야생으로 복귀하지 못하고 그냥 사육장 안에서만 키워야 할지도 몰랐다. 쌀 생산만을 높이기 위한 농촌 개발에 유기농업은 끼어들 틈도 없었다. 게다가 국민들의 쌀 소비가 줄어들면서 논이 밭으로 바뀌는 바람에 황새들의 먹이터도 그만큼 줄어들었다. 그리고 황새들이 가장 싫어하는 비닐하우스가 그 밭을 차지했다. 지난날 황새가 번식했던 경기도 여주와 이천의 농경지가 가장 빠른 변화를 보이면서 황새 복원의 꿈은 점점 더 멀어져 갔다.

경기도 여주군은 과거에 황새가 많이 번식하던 지역 가운데 하나였다. 그러나 지금 여주 땅은 어떤가? 황새를 그곳으로 보내면 옛날처럼 황새가 번식하며 살 수 있을지, 그에 관한 대답은 매우 회의적이다. 대한민국 땅에서 가장 빨리 변한 곳이 여주 땅이다. 위성지도를 펼쳐보면 그 광활했던 논의 모습은 여기저기 생채기 난 듯이 밭으로 바뀌었고, 공장과 비닐하우스로 가득 차 있다. 산림은 모두 골프장에 내주고 말았다. 그나마 남아 있는 논도 골프장에서 흘려보낸 오염수로 말미암아 논이 황새들의 먹이터전으로 재생될 가능성은 매우 낮아 보였다.

옛날 여주 땅은 옥토로 유명했다. 황새가 그 땅을 왜 좋아했는지 여주를 가보지 않고는 이해할 수 없다. 마을 어귀에는 오래된 아름드리 나무들이 있고, 그리 높지 않은 산 위에서 바라보면 마을의 농경지가 시원하게 펼쳐진다. 마을에는 황새가 좋아하는 폭 10여 미터의 개울이 논 사이를 흐른다. 그 아름다운 풍광이 이 마을을 돌아 저 마을로 이어진다. 이렇듯 멋진 마을이었기에 마을마다 한 쌍씩 황새들이 둥지 틀며 살았구나!

황새의 눈으로 그 아름다운 풍광을 바라보니, 그곳에 자리 잡은 이유를 알 것만 같았다. 게다가 그 땅은 여주와 이천으로 굽이치는 북한강의 줄기가 한여름 우기 때 범람하는 지역이었다. 범람 지역은 풍부한 생물다양성으로 이어진다. 유기물질로 말미암아 그 옛날 비료가 없던 시절에 옥토가 된 이유였다. 생물들이 많이 살아 황새들은 새끼를 치기 위해 이 땅에 찾아왔다.

여주를 뒤로하고 황새 복원지로 개발이 덜 된 경기도 양평군을 대상지로 삼았다. 2008년 여름, 환경에 관심을 갖고 있던 양평군 의회 군의원 L씨를 찾아갔다. 과거 황새가 번식했던 여주 마을은 지금 모두 개발지로 변했지만, 그 대안으로 비슷한 풍광을 갖고 있는 지역을 복원하면 황새를 다시 살릴 수 있다고 생각했다. 그 지역이 경기도 양평군 개군면이었다. 농경지가 그리 넓지는 않았다. 다만 개발이 덜 되었기에 황새 복원을 시도해보고 싶었다. 나는 주민 의지보다 먼저 군수의 생각을 들어보고 싶었다. 지역 지도자의 생각에 따라 한반도 황새복원사업의 운명이 정해지기 때문이었다. 그러나 당시 군수의 생각은 실망 그 자체였다. 개발을 통해 지역을 발전시키겠다고 생각하는 사람에게 황새복원사업이 큰 매력으로 다가오지 않는 것은 당연했다.

황새 야생복귀의 험난한 여정

충북 음성군 군수, 황새 사육장이 있는 청원군 군수, 그리고 경기도 양평군 군수를 거치면서 얼마나 지자체 단체장의 철학이 중요한지를 뼈저리게 느꼈다. 충북 음성군에서는 지역주민들의 마음을 사로잡지 못했고, 청원군에서는 미원면 주민들은 적극적으로 호응했지만 바뀐 군수가 황새복원사업에 대해 미지근한 태도를 보여, 황새들의 한반도 야생복귀 땅을 찾는 일은 오리무중으로 빠져들었다. 양평군 군수의 생각도 청원군 군수의 생각과 별로 다르지 않았다.

처음부터 청원군수가 반대한 것은 아니었다. 2006년 청원군의 O군수 시절, 청원군 미원면에 황새 야생복귀 거점지역을 만들기로 협의가 이루어졌다. O군수와 한국교원대학교 P총장은 합의문에 서명을 하고 협약서를 체결했다. 하지만 군수가 바뀌면서 교원대와 청원군의 협약서 체결은 물거품이 되고 말았다. 새로 바뀐 K군수는 원래 이 사업이 국고 70퍼센트와 지방세비 30퍼센트로 하는 사업인데, 문화재청을 상대로 100퍼센트 국고에서 지원해주지 않으면 하지 않겠다고 맞섰다. 문화재청이 바빠졌다. 그리고 미원면 주민들도 난감해졌다. 문화재청은 청원군의 담당 공무원을 불러 설득에 나섰지만 군수가 이 사업을 할 의지가 없어 그 설득은 실패로 돌아갔다.

청원군 미원면 주민들은 어땠을까? 지난 O군수와 한국교원대의 협약서만 믿고 미원면 화원리 일대에 야생복귀 실험 논을 만드는 데 협력하고 황새 복원 시민운동 조직을 꾸렸다. 이 활동에 맞물려 외부 건설업자가 미원면에 골프장 건설 허가 신청서를 제출했다. 땅을 팔려는 주민들은 찬성했지만 대다수의 지역주민들은 골프장 허가를 반대하고 나섰다. 그 당시 O군수의 생각은 황새복원사업을 우선으로 하고 골프장 건설은 주민들의 의견을 존중하는 쪽으로 방향을 잡은 것 같았다. 그러나 군수가 바뀌면서 황새복원사업과 골프장 건설은 묘한 분위기로 바뀌었다. 애당초 K군수는 전임군수가 계획한 사업을 이어받을 생각이 아예 없었다. 오히려 골프장을 만들면 군의 세수가 늘어날 수 있다고 판단하여 황새사업을 100퍼센트 국고 지원을 요구한 것 같았다. 미원면 주민대표들이 군청을 방문하여 군수를 설득했지만, 결국 골프장을 짓고 황새복원사업은 없던 일로 만들었다.

이후로 어느덧 8년이라는 세월이 흘렀다. 지금 청원군 미원면 골프장은 군에 세금을 낼 수 없을 정도로 운영이 어렵다고 한다. 미원면에 골프장이 들어설 때만 해도 우리나라 골프장 사업이 잘된다 하여 우후죽순 여기저기에 들어섰다. 좁은 땅에 비해 골프장 수가 너무 많은 것이 원인이었다. 지금도 미원면 주민들은 황새를 잊지 않고 있다. 골프장을 다시 황새공원으로 바꿀 수 없을까 하는 심정으로 골프장 측과 재판을 벌이고 있다고 내게 찾아와 도움을 청했다. 나도 그 골프장을 황새들에게 돌려주었으면 하는 마음 간절하다. 그러나 한번 개발이 된 땅을 자연으로 되돌리는 것은 생각처럼 그리 쉽지 않는 것이 현실이다.

예산군 황새마을 대상지 선정

문화재청에서는 청원군의 황새복원사업을 접고, 황새 야생복귀 대상지 선정을 전국 지자체를 대상으로 공모하는 정책으로 방향을 바꿨다. 황새마을 조성사업이라는 이 사업은 국고 70퍼센트, 지방비 30퍼센트 총 180억 원의 국책사업이었다. 그동안 한국교원대학교에서 황새를 복원하기 위해 황새를 증식하고 있다는 소문에 일부 지자체에서 관심을 보였다. 청원군에서 포기했다는 소문을 듣고 전남 해남군과 서산시에서 적극적인 관심을 보였다. 전남 해남군 군수는 황새를 상표로 한 청정 논을 만들려는 관심이 높았다. 물론 해남군이 관심을 보인 것은 가끔씩 겨울철 해남의 해변가로 겨울철새 황새들이 찾아온 것이 황새복원사업을 유치하려는 결정적 배경이었다. 서산시도 겨울철이면 천수만에 다양한 철새들이 찾아오는 지역으로, 해마다 황새가 4~5마리씩 포함되어 있다. 그러나 두 곳 모두 겨울 철새로 오는 황새들의 도래지였다.

황새 복원의 진정한 의미는 과거 우리나라에 번식했던 것처럼 번식지를 다시 회복하는 것이다. 충북 음성과 경기도 여주, 이천은 모두 난개발로 번식지 복원 대상지에서 멀어졌다. 한반도에 황새 옛 번식지를 복원할 수 있는 방법은 없을까? 북한의 황해남도 연백평야라면 가능할 것 같지만 쉽게 갈 수 없는 곳 아닌가. 정밀 위성지도를 살펴보면 그곳이 아직 개발되지 않은 사실에 매우 희망적이다. 언젠가 그곳에 갈 수만 있다면, 농업을 유기농으로 바꾸고 황새가 둥지 틀 나무를 심고 어도(魚道)가 있는 생태수로를 만들고 싶다.

남한 땅에 충북 음성과 진천 그리고 경기 이천과 여주를 제외하니 충남 예산군만 남았다. 충남 예산군은 일제 강점기 때 황새 번식지로 유명했다. 그러나 한국전쟁 이후에는 더 이상 그곳에서 황새가 번식하지 않았다. 충남 예산군은 충북이나 경기도처럼 아직 난개발이 없었다. 비닐하우스가 거의 없다는 점에서 난개발로 이미 복원 가치를 상실한 곳과는 분명 차이가 있었다. 옛날 번식지와 지금 예산군의 모습에 차이가 있다면 바로 송전탑이다. 당진에 화력발전소가 세워져 이 화력발전소에서 만든 전력 공급 송전선로가 예산군의 농경지를 따라 거미줄처럼 뻗어 있다.

황새들에게 이 송전탑은 반갑지 않은 구조물들이다. 황새뿐만 아니라 사람들이 보기에도 그렇다. 황새는 15미터 이상의 높이에서 둥지 틀기를 좋아한다. 황새를 야생방사하면 이 송전탑들에 황새가 둥지 틀 것이 분명하지만, 송전탑 위의 황새 둥지는 왠지 주위 풍경과 어울릴 것 같지 않았다. 게다가 송전탑 위의 둥지는 한국전력 측에서 보면 위험한 구조물로, 그 둥지를 계속 헐어내야 하는 상황이 벌어져 끝내 황새와의 전쟁을 선포하지 않을까, 걱정되는 부분이었다.

이런 상황에서 문화재청에서는 황새마을 사업 공모전을 벌였고, 2009년 9월 충남 예산군이 과거 번식지라는 이점으로 선정되었다. 하지만 선정 이후 이 송전탑 문제가 계속 발목을 잡았다. 선정 당시 애초에 예산군은 황새마을 거점지역을 봉산면으로 정했다. 황새 복원 시설이 들어설 부지에는 송전탑이 없지만, 황새를 방사했을 경우 2~3킬로미터 반경 안에서 황새가 자연번식 가능한 농경지에 송전탑들이 에워싼 형태였다. 게다가 송전탑들 사이를 연결하는 전선은 황새가 비행할 때 위험한 장애물이었다. 결국 황새마을 조성 지점을 옮기는 해프닝이 벌어지고 말았다.

봉산면에 땅을 갖고 있는 소유자들에게서 민원이 제기되었고, 또다시 황새복원사업에 위기가 찾아왔다. 그도 그럴 것이, 여태 개발의 뒤편에 밀려 있던 땅에 황새마을이 들어선다니까 주민들은 나름대로 희망을 가졌다. 선정 발표 일주일 만에 황새마을 대상지가 광시면으로 번복되자 주민들의 반발이 예상 밖으로 컸다. 10년 전만 해도 주민들이 반대하고 나섰던 사업인데, 지금은 공업단지가 들어서는 것에 반대하고 황새마을 조성사업에는 주민들이 찬성하고 나서는 모습에서 문득 세월의 격세지감을 느낀다.

광시면 대리는 남쪽으로 충남 청양군과 경계를 이루고 있고, 서쪽으로 10분 정도 차로 달리면 홍성군이 나온다. 이곳으로 정한 이유는 주변에 송전탑이 없다. 그리고 농경지가 매우 광활하여 황새들이 살기에 매우 좋은 조건이다. 대리와 시목리의 농경지는 백월산에서 내려다보면 마치 알프스에 온 느낌이 든다. 우리나라 농촌의 취락 구조는 대체로 마을 한곳에 집들이 집중되어 있는 것에 비해 대리와 시목리는 3~4가구들이 넓은 농경지에 여기저기에 분산되어 있는 것이 특징이다. 오랫동안 개발의 흔적을 찾아볼 수 없을 정도로 한반도에서 마지막 남은 농촌의 자연풍광을 간직한 시골 마을이다. 생물 서식공간을 조성할 수 있는 여러 조건을 갖추고 있다는 것도 선정의 이유였다. 그리 넓지 않은 하천은 개발의 흔적이 없었고, 대리와 시목리 마을로 내려오는 물줄기의 발원지는 백월산 자락의 쌍둥이 저수지라 수량도 매우 풍부했다.

새로 쓴 한반도 자연 역사

만감이 교차했다. 황새복원사업을 시작한 지 14년 만이다. 황새 야생복귀 거점 지역이 충북 음성을 시작으로 돌고 돌아 마침내 충남 예산군 광시면 대리에 자리를 잡으면서 한반도 황새 복원의 역사를 다시 쓰게 되었다.

그 공로에는 단체장의 신념도 큰 도움이 되었다. 당시 예산군 최승우 군수는 군장성 출신이다. 그는 육군 지휘관 시절 충북 음성에서 우리나라 마지막 황새 한 마리가 밀렵꾼의 총에 맞아 죽은 불행한 사건을 접하고 매우 분개했던 기억을 떠올렸다. 그 사건은 단체장으로서 황새를 자신의 지역에 꼭 유치하고자 했던 결정적 계기가 된 셈이다. 물론 예산군은 여느 지자체와는 달리 아직 개발이 덜 된 지역 가운데 하나다. 자연환경을 바탕으로 하는 개발이 아니면 예산의 미래가 없다는 것이 평소 소신이었기에 그는 한반도 황새마을 조성사업에 뛰어들었다.

대리의 13만여 제곱미터에 달하는 면적에 인공습지, 번식장 그리고 황새 박물관 등의 밑그림이 그려졌다. 그러나 넘어야 할 산이 또 기다리고 있었다. 바로 땅의 매입이다. 땅 매입으로 무려 2년여의 시간을 흘려보냈다. 예산에 황새공원을 설립할 땅이 모두 사유재산이었기에 매입 과정이 순조로울 리가 없었다. 물론 대상 구역의 대부분이 농경지였지만, 노부부가 사는 가옥이 그 구역에 포함되어 있어 협상은 난항을 겪을 수밖에 없었다. 보상비로 받은 액수로는 다른 곳에 새로 정착하기 어렵다는 것이 땅을 팔 수 없는 이유였다. 이 노부부가 살 집을 군에서 직접 대리 인근에 마련해주었고, 그 땅의 터파기 공사가 비로소 시작되었다.

예산황새공원의 황새문화관 전경

'예산황새공원'이라는 이름으로 황새문화관, 황새울타리정원, 야생화훈련장, 황새번식장 그리고 인공습지가 마련되었다. 당초 계획에는 글로벌 연구동이 포함되었으나 예산이 부족해 계획에서 제외되었다. 실제로 이 사업의 중심은 연구사업인데, 선진국과는 달리 여전히 우리의 행정은 남에게 보여주는 것에 초점을 맞추다 보니, 정작 중요한 공간 마련에는 소홀하게 생각하는 것 같아 매우 안타까웠다. 이미 부지가 조성되어 있어 연구동을 지을 때까지 황새문화관 한쪽 공간에서 연구할 수밖에 없는 상황이 되었다.

우리의 이런 상황과는 달리, 일본에서는 연구동뿐만 아니라 최근에 1천 제곱미터 부지에 2층 건물로 전문대학원을 세웠다는 소식을 접했다. 한국과 일본에서 1971년에 똑같이 황새가 멸종되었는데, 황새복원사업은 확실히 일본이 앞서 나가는 것만은 틀림없다. 그렇다고 연구도 앞섰을까? 지금은 그렇다. 그러나 가까운 미래는 무언가 달라지길 기대한다.

산을 울타리 삼아 여기저기 땅이 파헤쳐졌다. 언제 시설이 다 들어설까 싶었는데 건설을 시작한 지 2년 반 만에 윤곽이 잡히기 시작했다. 이제야 어디가 사육장인지 또 문화관인지 알아볼 수 있는 형태가 되었다. 황새를 러시아에서 들여올 때만 해도 이런 건축물이 들어서리라고는 상상도 못한 일이었다. 2002년 번식쌍이 탄생하여 감동을 주었다면 예산황새공원이 들어선 것은 또 다른 감동이었다. 한반도 자연 역사의 한 장이 새로 수록되는 순간이기도 했다.

빼앗은 땅, 황새에게 되돌려주자!

이쯤이면 다 이룬 듯하지만 갈 길이 멀다. 예산황새공원은 황새를 증식하고 방사를 위해 연구하는 공간이지, 황새가 터 잡고 살아갈 땅은 아니다. 다시 말해, 터 잡고 살아갈 땅으로 만드는 것이 황새복원사업의 최종 목표다. 첫 대상지는 이곳 황새공원을 중심으로 반경 2킬로미터에 있는 광시면 대부분이 속하며, 차츰 예산군 전체로 늘려나가려 한다. 물론 황새들을 방사하면 예산군에서 벗어날 테고, 범위를 확장하여 옛 황새 번식지가 그 다음의 목표다. 이미 많이 훼손된 옛 번식지 경기도 여주와 이천 그리고 충북 음성과 진천을 복원할 수 있을지, 가늠하기가 어렵다. 만약 방사한 황새들이 그곳으로 다시 날아간다면 서식지 복원에 한번 도전하여 옛날 황새가 살았던 마을로 되돌려 아름다운 농촌을 만들고 싶다.

그러나 현재로는 그곳으로 갈 가능성은 적어 보인다. 방사한 황새들이 서해안 쪽을 끼고 남쪽으로 많이 내려갈 것 같다. 혹한의 추운 겨울이 오면 황새들이 일본 후쿠오카로 날아갈 가능성도 배제할 수 없다. 그 이유는 지난날 우리 황새들이 비록 텃새이긴 하지만, 여름 서식지(번식기)와 겨울 서식지의 장소가 달랐기 때문이다. 번식이 끝난 8~9월이면 새끼들을 데리고 덜 추운 남쪽으로 내려갔고, 이듬해 봄이면 이전 번식지로 되돌아왔다.

우리 황새들이 남쪽으로 내려간 이유는 겨울철 내륙이 모두 얼어붙어 먹이사냥이 어려웠기 때문이다. 그래서 추운 겨울이면 모두 남쪽의 바닷가 갯벌에서 사냥을 하며 겨울을 보내거나 더 추워지면 다시 남쪽으로 내려가 일본 땅까지 오갔을 것으로 추정하고 있다. 새들의 이동이 바람의 방향과 일치하는 것으로 보아 날개가 거대한 이 황새들은 겨울철 특유의 계절풍인 북서풍을 타고 일본 방향으로 갔다가 다시 우리나라 번식지로 되돌아오곤 했을 것이다.

어쨌든 이 모든 땅을 한꺼번에 다 복원할 수는 없다. 예산황새공원 주변 지역부터 하나씩 서식지를 복원하려고 한다.

2009년 예산군을 황새마을로 선정한 뒤 가장 먼저 했던 일은 주민들의 농경지에 농민 스스로 농약을 쓰지 않도록 교육하는 일이었다. 광시면 대리와 시목리 그리고 가덕리가 그 첫 대상이었다. 유기농사를 짓는 곳은 거의 찾아보기 어려웠다. 주민들 대부분이 황새에 대해 알지 못했다. 황새공원이 이곳에 들어온다 하니까 그제야 황새가 어떤 새인지 궁금해했을 뿐, 왜 황새를 살려야 하는지조차 알지 못했다.

황새가 오면 논에 들어가 벼를 망쳐버린다는 소문으로 황새마을을 만드는 데에 찬성하는 사람은 거의 없었다. 다행히 옛날에 비해 환경에 대한 의식이 조금 높아져 앞장서서 반대를 외치는 사람은 없었다. 15년째 이 일을 진행하면서 이만하면 성공이라고 생각했다.

황새를 위해 농사짓는 사람들

대리 주민들은 황새를 위해 황새 생태농사를 짓기로 했다. 여태 유기농사를 짓지 않았지만, 황새가 이 마을로 온다는 얘기를 듣고 선뜻 나섰다. 대리에 황새 생태농법을 실시한 첫 해는 그 면적이 약 4만 제곱미터에 지나지 않았다. 그러나 그 이듬해에는 10배가 넘는 약 50만 제곱미터로 늘어났다. 그리고 황새 생태농법을 시작한 지 4년 만에 이제는 150만 제곱미터 논에서 모두 유기농사를 짓고 있다. 과연 유기농사를 지으면 논에 생물이 늘어날까? 몇 년 동안 유기농논과 관행논(농약을 쓰는 논)에서 생물 조사를 한 결과, 유기농논에서 생물다양성이 높은 것은 사실이다. 하지만 유기농사를 지어 생물다양성이 풍부하다고 해서 황새들에게 충분히 먹이를 공급할 수 있는 논이 완성된 것은 아니다.

유기농사 짓는 것 외에도 논에 어떻게 하면 생물, 특히 황새의 먹이가 되는 물고기가 살 수 있게 할지, 그 방법을 교육하는 것이 황새 복원의 가장 중요한 관심 사항이었다. 우선 논의 일정한 곳에 비오톱(생물이 사는 장소로, 우리말로는 둠벙에 비교된다)을 만들고, 이 비오톱을 인근 논과 연결한 뒤 하천에서 물고기가 올라올 수 있도록 물고기 길을 설치해야 하는 문제가 남았다.

저수시설이 특별히 없었던 시절에는 논에 물을 대기 위해 논 한 켠에 둠벙을 만들었다. 그 시절에는 우기가 되면 물고기가 하천과 농수로, 그리고 논의 둠벙까지 거슬러 올라왔다. 옛 우리나라 논은 이렇듯 자연스럽게 물고기 길이 만들어졌다. 그런데 지금은 물고기가 논으로 올라올 수 없을 정도로 논과 농수로의 낙차가 커졌고, 하천에서 논과 농수로의 연결도 급경사로 바뀌어 물고기 길이 모두 막혀 있다. 지금 우리나라 논은 황새에게는 매우 열악한 환경이 되었다.

주민들의 교육용으로 두 필지의 논을 임대해 직접 비오톱을 만들고 농수로와 연결 부위에 물고기 길을 설치하여 시범 논을 만들었다. 첫 번째 목적은 주민들을 교육하기 위함이었고, 두 번째는 황새를 방사했을 때 황새들의 먹이터로 사용하기 위함이었다. 실제로 논을 이렇게 만들려면 주민들의 희생이 뒤따른다. 논의 약 5퍼센트 면적을 비오톱으로 만들고 물고기 길을 설치해야 하는데, 주민 스스로 나서지 않는 것이 당연했다. 그러나 황새공원이 들어오는 이곳 주민들은 그런 환경을 만드는 데 모두 동의하고 자치적으로 황새생태농업연합회를 결성했다.

연합회는 황새 생태농업을 실시하고, 예산군은 그런 농사를 지을 수 있도록 지원을 아끼지 않았다. 바로 예산 황새 권역단위 종합정비사업이다. 광시면 대리, 시목리 그리고 가덕리를 대상으로 비오톱과 물고기 길은 물론, 관정(管井)과 농수로 정비사업 등이 포함되어 있다. 5년 동안 약 70억 원이 드는 사업이다. 그밖에도 예산군 논을 황새가 살 수 있는 서식지로 만들기 위해 예산 광역 친환경 농업단지 조성사업, 예산 무한천 생태하천 복원사업, 예산 황새고향 서식지 환경조성사업 등 많은 사업이 지금 진행 중에 있다. 지금까지 투자한 총예산은 약 700억 원으로, 예산황새공원을 조성하면서 황새 서식지에 지원한 사업 투자 금액이다. 얼핏 보면 한 지자체에 그리고 한 종을 복원하는 데 너무 많이 투자한 것 아니냐는 의문도 생긴다. 하지만 엄밀히 말하면 한 지역이나 한 종에 해당하는 투자가 아니기 때문에 액수가 많은 것은 아니다.

특히 큰 날개를 지닌 황새는 우리나라 텃새 가운데 가장 큰 조류이며 방사하면 예산군에만 머물지 않고 한반도를 다 아우를 수밖에 없다. 사실 황새는 먹이 피라미드의 최상위 포자식자로, 생물다양성이 풍부해야만 서식이 가능하기 때문에 황새를 복원하는 일은 곧 우리나라 전원생태계를 복원하는 일이다.

백두대간이 뼈대를 이루고 있는 한반도는 도심의 취락구조인 인구밀집지역을 제외하고 모두 전원생태계라고 할 수 있다. 황새가 살 수 있는 곳은 바로 이런 전원생태 구조라야 한다. 인구밀도가 조밀하지 않은 농촌의 취락구조가 여기에 해당된다. 논과 밭, 농가, 농가 주변의 산지, 농수로와 개울과 하천 그리고 나무 군락의 숲이 있는 곳이 생물다양성이 가장 높다.

한반도에는 여름철에 우기가 찾아온다. 이 우기로 말미암아 벼농사가 시작되었을 것이다. 우기 동안에 범람이 일어나 생물다양성을 높이는 발판이 마련되었다. 한반도 초기의 인류는 쌀을 재배한 것이 아니라 범람지역을 중심으로 자연에서 벼를 채집하여 식량문제를 해결했을 것으로 보인다.

우리나라에서 벼농사가 시작된 것은 불과 6,500년 전 정도밖에 되지 않는다. 한반도의 벼농사는 중국에서 기원했으리라고 추측하는데, 그 가운데 중국의 양쯔강 유역과 북부지역 흑룡강 유역에서 들여왔다는 견해가 지배적이다.

황새가 언제부터 한반도에 자리 잡고 살았는지는 아무도 모른다. 아마 중국에서 벼 재배방식이 들어오

러시아와 중국의 황새 개체군을 원 개체군, 한국과 일본의 개체군은 주변 개체군으로 이들을 메타개체군이라고 한다. 이 원개체군들은 한반도 개체군과 일본 개체군 유지에, 그리고 한반도 개체군은 일본 개체군 유지에 영향을 미쳤으리라 추정한다. 다시 말해, 현재 러시아와 중국에서 번식한 개체 가운데 몇 마리가 겨울철 우리나라를 찾고 있다. 과거 한반도 개체군이 있었다면 이들 중 한두 마리는 러시아와 중국으로 돌아가지 않고 한반도 황새들과 짝짓기를 해 한반도 개체군의 유전적 다양성을 갖게 했으며, 마찬가지로 한반도 개체군의 황새들도 일본으로 건너가 일본의 황새 개체군의 유전적 다양성을 이루는 데 기여했을 것이다.

고 난 뒤에 황새가 한반도에 새 번식지를 마련했을 가능성이 매우 높다. 황새를 북방계 새라고 하는데, 북방계 새는 기원이 북쪽에서 내려온 새를 말하며, 남방계 새는 적도 이남이 기원인 새를 가리킨다. 북방계 새인 황새는 러시아와 중국에서 기원한 조류다.

한반도에 황새가 자리 잡기 전 중국의 황새 번식지는 북쪽 흑룡강(러시아어로 아무르 강) 유역이 중심이며, 여름이면 양쯔강 쪽으로 이동하여 겨울을 난다. 이 과정에서 벼농사가 한반도에 도입되면서 이 황새들이 한반도로 유입되었고, 중국 흑룡강 유역 제1 번식개체군에서 떨어져 나와 한반도에 제2 번식개체군이 형성되는데, 이를 생태학에서는 메타개체군이라고 한다. 자연에서 벼를 채집하는 것이 아닌 벼 재배지가 생기면서, 다시 말해 인공습지가 만들어지면서 황새들의 새로운 먹이 서식지가 탄생한 것이다. 일본의 벼 재배의 기원도 한국과 마찬가지로 중국에서 기원했을 것이란 설이 있다. 이에 따라 황새도 중국의 제1 번식개체군에서 떨어져 나와 황새의 제3 번식개체군이 일본에서 만들어지는데, 이 과정에서 일본의 제3 개체군은 한반도의 제2 번식개체군에서 영향을 받아 생겨났을 것으로 추정한다.

이런 가능성은 인류의 농경문화뿐만 아니라 기후 요인에 따라서도 많은 영향을 미쳤다. 겨울철 한반도에는 북서풍이 작용하여 비행에 바람의 영향 받을 수밖에 없는 황새들은 일본으로 향할 수밖에 없었다. 게다가 겨울철 한반도의 기온도 황새들의 이동에 큰 영향을 미친 요인이었다. 한반도의 중부지역이 이 메타개체군의 번식지라면 겨울철엔 영하 10도 이하로 낮아 먹이 확보가 거의 불가능했다. 결국 이 메타개체군은 한반도 남쪽으로 이동하여 일본 남부 시고쿠나 후쿠오카 지방의 따뜻한 곳으로 이동해서 살게 되었을 것이다. 이 과정에 한반도의 메타개체군과 일본의 메타개체군이 유전적으로 상호 교류가 일어났을 것이고, 적어도 수천 년 동안 메타개체군을 유지해 왔을 것으로 추측한다.

불과 몇십 년 전만 해도 우리나라 황새를 유럽의 아종으로 분류했다. 현재는 유럽의 홍부리황새와는 다른 종으로 구분하는데, 바로 유럽의 황새와 동아시아에 분포하는 황새는 그 기원이 다르기 때문이다. 일반 사람들이 보기에는 부리 색이 유럽의 황새는 붉은색, 우리나라 황새는 검은색인 것을 제외하고는 다를 것이 없지만, 실제로 행동과 서식지의 이용에서 참 많이 다르다. 서식지 이용에서 우리나라 황새는 번식기 때 습지의 면적이 매우 중요하여 인공습지인 논을 배경으로 살아왔다. 그 습지는 황새들에게 먹이의 보고이자 창고 역할을 했다. 그런데 지금은 어떤가? 그리고 다시 그런 먹이 창고 역할을 하는 논으로 복원할 수 있을까? 이 점에서는 희망을 갖는다. 우리 농민들의 손으로 그 가능성을 보고 싶다. 그 시작을 충남 예산군 대리 작은 마을의 농민들이 '황새생태농업연합회'라는 조직을 결성하여 항해의 첫 돛을 달고 이제 막 출항을 알렸다.

농사짓고 사는 맛을 느끼는 세상

추운 겨울철이면 황새들은 춤을 추듯 힘껏 날개를 퍼덕인다. 기온이 내려가면 근육을 움직여 체온을 올리는 방법이다. 영하 10도 이하로 내려가는 한밤중에도 황새들은 추위와 싸울 수밖에 없다. 아마 사육장이 아닌 야생이었다면 따뜻한 남쪽 지방으로 내려갔을 것이다. 그러나 사육장에 갇힌 황새들은 내려갈 수가 없다. 신기하게도 이들은 모두 물속으로 들어간다.

밖은 영하의 날씨이지만 물속만큼은 영상이기 때문에 황새들은 에너지 소모를 최대로 줄이려고 물속에 다리를 담그고 밤을 지샌다. 긴 다리가 밖으로 노출되지 않도록 깃털이 난 부위 바로 아래까지 다리를 물에 담근다.

이것이 영하의 강추위에 황새들이 대처하는 방법이다. 사육장의 물은 항상 지하에서 뽑아 지속적으로 공급해주기 때문에 기온이 영하 20도 이하로 내려가기 전에는 얼지 않는다. 그래서 물속은 항상 영상이다. 이는 추울 때

뜨거운 물에 발을 담그고 있으면 몸이 더워져 체온을 유지할 수 있는 것과 같은 원리다. 추운 겨울이면 황새들은 모두 이렇게 족욕을 한다.

황새가 러시아에서 온 첫해에는 황새장에 히터를 달고, 비닐로 바람막이도 쳐보았다. 그래도 추웠는지 나이가 가장 많은 황새는 그해 추운 겨울을 견디지 못하고 병이 들고 말았다. 황새가 몇 마리 안 되었을 때에는 히터를 설치해도 별 어려움이 없었지만 황새 개체수가 크게 늘어나자 황새장에 히터를 켜는 것에도 한계가 있었다. 결국 지하수를 끌어올려 물을 얼지 않게 해야겠다고 생각해낸 것은 세월이 몇 년 흐른 뒤였다. 가장 간단한 방법이었지만, 그 방법을 터득할 때까지 몇 년 동안 시행착오를 겪어야만 했다.

2014년에는 이미 황새 생태마을로 지정된 충남 예산으로 이 황새들을 옮길 계획이다. 지금 그곳은 황새를 맞이할 준비로 한창이다. 이미 그곳은 황새가 살아갈 수 있도록 논에 농약을 뿌리지 않고 농사짓고 있다. 황새의 먹이터가 될 둠벙도 파놓았다. 그리고 봄에 개울가의 물고기가 올라올 수 있도록 개울과 논으로 이어지는 곳에 물고기 길을 설치했다.

이렇게 조성된 곳의 논에는 미꾸라지, 올챙이 그리고 수서곤충들의 수가 그 전년도에 비해 2~3배로 늘어났다. 비료를 뿌리지 않아도 땅은 이 생물들로 말미암아 다시 비옥해졌다. 주민들은 땅에 많은 생물들이 사는 것을 보고 놀라워했다. 하지만 큰 고민이 생겼다.

이렇듯 어렵게 농사지은 쌀과 관행농으로 지은 쌀이 수매가에서 별로 가격 차이가 없자, 모두 친환경농사를 포기하겠다는 불만이 터져 나왔다. 정부가 비축한 쌀이 줄어들자 예년에 비해 높은 가격으로 쌀 수매를 했기 때문이다. 그런데 비축 쌀이다 보니 유기농(친환경) 쌀과 일반 쌀 가격 차이가 거의 없는 것이 문제였다.

황새 때문에 농사를 어렵게 지었지만, 가격은 일반 쌀과 똑같이 받으니 누가 그 어려운 농사를 지으려고 하겠는가? 황새농법으로 수확량도 줄었는데, 제값을 못 받으니 주민들의 원성이 높은 것은 당연했다.

결국 주민들이 한국교원대학교로 항의 방문했다. 이 농사를 더 이상 계속하기가 어렵다는 의견이었다. 그러나 황새를 위해 조금만 더 참아달라고 설득하는 것밖에는 다른 방법이 없었다. 방사를 앞둔 2014년에는 더 많은 논을 황새농법으로 전환해야 하는데, 새로운 농업을 하겠다고 나서는 주민들이 과연 있을지 걱정이 앞섰다.

황새 복원 18년 동안 인공증식, 서식지 선정, 그리고 서식지 복원 과정에서 숱한 장애물들을 헤쳐 왔다. 2013년 한 해를 마무리할 즈음, 또다시 장애물 앞에 섰다.

"왜 우리가 황새 복원을 해야 하느냐? 황새를 복원해서 얻는 것이 무엇이 있느냐?"

주민들의 황새 복원에 대한 불신이 높아지면 예정대로 황새를 야생에 복귀하는 것도 쉽지 않아 보인다. 그렇지만 언젠가 황새를 복원하면 농민들이 농사짓고 사는 맛을 느낄 수 있는 세상이 올 것이라는 약속을 꼭 지키고 싶다.

'황새의 춤' 탄생

생명체라는 기본 정의를 말할 때 '물질대사'라는 용어를 자주 사용하는데, 이는 생명체가 생명을 유지하기 위한 활동을 뜻하는 학술적 용어다. 사실 나는 이렇게 어려운 용어를 사용하는 것을 즐겨하지 않는다. 쉽게 풀어쓰면 물질대사란 '먹고 싸는 것'을 말한다. 평생 잘 먹고 잘 싸는 것만큼 중요한 것이 어디 있는가! 생물의 특징 가운데 으뜸이 바로 먹고 싸는 것이다. 황새를 증식하면서 관찰하다 보면 이 황새들에게 중요한 것은 잘 먹는 것임을 깨달았다. 그리고 그 가운데 가장 맛있는 음식을 주었을 때 황새들의 먹는 행동에서 몇 가지 특징을 발견했다. 황새가 먹이를 빨리 먹는 것은 맛있어서가 아닌 배가 고파 먹는 행동일 뿐, 먹이가 맛있다는 증거는 아니다.

실제로 사람들도 맛있는 음식을 주면 허겁지겁 먹지 않는다. 정말 맛있는 음식을 보면 오히려 천천히 먹으면서 즐긴다. 가족과 함께 레스토랑에서 비싸고 맛있는 요리를 먹으면 나는 음식이 맛있어 빨리 먹는 것이 습관인데 내 아이는 달랐다. 아이 앞에 남아 있는 음식을 보며 "너 벌써 배부르구나. 아빠가 도와줄까?" 하고 아이 앞에 놓인 음식에 손을 뻗자 아이의 표정이 완전히 굳어져 버렸다. 아이는 약간 화난 표정으로 "아빠는 내가 배불러서 천천히 먹는 줄 아세요? 맛있어서 아껴 먹는 거예요!" 아이의 말에 나는 새로운 사실을 깨달았다. 여태까지 맛있는 음식을 접하면 빨리 먹어야 한다고 생각했는데, 그게 아니었다. 오히려 천천히 즐기면서 먹는다는 사실을 알았다.

황새가 그랬다. 아무리 배가 고파도 아무것이나 먹지 않는다는 사실을 실험을 통해 알았다. 사육 중인 황새들이 즐겨먹는 먹이는 따로 있다. 지금까지 실험에서 확인한 결과, 갓 태어난 병아리가 1위다. 그 다음으로 곤충, 미꾸라지, 쥐, 전갱이, 뱀, 지렁이 그리고 참개구리 등이다. 황새들에게 두 가지 먹이를 함께 놓아 선택하게 한 결과다. 예를 들어 먹이로 병아리와 지렁이를 함께 내놓으면 병아리를 먼저 먹는다. 미꾸라지와 병아리에서도 병아리를 먼저 먹는다. 이렇게 해서 병아리를 가장 좋아한다는 사실을 알았다.

여기서 한 가지 놀라운 사실은 병아리의 색이 다르면 아예 먹지 않는다. 새끼 때 노란색 병아리를 먹었던 황새들은 검은색 병아리에는 접근하지 않았다. 여러 날 굶겨놓고 제공해도 먹지 않았다. 왜 그럴까? 황새는 생후 초기에 먹이 각인 현상이 나타난다. 학습을 통해서 얻은 맛있다는 기억이 쉽게 바뀌지 않는 특성을 지니고 있는 것이 확실했다. 그렇다고 처음부터 먹었던 먹이만을 고집하지는 않는다. 황새들이 본능적으로 먹는 먹이도 있다. 벌레 종류는 사실 어미에게서 독립하면서부터 먹는데, 어린 황새는 우리가 먹이로 주지 않은 황새장에 날아다니는 고추잠자리나 또 황새장 안 풀숲에 있는 방아깨비 종류도 잘 잡아먹었다.

황새들은 맛있다는 것을 어떻게 표현할까? 황새는 부리 끝에 맛감각 기관이 있으며, 먹이를 잡으면 금방 삼키지 않는다. 부리 끝에 먹이를 물고 질근질근 씹으면서 맛을 느낀다. 이때 맛을 느끼는 화학 수용기뿐만 아니라 촉각 수용기도 함께 작용한다. 황새들은 촉각을 통해서도 맛이 있다, 없다를 구분한다. 맛있는 먹이를 먹을 때는 빨리 집어 삼키는 대신, 부리 끝으로 질근질근 씹다가 먹이를 바닥에 놓고 다시 부리로 집는 행동을 반복한다. 맛이 있어 아껴 먹는 행동일까? 두 날개를 가볍게 펼쳐 자리를 옮기고 나서 이 동작을 반복한다.

황새가 먹이를 대할 때 즐거움을 표현하는 행동은 또 있다. 먹이 서식지의 물 위를 부리로 지그재그로 가르면서 가볍게 스텝을 밟는다. 여기에 왈츠 음악만 틀어주면 마치 무도회에서 춤을 추는 '황새의 춤'이라 해도 전혀 손색이 없다.

황새복원사업 17년 만에 '황새의 춤'이라는 이름을 단 농산물이 탄생했다. 황새의 춤이라는 이름을 짓고 나서 1년 뒤에 상표등록을 마쳤고, 최초로 광시면 주민들이 황새 생태농업 방식으로 지은 쌀에 붙여졌다. 황새 생태농업 방식은 인증을 통해 그린, 실버, 골드로 나누었다. 아직 황새가 살지는 않지만 농약을 치지 않고 논에 황새의 먹이 서식지를 만들면 그린 스토크

우리 아이들이 살아가는 자연재생 프로젝트의 하나인 '황새의 춤' 쌀(2kg)이 탄생했다. 차세대 유기농 쌀이다.

황새생태농법 인증 규정

그린 스토크

실버 스토크

골드 스토크

1조(3단계 인증) 황새생태농법 인증은 그린 스토크(Green Stork), 실버 스토크(Silver Stork), 그리고 골드 스토크(Gold Stork) 세 가지로 한다.

2조(그린 스토크 인증) 그린 스토크는 황새생태농법 인증 가운데 가장 기본단계의 인증으로 농약과 인공비료를 사용해서는 안 된다.

3조(습지 조성) 황새생태농법 인증을 받고자 하는 농경지에 황새가 먹이활동을 할 수 있는 습지(비오톱)와 생태수로 혹은 어도를 설치해야 한다.

① 습지(비오톱) 면적은 농경지 총면적의 최소 3퍼센트의 면적이어야 한다.

② 습지의 물깊이는 30센티미터~50센티미터로 하고 논과 경수로 혹은 소하천과 어도를 갖춘다.

③ 농업인이 공동의 농경지를 대상으로 인증을 받고자 할 때도 전체 농경지의 최소 3퍼센트 면적에 해당되는 습지를 조성해야 하며, 이때 인증 대상 농경지는 2킬로미터 반경을 넘지 않게 한다.

④ 반경 2킬로미터 이내에는 생물서식에 방해를 일으킬 수 있는 공장 혹은 골프장과 같은 오염발생원이 없어야 한다.

4조(논의 황새생태농법) 논의 경우 황새생태농법 인증을 받기 위해서는 물대기를 4월 초에 실시하여 개구리, 미꾸라지 등 황새 먹이가 되는 생물들의 산란을 도와줘야 한다.

5조(황새생태농법의 매뉴얼) 그밖에 황새생태농업 인증을 받기 위해서는 한국교원대학교 황새생태연구원에서 별도로 마련한 황새생태농법의 매뉴얼에 따라 농사를 지어야 한다.

6조(실버와 골드 스토크 인증) 실버 스토크와 골드 스토크 단계의 인증은 방사된 황새가 그 지역에서 정착하여 살 때, 위 조건에 충족된 농경지에 한해 인증을 부여할 수 있다.

인증이 주어진다. 황새를 야생방사하면 황새의 서식과 번식에 따라 각각 실버와 골드 스토크 인증을 받는다. 이에 대한 기준(황새생태농업 인증규정)을 별도로 마련하여 예산군 광시면뿐만 아니라 예산군 전체로 확대한다는 계획을 세웠다. 물론 이 기준은 앞으로 황새가 예산군 경계에서 벗어나 한반도 전 농경지에 정착하면 한반도 전체를 대상으로 적용하게 될 것이다.

한반도 야생복귀에 관한 협약

황새를 야생복귀할 거점지역에서 펼쳐질 예산황새공원조성 사업이 본격적으로 진행되자 그동안 한국교원대학교 황새생태연구원에서 사육 증식해온 황새들을 예산군으로 보내는 문제를 협의했다. 얼마나 보낼 것이며, 그리고 황새를 수탁받은 예산군에서는 앞으로 어떤 철학으로 이 황새복원사업을 추진할지에 대한 '한반도 황새 야생복귀에 관한 협약식'이 한국교원대학교 교원문화관에서 진행되었다. 이 행사는 문화재청장(대신 국장 참석), 충청남도 도지사(대신 국장 참석), 예산군수 그리고 한국교원대학교 총장을 비롯해 예산군민들이 참석해 한국교원대학교와 예산군의 황새기탁에 관한 협약서 교환과 한반도 황새야생복귀 선언문 낭독 순서로 진행되었다.

한반도 황새 야생복귀 선언문
황새 야생복귀 선포는 18년이란 세월 동안 우리에만 갇혀 있는 150마리 황새들에게 꼭 자연으로 돌려보내겠다는 약속입니다. 그 날이 2015년 4월 4일입니다. 4월 4일은 의미가 있는 날입니다. 우리나라 마지막 수컷 황새가 총에 맞아 사라진 날이 바로 1971년 4월 4일이기 때문입니다.

마지막 황새 한 마리가 사라진 것은 몰지각한 사냥꾼의 총에 맞아 없어졌지만, 그보다 더 많은 우리나라 텃새 황새를 멸종위기로 내몰았던 이유는 생태계 파괴에 있었다는 사실을 우리는 뒤늦게 깨닫게 되었습니다. 황새가 살았던 한반도의 생태계는 풍부한 생물다양성을 갖춘 풍성한 자연이었습니다. 그러나 농약을 사용하고, 개발과 산업화로 그 풍요로운 자연은 사라졌습니다.

황새 야생복귀 선포는 그런 풍요로운 자연을 되살리자는 우리 모두의 노력이자 다짐이기도 합니다. 2015년 4월 4일까지 시간이 그리 많이 남은 것은 아닙니다. 그 첫 발걸음을 이미 충남 예산군 광시면 대리에서 내딛었습니다. 그곳은 황새를 위해 농약을 쓰지 않는 마을로 거듭나고 있습니다. 그리고 농경지에 생물들이 다시 살아날 수 있도록 지역주민과 예산군, 황새 복원 연구자들은 부단히 노력하고 있습니다.

그 노력의 결실로 첫 수확이 이루어졌습니다. 황새가 우리에게 가져다 준 첫 선물인 것입니다. 자연은 우리에게 많은 것을 베풉니다. 그 자연을 소중하게 여긴다면 반드시 보답을 한다는 교훈을 얻었습니다. 이 노력이 광시면에서만 있어서는 황새가 살아갈 수 없습니다. 충남 예산군 광시면 외에도 예산군 전체 그리고 먼 훗날에는 한반도 전 자연이 회복되는 날이 오길 간절히 바랍니다.

오늘 이 한반도 황새 야생복귀 선포는 훼손된 우리들의 자연생태계를 회복시키고, 또 파괴된 생태계를 복원시키는 첫 다짐의 장이 될 것입니다.

선포합니다! '2015년 4월 4일 이후부터는 황새를 꼭 자연에서 다시 만나게 되길' 그리고 그 날이 올 수 있기를 여기 모인 우리 모두가 한마음으로 성원하여 주실 것을 간곡히 당부드립니다.

2012년 11월 15일
한국교원대학교 황새생태연구원장

또 하나의 자연사적 역사가 이 한반도에서 기록되는 순간이었다. 이런 상황이 오리라고 예상한 사람은 아무도 없었다. 황새 2마리가 김포공항을 거쳐 한국교원대학교에 도착해 첫 행사로 우리나라 황새 복원 출범식을 교원대에서 치를 때만 해도 이런 일이 있으리라고는 상상도 못했다. 2014년에 황새 60마리를 교원대에서 예산군으로 이송한다는 구체적인 계획을 발표하는 자리였다.

이 행사를 출발점으로 하여 '황새의 춤' 쌀을 세상에 알렸다. 황새마을 주민들이 농사짓고 또 주민들의 손으로 도정을 거쳐 쌀 포장까지, 황새를 위한 주민들의 정성 어린 결과물이었다. 황새의 춤은 황새가 가져준 선물이라고 불렀다. 좀 비싸지만 유기농 쌀과 다르다는 점을 소비자들이 인정해주었으면 좋겠다. 농민들의 소득이 높아지지 않으면 한반도에 황새를 복원할 수

협약식전 음악기념행사. 한국황새복원연구센터에서는 2012년 11월 15일 오후 한국교원대학교 교원문화관 대강당에서 김주성 총장. 최승우 예산군 군수 등이 참석한 가운데 한반도 황새 야생복귀를 위한 협약식을 가졌다. 한국교원대학교 황새복원센터는 2014년 8월까지 60마리를 예산군에 기탁하고 예산군에서는 2015년에 광시면 대리 일대에서 야생에 방사한다는 협약을 맺었다.

행사장 로비에 마련된 '황새의 춤' 쌀. 이날 행사 참석자들에게 2킬로그램 300개의 쌀을 모두 나누어주었다.

없다는 것이 내 생각이다. 그도 그럴 것이, 과거 한반도에 황새가 살았던 시대에 비해 오늘날 벼농사를 짓는 농민들의 소득이 절반 이하로 줄어들었다. 그동안 논농사도 기계화, 그리고 농약 살포로 생산량이 늘어나 농민들은 옛날처럼 농사를 힘들게 짓지 않아도 되었다. 그런데 왜 농민들의 소득은 줄어들었는가? 그 이유는 그 소득이 농민들에게 돌아가지 않고 농기계와 농약을 만든 사람들이 차지했기 때문이다. 이는 농업사회에서 산업화 시대로 이행하면서 벌어진 현대 농업사회의 서글픈 현실이다.

이 자연사적 행사가 훗날 상상도 못한 일로 우리 모두에게 현실로 다가오기를 꿈꾼다. '황새의 춤' 농산물로 요리하는 음식점이 한반도 곳곳에 세워질 그런 꿈을 꾼다. 황새가 농촌에서뿐만 아니라 도심에서 춤추는 날이 오길 희망한다. 우리 농촌이 잘살게 되는 것은 어쩌면 도시민들이 우리 농산물에 지불할 마음가짐이 얼마나 있는지에 달려 있는지도 모른다. 이날 참석자들에게 2킬로그램 300개의 '황새의 춤' 쌀을 행사 기념품으로 나누어주었다.

동아리 '황새야'

가수 윤도현이 부른 '황새야' 노래제목을 따 '황새야' 동아리가 한국교원대학교 학부생을 중심으로 탄생했다. 초등·환경·물리·화학·컴퓨터·가정·일반사회과 등 다양한 학생들로 구성된 이 동아리는 한반도의 황새 복원을 위한 학생활동이다. 보통 농활은 학생들이 농촌에 가서 농촌 일손을 도와주는 활동이라면 황새야 동아리는 같은 농촌활동이지만 농민들이 황새 농업을 할 수 있도록 일손을 돕는 활동이라는 점에서 다르다.

2011년 결성된 이 동아리는 황새 복원에 대한 자체 교육을 실시했으며, 농촌의 아이들을 대상으로 황새 캠프도 열었다. 주로 논의 생물 조사를 통해 논의 소중함을 교육하는 활동이었다. 이런 활동 프로그램들은 현재 내가 소속된 생물교육과 생물교육연구팀이 맡아 개발하고 있다.

'황새야' 동아리는 2012년과 2013년에 예산 황새마을의 황새 관련 행사에도 참석해 봉사활동을 게을리하지 않았다. 손모내기 행사에는 주민과 함께 모를 심으며 주민들의 일손을 돕기도 했다. 또 주민들이 직접 만든 '황새의 춤' 쌀 홍보에도 나섰다. 우리나라 황새 복원을 위해 봉사하는 대학생 동아리 가운데 가장 멋진 동아리로, 머지않아 다른 대학으로도 확산되길 희망한다.

100년의 약속

2013년 5월 25일 '100년의 약속, 황새맞이 터닦기 잔치' 행사를 가졌다. 2013년 말에 완공 예정인 충남 예산군 광시면 황새마을에 100년 뒤 황새가 둥지 틀 나무를 심는 날이었다.

2009년, 충북 음성군에서 1920~1960년대까지 황새가 2대에 걸쳐 둥지를 튼 400년 된 물푸레나무의 씨를 가져다 현재 1천 그루의 묘목밭을 한국교원대학교 황새생태연구원 안에 마련하여 길러왔다. 이 가운데 300그루를 광시면 대리, 시목리 일대에 심는 행사였다. 나무를 직접 심은 주민들의 이름이 각 나무마다 새겨졌다. 2015년 한반도 황새 야생복귀를 실시할 시점에 가장 훌륭하게 성장한 나무 5그루를 선정하여 시상할 계획도 가지려 한다. 100년 뒤 주민들의 정성으로 성장한 이 나무에 황새가 둥지 틀 날이 왔으면 좋겠다.

황새는 우리나라에서 가장 큰 새이므로, 둥지를 틀 나무는 적어도 100년 이상 자라야 한다. 현재 우리나라는 1950년 한국전쟁으로 이런 나무들이 불에 타 없어져 아주 드문 것으로 파악된다. 결국 이 나무들이 자랄 때까지 높이 13미터 철재 인공둥지를 마련하여 제공할 수밖에 없다. 이 철재 둥지를 짓는 데 적어도 비용이 5천만 원(주변시설 포함) 정도 드는데, LG 상록재단에서 충남 예산군 광시면에 10개의 인공둥지(5억 원 상당)를 지어주기로 했다. 2015년 황새 12마리를 방사하면 황새 둥지나무가 자랄 때까지 이 인공둥지에서 번식할 것이다.

방사한 황새들이 인공둥지에 둥지를 틀었으면 좋겠지만 지금 예상으로는 황새들이 예산군 주변 여기저기에 설치된 송전탑을 이용할 것 같다. 2005년 황새를 방사한 일본에서도 이와 똑같은 상황이 벌어졌고, 송전탑에 둥지 튼 황새들을 송전탑 옆에 인공둥지를 마련하여 유인했다. 하지만 황새들은 한번 고집한 송전탑을 쉽게 포기하지 않았다. 황새가 송전탑에 둥지 재료를 물어오면 연구자들은 그 둥지 재료를 없애는 방법으로 인공둥지로 유인했다. 이렇듯 연구자들과 황새와의 끈질긴 사투 끝에 겨우 인공둥지 유인에 성공했다. 이때를 위해 연구자들은 인공둥지를 반 정도 만들어 놓고 기다렸다. 이렇게 해서 한번 터를 마련하면 그다음 해에는 이 인공둥지를 사용하는데, 바로 시작이 문제다. 오늘날 송전탑은 황새들에게 뿌리칠 수 없는 유혹의 대상이기 때문이다.

송전탑 높이에 버금가고 바람에도 쉽게 흔들리지 않는 나무가 있어야 하

2013년 5월 25일 예산군 황새마을에서 주민들과 예산군수, 그리고 한국교원대학교 총장이 함께 100년 후에 황새들이 둥지 틀 물푸레나무를 심는 행사를 가졌다.

는데, 지금 우리에게는 그런 나무가 없다. 그런 나무를 만들기 위해 지금부터 나무를 심기로 했다. 인공둥지 탑에서 멀지 않은 곳에 과거 황새가 둥지 틀었던 나무의 종자가 가장 적합했다. 그 첫 삽을 뜨는 행사가 2013년 5월 25일 충남 예산군 광시면 대리에서 예산군수, 한국교원대학교 총장 그리고 주민들이 직접 물푸레나무를 심는 것을 시작으로 성대하게 진행되었다.

일본에서 황새 한 마리가 날아오다!

희망의 전령사일까? 2014년 3월 18일 황새 한 마리가 일본 효고현 도요오카에서 대마도를 거쳐 우리나라 경남 김해시 화포천 습지에 나타났다. 금방 떠날 것으로 생각했는데, 이 글을 쓰고 있는 8월 20일에도 황새는 그곳에서 살고 있다. 이 황새는 일본에서 단계적 방사를 통해 태어난 야생방사 개체의 2세로 2년생 암컷이다. 1세대가 방사한 개체라고 한다면 그 방사한 개체에게서 태어난 황새다.

원래 김해 화포천은 몇 년 전만 해도 쓰레기와 오수로 신음하는 죽음의 공간이었다. 이런 상황에서 고 노무현 전 대통령이 귀향하자 친환경농업과 화포천 습지 살리기가 시작되었다. 화포천 주변의 지역주민과 시민들이 나서서 화포천을 청소하고 가꾸기 시작했다. 농민들의 자발적 참여로 매년 친환경 농업단지가 확대되기 시작했다. 지금은 노 전 대통령의 봉하뜰과 퇴래뜰, 장방뜰 등을 아우르는 70만 평의 대규모 친환경 농업지대가 조성되었다. 그런 결과였을까? 황새가 그곳에 찾아들었다. 봉하마을 사람들은 이 황새에게 봉순이라고 이름을 붙여주었다.

일본에도 2005년 황새를 방사하기 전 야생 황새 한 마리가 찾아왔다. 이황새는 러시아에서 겨울 철새로 왔다가 돌아가지 않고 효고현 도요오카 황새마을에 찾아들었다. 찾아온 날이 8월 5일이라서 도요오카 황새마을 사람들은 하치고로라고 불렀다. 일본 황새마을 사람들은 하치고로를 보고 황새방사에 용기를 갖게 되었다고 그때를 회상했다.

왜 우리는 하치고로가 없을까! 일본보다 겨울 철새로 오는 황새 수는 더 많은데……. 화포천 습지 봉순이는 한반도에도 황새를 방사해야 한다는 신호를 보내러 대마도를 건너 무려 700킬로미터를 날아 한반도에 도착했다. 그 신호는 이제 이런 메시지를 전하는 듯했다. "빨리 멋진 내 남자 짝을 보내주세요!" 요즘은 그 봉순이의 일거수 일투족을 도연 스님이 카메라로 기록하고 있다. 봉순이가 신방을 차릴 욕심으로 열심히 둥지 재료를 모으고 있는 사진을 내게 보내왔다. 황새는 만 2년이면 짝짓기를 할 나이로, 우리 청출이도 만 2년 때 짝짓기를 시작했으니, 2살 봉순이의 나이도 적은 나이가 아니다.

봉순이를 봐서라도 꼭 내년엔 한반도 황새 야생복귀를 시작할 것을 선언한다. 더 이상 우리 황새들에게 약속을 미룰 수가 없다. 그리고 일본에서 날

2014년 7월 봉하마을 봉순이가 짚을 물어다 둥지 재료를 옮기고 있다. 어디에 쓰려고 하는지는 모르지만, 도연 스님은 신랑이 있었으면 하는 마음에 신방을 차리려고 하는 행동이라고 생각하셨다.(사진 제공 도연 스님)

아온 봉순이가 아닌, 예산 황새마을에서 날아온 황새들이 한반도 곳곳에서 정착해 살아가는 때가 왔으면 좋겠다.

준비를 서둘러야만 했다. 예산 황새마을에서 방사한 황새들이 새로운 정착지를 마련하면 그 서식지를 보호하고 관리하는 이 사업의 주무부서인 문화재청은 정부의 지원체계를 갖추는 것이 무엇보다 중요하다. 정부는 봉순이를 그냥 내버려두면 안 된다. 봉순이가 사는 지역의 관리와 보호에 재정적 지원을 해야 한다. 그리고 주민들이 봉순이를 통해 지역 농업경제에도 이익을 얻을 수 있도록 체계적 관리를 해야 한다. 그래야만 봉순이가 떠나지 않고 그곳에서 짝을 짓고 주민들과 오래오래 살 수 있다. 과거 우리나라 텃새 황새들은 늘 주민들에게 복을 갖다주는 전령사가 아니었던가.

청람황새공원 개원과 임치규정 제정

한반도 황새 야생복귀의 시점이 다가오고 있음을 느낀다. 1996년 황새복원센터를 건립하여 연구만 해왔던 장소를 이제야 겨우 일반인들에게 공개하기로 결정했다. 황새복원사업을 시작한 지 19년 만의 일이다. 2014년 5월 16일 한국교원대학교 총장과 교무위원들을 모시고 청람황새공원으로 이름을 바꿔 개원식을 가졌다. 청람황새공원은 한국교원대학교의 정신을 담은 사자성어 '청출어람'에서 따왔다.

청람황새공원은 한국교원대학교 캠퍼스 안에 위치하며 총면적은 10만 제곱미터가 채 되지 않는다. 이곳에는 2002년 황새 복원의 시작과 함께 청출이와 자연이가 짝을 맺어 세계에서 4번째로 황새 번식 성공을 이룬 역사적 현장인 부속 사육동과 황새 먹이사냥 훈련장이 있다. 그리고 일반인들이 황새 복원에 관한 정보를 접할 수 있는 방문자센터와 황새의 춤 매장도 열었다. 그러나 애초 공원 안에 만들려 했던 황새습지정원은 예산을 마련하지 못해 2015년으로 미루기로 했다.

2015년에 들어설 황새습지정원은 황새들이 자연스럽게 먹이활동을 하는 곳으로, 일반 사육장과 달리 지붕이 없다. 잠시 황새의 한쪽 깃을 잘라 울타리 너머로 날아가지 못하게 할 뿐, 황새들은 이 습지정원에서 자유롭게 먹이활동을 할 수 있다. 우산종 황새를 중심으로 습지생태교육을 할 수 있는 곳으로 만들면 청람황새공원의 랜드마크가 될 것으로 기대한다.

청람황새공원은 한반도 황새 복원 20년을 접할 수 있는 자료도 공개하기로 했다. 황새의 인공번식에 첫 성공을 거두고 '고귀한 탄생'이라는 기념비가 청람황새공원 안에 세워졌다. 황새 어미가 새끼에게 먹이를 공급하는 모습을 박제로 재현하여 전시도 하고 있다. 이 새끼 박제는 지금은 구할 수 없는 매우 귀중한 자료다. 황새 복원 초기에 인공번식을 시도하면서 번번이 실패를 거듭했다. 그때 죽은 새끼들의 박제들은 황새 번식의 어려운 산고 끝에 만들어졌다. 지금은 새끼들이 죽는 일이 없어 이 박제들은 국가적으로 매우 희귀한 자료로 남아 있게 되었다.

한반도에 황새를 야생으로 돌려보내기 위한 황새들의 유전자 다양성 연구를 계속 이루어 나가고, 야생복귀 개체들의 유전자를 관리하는 기능을 하기 위해 마침내 학교에서 '황새임치규정'을 제정했다. 이 규정에 따라 한국교원대학교 청람황새공원을 떠나는 황새들을 엄격히 관리하게 된다.

우리나라 기관 또는 단체에서 황새 서식지를 만들어 그곳에 황새를 방사하고자 할 때 황새임치신청서를 작성하면 주무관청의 허가를 받아 총장이 임치를 결정하는 방식이다. 임치란 법률용어로, 과거에는 기탁이라는 용어를 썼다. 쉽게 말하면 주는 것이 아니고 빌려준다라는 뜻으로 생각하면 된다. 빌려주니까 다시 학교가 황새를 되돌려 받는 것 아니냐고 생각할지 모르지만, 그렇지 않다. 임치기간은 5년씩 자동 연장되며, 임치가 결정되면 특별한 문제가 없는 한 영구적이다.

임치규정에는 황새 서식지 조성을 위해 황새생태인증의 조항이 포함되어 있다. 임치를 원하는 단체나 기관이 농산물에 황새 인증 사용을 원할 경우 총장의 허락을 받도록 되어 있다. 총장은 신청서를 받으면 황새인증관리위원회의를 소집, 황새가 살 수 있는 서식지 조건을 갖췄는지, 그리고 황새 생태농법 지침에 따라 농사를 지었는지를 따져보고 인증을 허가하게 된다.

황새가 진정으로 한반도의 자연에 되살아나려면 농경지를 중심으로 우리의 자연을 재생해야 한다. 그리고 이 인증제도는 황새의 주 서식지인 논의 경작인에게 기존 유기농 쌀값보다 더 높은 가격을 받을 수 있도록 마련한 제도다. 한반도 황새 복원의 성공 열쇠는 바로 논농사를 짓는 농민들의 손에 달려 있기 때문이다. 그들의 소득이 높아지지 않으면 황새 복원은 공염불에 그치고 말 것이다.

황새(생태) 인증을 받은 농산물은 기존 유기농 쌀보다 비쌀 수밖에 없다. 과연 소비자가 그 비싼 농산물을 구매할까? 우리의 농촌 자연이 유럽의 황

1 고귀한 탄생 기념석. 2002년 7월 국내 첫 인공번식 성공을 기념하는 이 기념석은 2004년 6월 3일 한국교원대학교 총장, 충북도지사, 문화재청장이 참석하여 제막식을 했다.

2 황새 어미가 둥지 위에 있는 새끼를 돌보는 모습의 박제.(현재 한국교원대학교 유아교육원 황새교육관 전시 중)

3 둥지 위의 두 마리 새끼(생후 10일, 생후 7일) 박제. 이 박제는 세계적으로 한국과 일본만 보유하고 있으며, 매우 희귀한 자료다. 1996년 한국교원대학교에 황새복원센터가 세워지고, 초기 인공번식을 시도했으나 실패하여 죽은 새끼 황새로 제작했다. 그 후 인공번식에 성공하면서 새끼들이 더 이상 죽지 않아 이 새끼 황새의 박제는 국제적으로 매우 귀중한 재산이 되었다.

한국교원대학교에서 황새 복원을 시작한 지 만 19년 만에 청람황새공원과 그 입구에 방문객센터를 마련했다. 센터 이름은 '황새의 춤'이며 여기서 '황새의 춤' 쌀은 물론 황새 기념품도 판매한다.

새마을처럼 청정하고 아름다운 마을로 바뀌려면 소비자들의 적극적인 지지가 필요하다 해도 지나친 말이 아니다.

황새 복원은 다음 세대를 생각하며 농사를 짓고, 황새와 함께 사는 새로운 생명문화를 만들기 위해 계속되어야 한다. 이것이 바로 황새 복원 연구의 목표이며, 상당히 오랜 시간이 걸린다. 사람들의 생각이 바뀌기를 기다리며 계속 가야 하는데 지쳐 쓰러지지 않기를 바랄 뿐이다.

황새의 귀향

2014년 6월 13~18일 3일에 걸쳐 황새 60마리 대이동이 시작되었다. 한 마리 옮기는 것도 쉽지 않은데, 그것도 60마리나…… 20마리씩 나눠 이동한 이유는 한 마리를 사육장에서 꺼내 상자에 넣는 시간이 만만치 않았기 때문이다. 대형 조류라 안전하게 꺼내고 넣으려면 상당한 준비시간이 필요하다.

넓은 사육장에 사람이 들어가 잡으려는 동작만 취해도 황새들은 여기저기 튀어 날아오른다. 이때 사고가 많이 발생한다. 그래서 황새장 내부에 그물을 쳐 여러 방으로 나누어야 안전하게 잡아낼 수 있다. 개체의 다리에 인식 고리를 새로 달아주고, 혈액을 채취하여 유전자 검사도 다시 실시한다. 이런 작업 과정 때문에 하루에 작업할 수 있는 개체수가 최대 20마리였으니, 한꺼번에 60마리를 모두 옮기는 일은 도저히 불가능했다.

어쨌든 2014년 6월 18일에 마지막 20마리를 보내면서 예산군은 황새 귀향행사를 성대히 치렀다. 무려 500여 명의 사람들이 이 시골, 아주 외진 곳에 모여들었다. 예산군수, 한국교원대학교 총장, 그리고 문화재청과 충청남도 등 주무 부서장들이 참석했다. 총장의 황새기탁증서 수여식, 그리고 광시면에 위치한 웅산초등학교 학생들의 황새 노래 합창이 이어졌다.

'황새' 노래는 왈츠 형식으로 한국교원대학교 음악교육과 민경훈 교수가 작곡, 가사는 국어교육과 신헌재 교수가 지었는데, 이 마을의 경관과 잘 어우러진 아이들 노래로 행사가 더욱 빛이 났다. 두 번째 곡은 '황새야 황새야' 민요풍의 동요로, 황새들이 먹이 잡는 행동을 보고 내가 직접 가사를 지었다.

'황새야 황새야 뭐 하니~ 큰 부리로 물풀 위를 콕콕콕콕콕~ 큰 부리로 물속을 휘휘휘휘~.'

이렇게 시작하는 곡이다. 아! 우리 아이들이 자라 황새가 자연에서 새끼를 낳고 사는 모습을 보며 살았으면 좋겠다. 황새 노래 가사처럼 물 맑고 산 고운 마을에서 오래오래 황새와 함께 행복하게 살아가기를 소망한다.

귀향 행사의 백미는 내년에 야생복귀할 황새들의 비행훈련장 입식행사였다. 이 황새들은 이미 한국교원대학교 청람황새공원에서 1년 전부터 야생복귀를 위해 특별히 선발해 관리해 왔다. 생년은 모두 2013년생, 유전적으로 근친이 아닌 것으로 선택했고 모두가 건강한 개체들로, '대한민국 천연

2014년 6월 18일 한국교원대학교 청람황새공원에서 예산황새공원으로 황새 60마리를 이전하는 황새 귀향 행사가 열렸다.

기념물 야생복귀'라는 역사적 상징성을 부여해 다리에 K0001의 인식번호를 단 황새를 '대황', K0002를 '한황' 그리고 K0003을 '민황'…… 이런 식으로 이름을 붙였다. 그리고 앞으로 방사할 개체 '귀황'이라는 이름을 끝으로, 그 다음 방사 개체들은 단순히 인식번호만 부여하여 야생복귀할 계획이다. 사실 황새들에게 일반인들이 쉽게 알 수 있는 이름을 지어주는 일은 그리 바람직하지 않아 보인다. 자칫 이 황새들이 애완동물로 비춰질 수 있어 처음에만 이름을 붙이되, 이후에는 연구자만 알 수 있는 인식번호로 모두 대체하려 한다.

비행훈련장 주변에 모여든 주민들이 "대황아~" 이름을 불러주는 것을 신호로 군수와 총장이 황새 상자 문을 열어 비행훈련장으로 날려 보냈다. 같은 방법으로 한황이는 군의장과 문화재청장이 상자를 열어 날려 보냈다. 이런 식으로 무사히 마지막 상자의 황새까지 비행훈련장 안착을 끝으로 황새 60마리의 대이동 '황새 귀향 행사'는 대단원의 막을 내렸다. 그리고 이곳에서 비행훈련과 먹이 훈련을 무사히 마치고 2015년에는 자연으로 돌아가는 기회가 꼭 찾아오길 간절히 소망한다. 그리고 늦었지만 이 황새들에게 그 약속을 꼭 지키고 싶다!

황새 복원의 영속성

이 사업은 정부의 지원으로 시작했지만, 앞으로 자체 수입으로 오랫동안 유지되었으면 하는 바람이다. 정부의 사업 지원은 그때그때 정책이 바뀌므로 지속가능한 방법이 결코 될 수 없다. 최근 정부의 정책으로 지원해주긴 하지만 자체 부담을 원칙으로 하고 있어 100년 미래를 내다보며 스스로 준비할 수밖에 없다.

농산물 유통 : 자체 수입의 가능성을 보여주는 것이 황새의 춤 사업이다. 현재 황새의 춤 쌀에 3퍼센트의 황새 복원기금이 포함되어 있다. 황새가 옛날 번식지에 퍼져서 사는 날이 오면 황새의 춤 쌀의 수요는 기적의 쌀이 될 수 있다. 지금 정부에서 지원받는 예산보다 5~10배가량의 복원기금 수입이 예상되기 때문이다. 사업은 쌀만 있는 것이 아니다. 가공식품으로도 이어진다. 그런 날이 오면 황새복원사업은 분명 자력으로 운영해 나갈 수 있을 것이다.

교육사업 : 황새복원사업은 많은 일자리를 창출한다. 한국교원대학교는 전원생태복원 전문대학원 운영을 2015년부터 실시할 계획이다. 지역의 자연자원을 활용한 인재 육성이 목적이다. 황새복원사업으로 각 지자체에 환경과 생태 관련 일자리가 새로 생겨난다.

문화사업 : 황새와 관련한 한 문화사업은 황새복원사업에서 중요한 부분을 차지한다. 황새를 소재로 한 각종 기념품 사업이 그것이다. 일본과 유럽 시장의 예를 보면, 황새 하나만으로 수천 개에 달하는 아이템을 개발하여 지역사회의 경제에 큰 보탬이 되고 있다. 앞으로 황새를 활용한 많은 문

화사업이 창출되기를 기대한다.

기부금 : 황새복원사업은 18년 동안 기부금을 받아 운영해오고 있다. 물론 현재 기부금은 정부 지원액의 1퍼센트밖에 안 될 정도로 매우 적은 액수다. 주로 회원들의 소액 모금이지만, 회비를 정기적으로 내는 회원은 아주 소수에 지나지 않는다. 하지만 이들이 아니었으면 이 황새사업을 지금 이렇게까지 이끌어오지 못했을 것이다. 특히 초창기 정부 지원이 거의 없었을 때 황새 사료비를 성실히 지원해준 회원들의 정신적인 버팀목이 없었다면 한반도 황새복원사업을 중도에 포기했을지도 모른다.

소액의 기부금만 있었던 것은 아니다. LG상록재단에서 예산군에 10곳의 인공둥지 설치비로 5억 원을 지원해줬다. 인공둥지 하나를 설치하는 데약 5천만 원이 들어간다. 2014년 광시면 3곳에 인공둥지가 설치 중에 있고, 2018년까지 나머지 7곳에 모두 설치할 계획이다.

이 기부금과 관련해서 수목장 사업을 황새복원사업에 덧붙이고 싶다. 정확한 명칭은 '황새둥지 수목장'이 될 것이다. 현재 인공둥지 옆 100년 뒤에 황새들이 둥지 틀 황새나무(물푸레나무)를 심는 계획을 추진 중이다. 이 나무에 황새둥지 수목장을 만들어 황새 보호를 위해 기부한 사람들을 오랫동안 기억하려는 사업이다. 죽으면 모두 흙으로 돌아가는데 이 나무들에 양분이라도 되어주는 것만으로도 얼마나 뜻 깊은 일인가. 우리 후손들이 큰 나무로 성장한 황새나무에 황새가 둥지 튼 아름다운 풍경을 감상하며 사는 것으로 이 사업은 영속성을 갖게 될 것이다.

한반도 황새 야생복귀 이후

2015년 한반도에 황새의 야생복귀가 과연 성공할 수 있을까? 두려움이 앞선다. 지금 우리 황새들은 자연에서 한번도 살아본 적이 없기 때문이다.

과연 지금의 우리 자연은 이 황새들이 안전하게 살 만한 곳일까? 5년 전부터 충남 예산군 광시면 대리와 시목리를 중심으로 유기농법으로 농사를 짓고, 예산황새공원에 인공습지를 만들어 그곳에 황새들이 즐겨 먹는 미꾸라지와 붕어를 풀어놓은 것이 전부였다. 그렇다고 방사한 황새들을 강제로 그곳에서만 머물게 할 수도 없다.

대한민국 땅이 하루빨리 황새가 살 수 있는 땅으로 바뀌어야 하는데, 이 생각만 하면 잠을 이룰 수가 없다. 마치 몇 년 동안 종합병원 병동에서 입원을 끝내고 세상에 내보내는 것 같은 심정이다. 아직 완치가 되지 않았는데 의사에게서 퇴원하라는 통지를 받은 환자가 이 험한 세상에서 쉽게 적응하며 건강하게 살 수 있을까? 아니면 다시 병을 얻어 또다시 입원하게 될까? 지금 나는 우리 황새들을 보면 현재 병원에 장기 입원 중인 환자들을 보는 것만 같다. '건강하지 못한 우리 자연에서 과연 살아갈 수 있을까?' 이런 걱정거리 가운데, 방사한 우리 황새를 사람들이 알아볼 수 있을까 하는 것이 가장 큰 걱정이다.

아직 정상적인 새가 아니기에 주변 사람들의 배려가 꼭 필요하다. 그러려면 사람들이 건강한 새가 아니라는 사실을 알고 제보를 해주어야 한다. 물론 우리 황새들에게 위성추적 장치를 달아 야생방사할 예정이다. 하지만 위성추적 장치의 배터리 수명이 6개월 또는 1년도 채 안 된다는 점에서 이후 황새들의 행적을 찾을 방법이 없다.

그런 까닭에 일반인의 제보가 황새 복원의 성공의 열쇠라 해도 지나친 말은 아니다. 전문가를 제외하면 우리나라 국민들 대부분은 황새를 모른다. "황새요? 두루미 아니에요? 아, 백로요!" 모두 이렇게 대답하는 정도니, 황새가 아주 가까이 있어도 알아볼 리가 없다.

이웃나라 일본은 우리와 상황이 매우 다르다. 일본 국민 10명 가운데 7명이 황새를 잘 알고 있으며, 실제 위성추적 장치보다 황새 다리에 고리를 달아 날려 보냈을 때 제보에 따라 일본 어디에 황새가 있는지 알아낸다고 한다.

전국 면사무소 게시판에 붙일 '황새를 찾습니다' 광고 포스터(왼쪽). 4대강 사업으로 경기도 평택시 팽성읍 내리 내성천 주변 습지는 인근 논과 함께 황새들의 정착마을이 될 가능성이 매우 높은 지역 중 하나다. 이곳은 과거 황새 한 쌍이 번식하기도 했다(오른쪽).

　지난 3월 우리나라 김해에 온 봉순이도 그랬다. 일본 시민의 제보로 대마도까지 간 봉순이의 행적을 추적했으며, 이후 대마도에서 한반도로 이동했으리라고 추측만 했을 뿐 전혀 알 길이 없었다. 한국으로 날아갔다는 연락을 효고현 황새고향공원 연구팀이 메일을 보내 우리 연구원들이 제주도와 경상남도 그리고 전라남도 탐조가를 통해 수소문 끝에 김해 화포천 습지에 있다는 사실을 알았다. 게다가 봉순이가 김해 화포천 습지를 떠나면 봉순이의 행적을 전혀 알 수 없는 것이 바로 우리나라 현실이다. 지난 9월 8일 추석을 전후로 봉순이는 화포천 습지를 한 달 동안 떠나 있었지만 봉순이가 귀한 새라는 것을 봉화마을 주민 외에는 알지 못했다.

　황새 야생복귀를 앞두고 우리 국민들이 황새가 자기 마을에 날아와도 알지 못한다는 것이 두렵다. 아직 완전히 정상 황새가 아니기에 누군가 제보를 해줘야 황새 야생정착을 위한 지속적인 황새 복원을 연구할 수 있다. 지금으로서는 우리나라 농촌 전국을 돌며, 황새 제보 전단지를 만들어 배포할 수밖에 없다. 그리고 문화재청의 행정력을 동원해서 전국 면단위 면사무소 게시판에 황새를 찾는다는 포스터를 붙여 광고를 하는 수밖에 없다.

이 문제가 해결된다 해도 어떻게 황새를 이 땅에 정착시킬 수 있을까? 과거 번식지도 거의 다 망가졌는데, 어디에 대체서식지가 있단 말인가! 이명박 정부 시절 4대강 사업에 개인적으로 찬성하지 않았다. 하지만 최근에 강을 끼고 있는 인근 습지가 예전 같으면 모두 농경지로 개간했을 땅인데, 지금은 광활한 자연습지로 변했다. 아, 바로 이거구나! 그 땅이 자연으로 돌아간 황새들의 터가 될 수 있으리라는 한 가닥 희망을 품는다. 물론 그 땅을 황새가 정착할 수 있는 곳으로 만들기 위해서는 시민, 행정가 그리고 정치가들이 나서야 한다. 이명박 정부의 4대강 사업이 1부라고 한다면 2부는 그 습지를 중심으로 황새습지와 황새마을을 만드는 일이 아닐까.

6

이웃 나라 일본의 황새 복원

일본 황새의 과거와 현재

효고현 도요오카시

일본인들은 황새를 길조로 여긴다. 일본에서 황새의 역사는 오래되었으며 그 가운데 효고현(兵庫県) 도요오카시(豊岡市)는 예로부터 황새와 깊은 인연을 맺고 있다. 도요오카시는 일본 혼슈의 효고현 북부에 위치하며 효고현에서 가장 넓은 도시로, 북쪽으로 동해, 동쪽으로 교토부(京都府)와 접하고있다. 마루야마(円山) 강이 시내를 가로질러 동해로 빠져나가며 시내 중심부는 분지를 이루고 있다.

도요오카시는 우리나라의 충북 음성군처럼 일본에서 마지막 황새가 절멸한 곳으로 알려져 있다. 1930년대 약 100마리 넘는 황새가 도요오카시에 살았다고 추정되는데, 30여 년 만에 수십 마리로 급격하게 줄어들어 1955년부터 도요오카시가 앞장서서 황새보호운동을 펼쳤다. 1965년 야외에서 황새를 끌어들여 케이지에서 인공번식을 시도했지만 실패하고, 결국 1971년 일

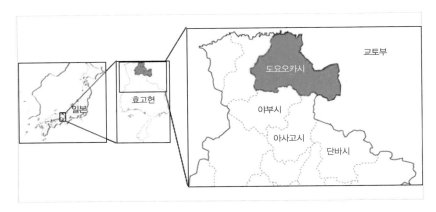

도요오카의 위치

본의 야생 황새는 절멸을 맞게 되었다. 공교롭게도 절멸 시기가 우리나라와 일치한다. 이후 일본은 러시아에서 황새 6마리를 들여와 1989년 마침내 인 공번식에 성공했다. 2005년에는 보호사육 중이던 황새를 야외에 시험 방사 하여 한때 절멸했던 황새를 다시 자연으로 되돌려 보내는 데 성공하여 2014 년 현재 72마리의 황새가 도요오카시의 야외에서 살고 있다.

도요오카시에 가면 야생 황새는 물론이고, 곳곳에서 황새 조각과 그림, 황새 관련 상품들을 볼 수 있다. 도요오카 역과 시청 건물의 벽, 상점가의 쇼윈도와 간판, 버스와 기차, 보도블록에 황새 그림이 그려져 있고, 술과 쌀 은 물론, 심지어 빵과 물에 이르기까지 황새 관련 상품들로 넘쳐난다. 도요 오카 시민들에게 황새는 과거에서 현재, 그리고 미래에 이르기까지 그들의 삶 속에 깊숙이 자리 잡고 있다.

에도 시대 이전의 황새

황새와 관련한 기록 가운데 가장 오래된 기록이 『일본서기』에 실려 있 다. 황새의 옛 이름을 딴 구쿠히 신사(久久比神社)는 이름에서 알 수 있듯 이 황새와 인연이 깊고 역사가 오래된 신사다. 건물은 무로마치(室町) 시대

1 황새를 본뜬 모양의 도요오카 역
2 황새 마크가 붙은 도요오카 시청 건물
3 도요오카시 상점가의 황새 관련 상품(과자, 쌀, 빵)과 보도블록

(1336~1573년까지 약 240여 년)로 추정되며 본전은 국가 중요문화재로 지정되어 있다.

　구쿠히 신사에 내려오는 황새 관련 이야기는 『일본서기』에 실려 있는데 그 내용은 다음과 같다. 기원전 7세기 스이닌 천황(垂仁天皇)에게는 매일같이 울기만 하는 아들이 있었다. 어느 날 궁궐의 하늘 위를 날고 있는 하얗고 커다란 새를 보더니 아들이 울음을 멈추고 그 새가 무어냐고 궁금해했다. 30세가 넘어서도 울기만 하던 아들 때문에 걱정이었던 천황은 뛸 듯이 기뻐하며 새를 잡아오라고 명을 내렸다. 이에 신하가 시마네현(島根県) 이즈모(出雲)까지 그 새를 쫓아가서 잡아왔는데, 그 새가 바로 황새였다. 당시에는 황새를 구쿠히라고 불렀으며, 일설에는 황새를 잡아온 곳이 시마네현 이즈모가 아니라 다지마(但馬)였다고 한다. 다지마는 효고현의 북부지역, 즉 현재의 도요오카시가 위치한 곳의 옛 지명이다.

　구쿠히란 황새가 먹이를 먹는 모습에서 따온 말이다. 황새가 아기를 물어다 준다는 서양 속설의 영향을 받아서인지 구쿠히 신사에는 주로 아기를 기다리거나 순산을 기원하는 부부가 소원을 빌러 온다고 한다.

　효고현 하면 떠오르는 유명한 온천 관광지 기노사키 온천(城崎温泉)에도 황새에 얽힌 전설이 내려온다. 기록에 따르면, 조메이 천황(舒明天皇) 시절 (629~641년) 기노사키 온천이 있는 자리는 당시 논이었다. 어느 날, 이 논을 지나던 농부가 황새 한 마리가 소나무에서 논으로 내려왔다가 다시 소나무로 올라가기를 반복하는 모습을 보게 되었다. 이를 이상하게 여긴 농부가 가까이 가서

구쿠히 신사 본전

기노사키 온천마을(왼쪽)과 고노유 노천탕 전경(오른쪽)

보았더니 다리를 다친 황새가 논에 내려와 논에서 솟아나오는 온천수에 다리를 대고 있는 것이 아닌가. 며칠이 지나자 황새의 다리가 말끔히 회복된 것을 본 농부는 이 온천수가 영험한 효력이 있는 것을 알았다. 농부는 온천수가 나오는 곳 옆에 작은 집을 지어 농사일을 끝내고 나서 온천수에 들어가 피로를 풀었다고 한다. 이것이 기노사키 온천의 유래다. 헤이안(平安) 시대(794~1185년)부터 지금에 이르기까지 오랜 역사를 가진 기노사키 온천은 7개의 노천탕을 순례하는 것으로도 유명한데, 그 노천탕 중 하나가 '고노유(鴻の湯)'이다. 황새의 온천이란 뜻을 가진 고노유는 기노사키 온천의 유래에 등장하는 전설 속의 황새가 쉬어갔던 바로 그 장소다.

에도 시대의 황새

에도 시대(江戶時代, 1603~1868년)에 일본 동북지역에서 규슈(九州) 지역에 걸쳐 황새가 서식했다는 기록들이 있다. 특히 에도, 현재 도쿄 주변 신사와 사찰 지붕에 황새가 둥지를 틀고 살았다고 한다. 이에 대한 목격담 가운데 하나가 1865년 6월, 세계를 여행하던 중에 일본의 에도에 들른 프로이센 출신의 고고학자이자 실업가인 슐리만(Heinrich Schliemann)은 여행기에서 황새가 아사쿠사 관음사(浅草観音寺) 지붕에 둥지를 틀고 있었다고 기록했다.

도요오카시의 관련 기록을 찾아보면 에도 시대 중기 다지마이즈시번(但馬出石藩)의 3대 번주였던 센고쿠 마사토키(仙石政辰)가 1744년, 매를 풀어 학을 사냥해 이 고기로 국을 끓여 잔치를 열었다는 기록이 있다. 당시 학으로 끓인 국은 진미였으며, 길조인 학을 사냥할 수 있었던 것은 번주 급의 귀족들뿐이었다. 그러나 다지마에는 학이 존재하지 않았으며, 학이라고 칭한 것은 사실 황새라는 점도 함께 밝혀 놓았다. 이후 에도 후기 7대 번주 센고쿠 히사토시(仙石久利)는 번주 소유의 사쿠라오산(櫻尾山)에 둥지 튼 황새를 길조라 여겨 산의 이름을 쓰루야마(鶴山)로 바꾸고 황새 사냥을 금지했다고 한다.

메이지 시대와 다이쇼 시대의 황새

서양 열강에 따른 제국주의의 강력한 영향력 아래 에도 시대의 막부체제가 개혁되고 메이지 정부의 천황친정제가 열리는 등 일본은 정치적으로나 사회적으로 급격한 변화들을 겪는다. 이 때문에 황새는 뜻하지 않은 어려움을 맞는데, 막부가 사라지면서 황새를 보호해주던 막부의 수렵규정이 제 기능을 못하게 된 탓이었다. 메이지 시대(明治時代, 1868~1912년) 초창기에는 황새와 따오기 등의 대형 조류에 대한 수렵규정이 미처 마련되어 있지 않았다. 메이지 첫 해(1868년)에서부터 수렵규정이 공포된 메이지 25년(1892)까지 25년 동안 국가의 야생동물보호에 대한 정책이 없는 틈을 타 전국적으로 무분별한 황새 사냥이 벌어졌다. 이 25년 동안 황새는 차츰 그 자취를 감추게 되었고, 그나마 다지마 지방의 일부 지역에서만 생존을 확인할 수 있을 정도로 그 수가 급격하게 줄어들었다.

메이지 25년에 발표된 수렵규정에서 학이나 제비 등은 보호해야 할 종으로 지정했지만 황새는 보호종으로 지정받지 못했다. 이유는 황새가 논에 들어와 미꾸라지나 개구리 등의 먹이를 먹는 과정에서 어린모를 짓밟는 등 농사에 피해를 주는 해로운 새라는 인식이 일반인에 널리 퍼져 있었기 때문이다. 이런 가운데에서도 다지마 지방의 쓰루야마가 황새 번식지로 지정되어 이 지역 안에서만큼은 황새가 보호받을 수 있었다.

이후 다지마 지방에서도 황새 보기가 쉽지 않은 시기가 있었다. 그러다가 메이지 27년(1894) 일본이 청일전쟁을 일으킨 해에 황새가 쓰루야마에 나타났다. 오랜만에 나타난 황새는 쓰루야마에 둥지를 틀더니 새끼들을 키워냈다. 황새가 나타나 번식하자 사람들은 청일전쟁에서 일본이 승리할 징조로 여겨 이를 기쁘게 받아들였다. 아니나 다를까, 청일전쟁은 일본의 승리로 돌아갔다. 그리고 다시 약 10년 동안 황새가 자취를 감췄다가 러일전쟁이 일어난 메이지 37년(1904) 돌연 다시 한 번 쓰루야마에 나타나 산 정상에서 둥지를 틀고 새끼 4마리를 길러냈다. 러일전쟁 역시 연전연승으로 일본이 승리를 쟁취하게 되었다. 이 기가 막힌 두 번의 우연의 일치는 다지마 지방뿐만 아니라 전국적으로도 그 소식이 알려져 이때부터 황새가 길조의 이미지를 갖게 되었다. 지금으로부터 120년 전 황새가 길조라는 이미지를 처음으로 얻게 된 바로 그 장소가 지금의 도요오카시이다.

당시 다지마 무로하니(室埴) 마을 촌장인 요코야마 기쓰로우우에몬(橫山吉郎右衛門)은 황새의 모습이 담긴 사진을 황실에 헌상하고 러일전쟁에 참전 중인 장군들에게 보내 안녕과 승리를 기원했다. 마을 촌장이라는 신분으로 황실에 사진을 헌상하는 것은 아주 이례적인 일이었다. 그만큼 황새의 출현과 번식은 당시 일본인들에게 행운의 상징이었다.

이렇게 황새가 행운을 가져온다는 길조 분위기를 타고 황새들을 구경하기 위해 다지마 지방 사람들뿐만 아니라 지역 밖의 사람들이 쓰루야마로 몰려들었다. 지역의 명물이며 길조인 황새를 보러 쓰루야마로 몰려드는 사람들을 위해 황새 둥지가 보이는 곳에 찻집이 등장했다. 번식이 시작되는 시기부터 새끼 새가 둥지를 떠나는 시기까지, 많으면 하루에 2천 명 정도의 사람들이 찻집에 몰려들었다고 한다.

　메이지 시대와 다이쇼 시대를 지나면서 황새에 대한 일본인들의 인식이 바뀌었고, 황새를 천연기념물로 지정하자 자연스럽게 황새 수가 늘어났다. 그렇게 해서 쇼와 시대(昭和時代, 1926~1989년) 초기에는 황새의 전성기라고 할 정도로 그 수가 많아졌다.

　쇼와 초기에 농림성 축산국에서 1925년부터 1938년 동안 일본, 조선, 대만 등 새와 동물의 현황을 파악하기 위한 조사를 실시했다. 그 결과 일본의 효고현 20건, 아오모리현 1건, 구마모토현 1건과 조선 3건 등 황새 관찰이 보고되었다. 조선에서 황새 관찰 건이 3건이라는 것은 조선에 황새가 적게 살았음을 의미하는 것이 아니라고 생각한다. 당시 조선에서 가져와 현재 일본이 보유하고 있는 황새 표본 수가 이미 3개나 되기 때문이다. 게다가 일부 지방에서 잡은 표본인 점으로 미루어 조선의 황새 서식지를 모두 돌며 조사하지 않은 것으로 보인다.

　1930년 효고현에서 황새 개체수를 조사했는데 둥지 튼 곳에 새끼 20마리와 다 자란 황새 32마리, 모두 52마리가 확인되었다. 이후 다지마 전역에서 둥지 튼 곳이 20개로 확대되면서 도요오카 분지를 중심으로 아사고시(朝来市), 교토부 교탄고시(京丹後市)를 거쳐 15km×30km 범위에서 황새를 볼 수가 있었다. 당시 도요오카시에 서식하리라고 예상한 개체수는 약 100마리 정도로 이 시기야말로 황새의 전성기라고도 할 수 있다. 1935년 이즈시쵸(出石町) 이즈(伊豆) 강가에 매일같이 많은 황새가 놀러왔다고 전해지며 이듬해에는 구니노미야 다카오(久邇宮多嘉王) 황족 부부가 오사카무라(小坂村)의 모리이 둥지를 관람하려고 도요오카시를 찾았다.

　아사고시와 교토부 교탄고시 두 지역은 지금도 황새의 야생복귀에서 중요한 역할을 맡고 있다. 2005년 도요오카시의 황새 시험 방사 이후 당시 방사되었던 황새들과 그 자손들이 도요오카시를 중심으로 다지마 지역 전체로 서식지를 넓혀가고 있다. 그 가운데 교토부 교탄고시는 야외에서 태어난

2세대 황새 부부가 다지마 지역 밖에서 처음으로 번식에 성공한 지역이다. 이 황새 쌍은 2011년 교탄고시에 자발적으로 정착하여 2012년에 번식에 성공했다.

또한 아사고시는 야부시와 함께 도요오카시 남쪽에 위치하며 2012년부터 어린 황새를 단계적 방사기법으로 방사하고 있는 효고현의 새로운 황새 방사 거점지역이다. 도요오카시의 황새 수가 차츰 늘어나자 효고현 북부 다지마 지역에 황새 서식지 확대를 목적으로 단계적 방사장의 설치가 필요했다. 아사고시와 야부시는 쇼와 전성기에 황새가 서식했던 곳인 만큼 환경적인 면에서 더할 나위 없는 최적의 장소이고 주민들에게도 황새는 친근했기 때문에 단계적 방사장 위치가 이곳으로 선정되었다.

1930년대 당시 조사에서 도요오카시에 황새 50~60마리가 확인이 되었는데, 둥지 튼 장소의 번식 상황을 따져봤을 때 기대에 못 미치는 결과였다. 이러한 결과는 서식 환경의 악화와 먹이 부족으로 그해 둥지에서 벗어난 새끼 황새가 도요오카시를 떠났기 때문이라고 전문가들은 추측했다. 기존에 도요오카시에 있던 어른 황새는 그대로 남았기 때문에 거듭된 조사에서 실제로 확인된 황새 개체수에는 큰 변화가 없었다.

최근에도 아사고시에서 방사한 어린 황새 4마리가 2013년 12월 12일 대마도까지 건너간 적이 있었다. 대마도는 부산과 불과 49.5킬로미터 떨어져 있어 일본에서 방사한 황새가 한국으로 건너갈 수 있다는 기대감에 황새의 움직임을 주시했지만 황새가 한국 땅으로 날아가지는 않았다. 그러던 중 2014년 3월 20일 일본에서 야생방사한 쌍에서 태어난 2년생 암컷 한 마리가 대마도를 거쳐 대한민국 김해시 화포천 습지로 날아갔다. 학자들은 예상은 했지만 실제로 이런 일이 벌어지자 의아해했다. 처음에는 잠시 머물다가 일본으로 되돌아가리라고 예상했다. 그러나 이 황새는 김해 화포천 습지를 중심으로 봉화마을과 퇴래마을의 논에서 먹이활동을 하며 생활하고 있다(2014년 7월 8일 현재).

1927년 금융공황이 일어남에 따라 일본은 천황을 중심으로 파시즘 시대의 행보를 시작했다. 군부와 극우 인사들은 중국 대륙 진출을 위한 첫걸음으로 1931년 만주사변을 일으켰다. 이후 일본은 군부독재의 길을 걷기 시작했고, 마침내 1941년 제2차 세계대전이 일어났다. 황새의 전성기 또한 전쟁과 함께 내리막길로 치달았다. 그 주요 원인으로는 1943년 부족한 전쟁 물자를 공급하기 위해 소나무 뿌리에서 나오는 기름과 건축용 목재를 마련하려고 국유림인 쓰루야마의 소나무가 대량 벌채된 데에 있다. 급박한 전시 상황에서 천연기념물 황새의 번식지 쓰루야마의 소나무 벌채는 문부성의 허락도 받지 않은 채 이루어졌다. 다음해 정식으로 쓰루야마의 벌채 신고서가 제출되었고, 남아 있던 큰 소나무들을 모두 벌채했다. 이 때문에 쓰루야마의 소나무는 그 수가 점점 줄어들었고 둥지 틀 소나무들이 사라져 갔다. 황새는 더 이상 쓰루야마에서 번식을 못하고 떠나 각지로 뿔뿔이 흩어졌다. 이 시기에 황새는 이즈시에서 야부시 또는 도요오카시 전체로 흩어졌고 안정되지 않은 모습을 보였다.

전쟁으로 빚어진 황새의 고난은 번식지에서 내쫓긴 것만으로 끝나지 않았다. 사람들은 황새가 어린모를 밟는다는 이유로 황새를 논에서 쫓아냈고 배고픈 사람들은 황새를 불법적으로 사냥해 잡아먹었다. 뿐만 아니라 전쟁으로 러시아의 아무르 강 중·하류, 중국 동북부지역에서 중국 남부지역과 조선과 일본으로 이어지는 황새의 이동 경로가 황폐해졌고, 이동하면서 각 지역에 머물며 먹이를 섭취하는 황새의 중간 서식지의 환경들이 모두 파괴되었다.

황새 수는 점점 줄어들었고 이에 황새의 절멸을 걱정한 사람들이 황새 보호를 주장하기도 했지만 당시 분위기에서 그러한 주장은 아무 소용이 없었다. 황새를 보려고 몰려든 구경꾼들이 황새가 번식하는 나무 밑에 모여 술판을 벌이고 소란스럽게 하여 젊은이들의 일할 의욕을 꺾는다는 여론이 형성되었다. 또한 도요오카시는 황새가 지나가는 어린아이를 위협하고 논에 들어와 어린모를 밟는데다 황새가 번식하는 나무는 황새의 배설물로 말라 죽는다는 등의 피해 사례를 들면서 황새 보호에 적극적으로 나서지 않았다.

전쟁이 끝난 후에도 잠시 동안은 전후 식량증산이라는 사회적 사명을 달성하기 위해 황새 보호는 뒷전이었다. 천연기념물인 황새를 사냥하는 것은 법으로 금지되었지만 논에 들어오는 백로들을 총으로 쫓는 것은 문제가 되지 않았다. 백로를 쫓는 총소리에 위협을 느낀 황새들은 쓰루야마를 떠나거나 더 깊은 산속으로 들어가 버렸다.

1945년 포츠담 선언을 거부한 일본에 대한 대응으로 히로시마와 나가사키에 원자폭탄이 떨어지고, 곧바로 일본은 연합군에게 항복을 선언한다. 이후 일본은 헌법을 공포하고 전후 개혁을 통해 민주국가로 재탄생했다.

1951년 황새 서식지 조사로 황새 번식의 중심인 쓰루야마에 더 이상 황새가 번식하지 않다는 사실이 밝혀졌다. 이에 따라 쓰루야마의 황새 번식지는 천연기념물 지정에서 취소되었고, 그 대신 그해 어른 황새 6마리가 서식하고 있음이 확인된 야부군(養父郡)의 이사무라(伊左村) 지역을 새롭게 황새 번식지로 지정했다. 그러나 황새들은 번식지를 한 곳으로 정하지 않고 해마다 이곳저곳을 옮겨 다녔다. 따라서 1953년에 더 이상 황새 번식지를 천연기념물로 지정하는 것이 의미가 없다고 판단하여 황새를 특별천연기념물로 지정하여 보호하기에 이르렀다.

황새의 절멸과 보전활동

황새의 보호운동

제2차 세계대전이 끝난 뒤 일본은 재건하는 과정에서 1950년에 일어난 한국전쟁의 특수경기에 힘입어 1964년 도쿄 올림픽을 개최하는 등 고도 경제성장을 이루어 세계 경제대국으로 성장했다. 그러나 제2차 세계대전 이후 10년에 걸쳐 황새 보호를 위한 특별한 조치가 없었고 이 가운데 황새 수는 점점 줄어들었다. 1955년 황새 절멸에 위기의식을 느낀 일본조류보호연맹 이사장이자 야마시나 조류연구소장인 야마시나 요시마로(山階芳麿)는 효고현의 사카모토 마사루(坂本勝) 지사를 만나 절멸 위기에 처한 황새 보호의 시급함과 필요성을 말한 뒤 황새 보호에 대한 효고현의 협조를 요청했다. 이에 대해 사카모토 지사는 황새의 희귀성과 절멸 위기 상태를 새롭게 인식하고, 여러 활동을 통해 황새의 가치와 소중함을 널리 알리고 황새 보호를 위해 남은 삶을 바치게 되었다.

먼저 '황새보호협찬회'라는 조직을 구성하는데, 사카모토 지사가 명예회장을 맡고 회장은 도요오카 시장이 맡았다. 두 행정기관장의 적극적인 지지를 바탕으로 황새보호협찬회는 활발한 활동을 벌였다. 먼저 효고현의 초등학생과 중학생, 교사와 행정 관계자들을 모아 황새 절멸 위기와 보호의 필요성에 대해 호소하면서 그동안 사람들이 갖고 있던 황새에 대한 나쁜 인상을 개선하려고 노력했다. 지사가 직접 붓을 들어 '다지마의 자랑 황새를 사랑해주세요'라는 글귀를 포스터로 2천 장을 만들어 역 주변과 상점가에 붙였으며, 간담회나 라디오 방송 등에서 황새 보호의 필요성을 적극적으로 홍보했다.

이러한 현과 시의 행정기관에서 벌인 적극적인 황새 보호 활동에 따라 시민들은 황새 보호의 필요성에 대해 조금씩 깨우치게 되었고, 이 활동은 특히 어린아이들에게 큰 영향을 미쳤다. 아이들은 황새를 소중한 존재로 보호해야 한다는 의식을 가지면서 자라났다. 당시 이즈시 중학교 과학클럽에 황새 연구부가 생겼고, 연구부 학생들은 1957년부터 1959년까지 이즈시의 황새를 관찰하고 기록했다. 또 도요오카 고등학교 생물부원들은 1956년부터 1963년까지 끊임없이 황새를 관찰했다. 그 기간 가운데 1958년에서 1960년까지 도요오카시 후쿠다(福田)에 둥지를 튼 황새를 매일 찾아가 그 행동을 관찰해 기록으로 남겼다. 1분 단위로 황새 둥지에서 일어나는 일들을 자세하게 기록한 이 자료는 도요오카시의 마지막 황새가 둥지를 떠날 때까지의 기록으로, 그 가치가 매우 크다. 60년이 지난 지금 이들은 도요오카시의 60~80세의 노년층이 되었다.

대표적인 황새보호운동으로는 '황새 가만히 두기 운동'과 '미꾸라지 한 마리 운동' 그리고 '사랑의 모금운동'을 꼽을 수 있다. 황새는 번식기에 예민해지므로 황새가 놀라지 않게 조용히 지켜주자는 것이 '황새 가만히 두기 운동'이었다. 또한 논을 빌려서 황새의 먹이인 미꾸라지와 붕어 등의 작은 물고기를 방류하는 '미꾸라지 한 마리 운동'을 펼치면서 인공적으로 황새 먹이 섭식 장소를 만들어 먹이를 먹는 황새를 방해하지 못하게 관리인을 배치하기도 했다. 그리고 '사랑의 모금운동'을 펼쳐 황새 먹이 값으로 충당하고, 서식지 환경 조성 등의 활동을 꾸준히 펼치는 등 황새 보호에 대한 필요성을 알리는 홍보를 이어왔다. 1963년에는 '미꾸라지 한 마리 운동'을 펼친 결과 초·중등학교에서 모은 74만 7천 마리의 미꾸라지를 황새보호협찬회에 보내기도 했다. 또 지역상공회의소, 로터리 클럽, 청년회의소, 신문사 등에서 '사랑의 모금운동'을 펼쳐 374만 엔을 황새보호기금으로 마련했다. 이때 모은 기금은 대부분 초등학생들의 5엔, 10엔 등 작은 정성들이 모여 이루어진 것이었다.

황새보호협찬회는 1958년 '다지마 황새보존회'로 명칭을 바꾸었고, 그해 다지마 지역단체에서 황새 조사를 실시했다. 조사 결과, 어른 황새 14마리와 어린 황새 1마리가 관찰되어 모두 15마리가 다지마에 살고 있었다. 이듬해는 8개의 둥지를 확인했고 어른 황새 16마리와 어린 황새 1마리, 모두 17마리를 확인했다. 이런 조사를 벌이는 시점에 국제조류보호연맹에서도 각국의 조류에 대한 조사를 실시했다. 1959년 일본조류보호연맹은 조사 결과를 정리했는데 여기에 황새에 대한 조사 결과도 포함되었다.

한편, 1959년 도요오카시 유루지(百合地)에 인공둥지탑 2개를 설치했다. 그 이유는 논의 전신주에 둥지를 만들어 정착하려는 황새 때문이었는데, 전신주에 둥지를 틀면 통신을 방해하고 황새에게도 감전 위험이 있어 둥지를 철거해야 했다. 하지만 철거한 뒤에도 계속해서 전신주에 둥지를 틀려고 해서 인공둥지탑을 만들어주기로 결정했다. 유루지의 인공둥지탑은 도요오카시에서 처음으로 만든 황새의 인공둥지탑이며, 설치한 해부터 황새가 그곳에 둥지를 틀기 시작했으며, 1971년에 죽은 효고현 도요오카시 최후의 야생황새도 이 인공둥지탑을 이용했다. 이렇듯 행정기관과 시민들이 노력했지만 사고나 병으로 황새의 수는 점점 줄어들었고, 1959년 도요오카시 후쿠다에서 새끼 황새가 둥지를 떠난 것을 마지막으로 더 이상 자연환경에서 야생황새의 번식은 일어나지 않았다.

황새 수의 급격한 감소

황새 수가 줄어든 데에는 여러 가지 이유가 있다. 그 시기는 일본이 고도성장기로 들어서는 문턱에 해당한다. 1968년 일본은 국민총생산(GNP) 세계 2위의 자리에 오르면서 경제대국이라는 명칭을 듣는 등 최고의 전성기를 누렸다. 이러한 시기에 농업에서 중요한 화두는 생산량의 증대였다. 일본은 농촌의 농업 생산량 증대를 위해 강과 하천, 농지를 정비하고 논에 농약을 살포했다.

도요오카 분지의 논은 자연적인 습지 논으로 '지루논'이라고도 하는데 지형으로 볼 때 물이 빠지기 어려운 진창이었다. 이곳에 농사를 지으려면 허리 부분까지 빠지는 논에 들어가서 일을 해야 했는데 여간 힘든 일이 아니었다. 하지만 이러한 지루논은 논에 사는 다양한 수생생물들에게는 최고의 서식 환경이었다. 그리고 이런 논 생물들을 먹고 살아가는 황새에게도 중요한 먹이 공급 장소였다. 그러나 환경을 고려하지 않은 경지정비와 하천공사로 도요오카 분지 일대의 습지 논은 사라지고 강 주변의 자연습지도 줄어들었다. 결과적으로 황새 서식처의 미꾸라지와 붕어, 개구리 등의 많은 생물들이 급격하게 줄어들었고 이 생물들로 구성된 먹이 피라미드의 꼭대기에 있는 황새는 큰 위협을 받게 되었다.

뿐만 아니라 도요오카에서는 1958년 국가의 보조를 받아 헬리콥터를 이용해 대량으로 논에 농약을 뿌리기 시작했다. 당시 일본은 1961년 농업기본법을 제정해 농업 근대화 정책에 매진하고 있었다. 정책적으로 농약과 화학비료의 사용을 적극적으로 장려했는데, 이 정책으로 농민들은 힘든 농사일을 좀 더 쉽게 할 수 있게 되었고, 농업생산량이 비약적으로 증가하게 되었다. 그러나 황새에게는 치명적인 시기였다. 농약으로 죽은 먹이들을 먹은 황새의 몸속에 농약이 축적되어 직접적으로 생명을 위협했고, 간접적으로는 번식 성공률의 감소를 가져왔다. 다시 말해, 농약은 황새 먹이인 여러 생물들을 죽게 하는 동시에 황새는 물론 그 자손들의 탄생에도 나쁜 영향을 미쳐 황새를 절멸로 이끌었다.

거듭된 인공번식의 실패

1962년 황새보존회 사무국에서는 '황새 총합 보호대책 다지마 지구 연구 간담회'를 열어 인공사육과 인공부화에 대한 필요성을 처음으로 논의했다. 같은 해 12월 캐나다의 야생조류 연구가인 바세트(Bassett) 박사는 황새 보호에 대해 역설하고 인공사육에 대해 여러 가지 조언을 했다. 뿐만 아니라 바세트 박사는 스위스에 있는 국제자연보호협회(IUCN)에서 황새 보전을 위한 기금을 받을 수 있도록 활동을 벌여 이듬해 세계야생조류기금에서 황새 보전을 위한 기금을 받았다.

1963년 마침내 문부성 문화재보호위원회와 효고현 교육위원회가 모여 황새 보호 증식을 위한 인공부화와 인공사육의 방침을 정했다. 야생의 황새 알을 가져와서 인공부화를 하는 방법을 먼저 시도했는데, 굳이 야생의 황새를 포획해 케이지 안에 가둘 필요 없이 인공부화에서 태어난 황새가 사육 환경에 쉽게 익숙해질 수 있으리란 판단에서였다. 전력회사와 교토시 동물원과 효고현 가금 부화장의 도움을 받아 도요오카시 후쿠다에 있는 야생 둥지에서 황새 알 3개를 채집해 인공부화를 시도했다. 그러나 알 3개 모두 부화에 실패하고 말았다. 발생이 중지되거나 부패되거나 아예 무정란이었기 때문이다. 다음해에도 교토시 오카사키 동물원에서 알 5개를 인공부화에 시도했으나 5개 모두 무정란인 것으로 밝혀졌다. 이후 1개의 알을 더 채집해 효고 가축 부화장에서 인공부화를 시도했으나 이 또한 무정란으로 번식에 실패했다.

이후 인공사육에 필요한 케이지 설치를 위한 협력회가 1964년에 꾸려지고, 도요오카시 노조(野上) 골짜기를 황새 사육장(지금의 황새고향공원 부속사육시설 보호증식센터) 부지로 결정했다. 노조는 농약의 위험에서 비교적 안전하고 한적한 곳임에도 도로가 정비되어 먹이 공급이 원활해 황새 사육에 알맞은 지역이었다. 경비는 케이지 설치에 363만 엔, 관리소 건설비 70만 엔, 포획비·인공사육비 등 207만 엔, 총 640만 엔이었다. 이 경비는 국가와 현에서 반반씩 부담하고 지역에서 모금한 200만 엔이 보태졌다.

케이지 설치와 함께 케이지에 넣을 황새를 생포하기 위한 행동조사와 생태관찰이 이루어졌다. 야생 황새의 포획은 1964년 해질 무렵 마쓰시마 고지로(松島興治郞) 등이 시도했으나 실패했다. 이후 황새를 포획하기 위해 먹이 공급 장소 다섯 군데를 황새를 유인하기 위한 곳으로 마련했다. 황새가 후쿠다의 먹이 공급 장소에 찾아와 사람이 주는 먹이를 먹기까지, 10월부터 12월 동안 추운 겨울날 새벽부터 해가 질 때까지 관찰이 이어졌다.

이 포획활동에 적극적으로 활약한 마쓰시마 고지로는 일생을 황새와 함께했으며 도요오카시에서 전설의 사육사라 일컫는 인물이다. 도요오카 고등학교 생물부원이었던 그는 학생 시절 후쿠다의 황새가 둥지를 틀었던 곳에서 황새 번식을 직접 관찰한 경험이 있었고, 졸업 후에도 가방공장에 다니면서 황새 보호 활동에 적극적으로 참여했다. 그는 그 열정과 경력을 인정받아 1965년 정식으로 황새 사육장의 제2대 전속 사육사로 취임했고 이후 40여 년 동안 황새 보호와 증식 활동에 힘을 쏟았다.

1965년 노조의 사육장에 첫 번째 플라잉 케이지가(flying cage) 완성되었다. 플라잉 케이지란 새가 안에서 날 수 있도록 공간을 넓게 만든 커다란 케이지이다. 그해 1월 27일 미국 공군이면서 야생조류 포획 전문가인 W. 롤스톤의 도움을 받아 황새 포획을 시도했으나 첫 시도는 실패로 돌아갔다. 효고현의 겨울과 눈에 익숙하지 않았던 W. 롤스톤은 황새를 잡기 위해 캐논 네트를 사용하는 과정에서 네트 위에 쌓인 눈의 무게를 미처 생각하지 못했다. 이후 2월 11일 캐논 네트를 이용하여 후쿠다의 먹이 공급 장소를 다시 찾아온 황새 1쌍을 포획하는 것에 성공하여 마침내 야생 황새를 노조의 케이지에 처음으로 가두게 되었다. 노조 황새 사육장에서의 인공사육은 이렇게 첫발을 내디뎠다. 포획 이틀 뒤 일본조류보호연맹 총재이자 쇼와 천왕의 제2왕세자인 히타치노미야(常陸宮)와 왕세자비가 황새 사육장에 들러 황새를 시찰하는 등 인공사육의 성공을 기원했다.

그러나 황새 사육장에서의 인공사육의 길은 출발부터 순조롭지만은 않았다. 야생의 황새를 포획하여 케이지에 가두어 기르자 이에 반대 의견이 거세게 일어났고, 우려했던 불운한 일들이 잇달아 일어났다. 케이지 안에서 사육하기 시작한 황새 쌍은 처음에는 자연스럽게 교미도 하고 알도 7개나 낳았다. 그러나 7개 알 모두가 황새가 품는 과정에서 깨지고 말았다. 그리고 인공사육을 시작한 지 4개월이 되었을 무렵 암컷 황새가 대장균으로 제대로 배설을 하지 못해 죽었다. 불행은 계속되어 홀로 남은 수컷도 12월 케이지 안에 설치한 나무에 부딪쳐 오른쪽 날개가 부러져 급히 치료를 받았으나 다음날 암컷의 박제가 보이는 관리사무소에서 안타깝게 죽음을 맞았다. 마쓰시마 사육사는 당시 28세로, 자식처럼 길러왔던 황새의 죽음에 커다란 슬픔과 충격을 느꼈다고 한다.

인공사육의 첫 황새 쌍이 1년도 못 되어 비극적인 죽음을 맞은 것은 마쓰시마 사육사뿐만 아니라 황새 보호에 관련한 모든 이들의 기대를 처참히 무너뜨리는 사건이었다. 이에 문부성은 인공사육에 대해 흔들리는 마음을 다

잡기 위해 인공사육 대책협의회를 열고 전국에 남아 있는 나머지 황새들을 인공사육하기로 다시 한 번 결정했다. 다지마 지역에 8마리, 후쿠이현(福井縣) 오바마시(小浜市)에 2마리, 구마모토 동물원에 1마리, 모두 11마리였다. 이후 모든 황새를 포획하여 도요오카 황새 사육장으로 보낸 다음 맨 먼저 날개깃을 깎아 날지 못하도록 했다. 그리고 이때 처음으로 오픈 케이지를 만들었는데, 케이지 위쪽에 지붕이나 그물 없이 열려 있는 상태로 불의의 충돌사고를 막기 위한 조치였으나 이에 대해 여론이 잠잠해지기까지 당시에는 어려움이 많았다. 「황새 오픈장 반대, 황새의 무덤으로 만들지 마라」는 기사가 1966년 〈고베신문(神戸新聞)〉 1월 23일자에 실리기도 했다. 이 기사에 대해 「날개깃을 깎아도 번식에는 지장이 없음, 자연환경을 만들어주는 오픈 케이지」라는 제목으로 사육방법에 대한 해명기사를 실어야 할 정도였다(〈고베신문〉, 1966년 1월 26일자).

이후에도 비극은 계속 이어졌다. 1966년 1월 이즈시쵸 이즈의 이즈시 강(出石川) 옆 논에서 황새 한 쌍을 다시 포획에 성공하여 케이지 안에서 키우게 되었다. 이 쌍이 교미를 해 4개의 알을 낳았지만 첫 번째 알과 네 번째 알은 유정란이었으나 발생이 중단되었고, 두 번째 알과 세 번째 알은 무정란이었다. 같은 해 4월 이즈시쵸 이즈에서 포획한 수컷이 배 속의 대량 출혈로 급사했다.

계속되는 번식 실패에 대해 1966년 4월 도쿄 교육대학 농학부 일본응용동물 곤충학회에서 '특별천연기념물 황새의 죽음'에 관한 연구 발표가 있었다. 도쿄 교육대학 무토 도시오(武藤聰雄) 교수는 교토대학에서 열린 일본응용동물 곤충학회에서 황새의 사인이 농약에 들어 있는 유기수은제에 따른 것이라고 학계에 처음으로 발표했다. 도요오카에서 인공사육 중에 사망한 암수 2마리의 황새와 후쿠이현 오바마시에서 감전으로 죽은 수컷 1마리를 검사한 결과 수은의 함유량이 비정상적으로 높은 것이 확인되었다. 오바마시의 수컷은 27.2밀리그램, 도요오카시의 수컷은 68.8밀리그램이 검출되었다. 이것을 체중 1킬로그램으로 계산하면 오바마시 수컷은 약 7.3밀리그램, 도요오카시의 수컷은 약 14밀리그램으로 많은 수은이 몸에 축적되었던 것이다. 조류는 포유류에 비해 독극물에 약하며 황새들에게서 검출된 양은 충분히 치사량 범위에 해당되었다.

그렇다고 야외에 있는 모든 황새를 그냥 둘 수도 없고, 또는 포획해서 사육한다 해도 황새들의 절멸을 막을 길이 없었다. 이미 나이가 들어 생식력이 쇠퇴해 가는 황새들에게 다음 세대를 기대하는 것 역시 어려웠다. 농약의 농축과 근친교배에 따른 번식은 실패를 되풀이할 뿐이었다.

이때 도요오카시에 남은 야생 황새는 7마리였고 이 황새들이 야생에서 번식하리라고 기대하는 것은 무의미했다. 희망은 오로지 사육 황새들의 번식이 성공하는 수밖에 없었다. 이미 수은제 농약으로 중독되어 있지만 케이지 안의 연못에 오사카 수협에서 가져온 붕어 알을 넣어주고 사가현 수산시험장에서 양식 미꾸라지를 구입하여 '깨끗한 먹이' 만들기를 시작했다.

이후에도 사육 황새들의 번식을 위한 여러 가지 방법들이 동원되었다. 일본과 중국의 우호협회를 통해 고베시립왕자동물원과 북경동물원 사이에 펭귄과 황새 교환이 이루어져 황새 3쌍을 1966년 6월 2일 고베시립왕자동물원에 들여왔다. 계속되는 번식 실패를 만회하고자 어리고 건강한 중국 황새들과 일본 황새를 교배하여 황새의 국제결혼이 눈길을 끌었지만 번식에는 성공하지 못했다.

황새의 절멸

1967년 도요오카시 히지우치(土渕), 가야(加賀)에서 둥지 튼 황새 한 쌍을 포획해 케이지에서 사육하면서 이 쌍이 낳은 4개의 알을 인공부화를 시도했지만 성공하지 못했다. 뿐만 아니라 다음해 번식쌍의 수컷이 사망하고 말았다.

1969년 남아 있는 3마리 야생 황새 가운데 한 쌍의 황새를 포획하여 인공사육을 시도했으며, 1970년 후쿠이현 다케후시(武生市, 현재의 에치젠시)에 7년 만에 나타난 황새를 포획하여 도요오카시로 옮겨와 인공사육을 했다. 후쿠이현에서 잡아온 황새는 포획한 지역의 이름을 따 '다케후(武生)'라고 불렸는데, 다케후는 부리가 부러진 채 발견된 야생 황새로 이후 도요오카시 황새 사육장으로 옮겨져 34년 동안 케이지에서 보살핌을 받으며 살다가 2005년에 사망했다.

1971년 야생에 홀로 남겨진 마지막 황새가 개에게 쫓겨 부상을 당했다는 소식에 포획하여 보호했으나 장폐색과 만성감염으로 사망했다. 이로써 일본에 살던 야생 황새 개체군은 절멸하게 되었다.

인공사육을 결정한 시점에서 다지마에는 11마리의 야생 황새가 남아 있었는데 그중 9마리를 포획했다. 그러나 이 황새들 가운데 새끼를 부화한 황새는 없었다. 산란한 알은 모두 부화가 되지 않은 중지란 또는 무정란이었고, 사육하면서 번식을 시도한 쌍들은 병이나 사고로 번식쌍 기간이 짧았으며, 새로운 번식쌍을 맺는 것도 잘되지 않았다. 황새는 짝을 까다롭게 선택하는데다 짝이 마음에 들지 않으면 공격해서 죽일 수도 있었다. 따라서 사육 상태에서 짝지어주려면 그물망을 사이에 두고 서로 익숙하게 해주거나 큰 케이지 속에 어린 황새를 함께 넣어 집단 사육을 하는 등 사육 방법을 개선해야 했다. 국내 유일의 서식지였던 도요오카시의 작은 황새 집단은 유전 계통이 같아 어쩔 수 없이 근친혼을 반복해 유전적으로 매우 단조로웠는데, 이 점도 번식 실패의 또 다른 큰 원인이 되었다.

황새 번식장은 연이은 번식 실패에 따른 내부 운영상의 문제와 더불어 외부의 곱지 않은 시선과 신랄한 비난을 받았다. 번식을 위한 여러 노력이 계속 실패하자 인공번식을 시작했을 때부터 반대의 목소리가 만만치 않았던 만큼 부정적인 의견들이 쏟아져 나왔다. 황새가 절멸한다 해도 자연에서 살다 죽어가게 하는 것이 옳다는 주장을 펼치며 황새보존회를 떠나는 사람들도 있었다. 1968년 일왕과 왕비가 황새 사육장에 들러 황새 사육자들을 격려하기도 했지만, 사육장을 폐쇄하라는 의견부터 시작해서 시행하고 있는 사육 방법들에 대해서도 비판이 끊이지 않았다. 그러나 이러한 반응은 그만큼 황새에 대한 세간의 관심이 뜨겁다는 반증이기도 했다. 시간이 흘러 인공번식 성공에 대한 뚜렷한 조짐은 보이지 않았고, 사람들도 차츰 황새 보전이나 인공번식에 대해 흥미를 잃어갔다. 끝내 〈일본경제신문〉 1982년 5월 23일자에 「역시 안 되는 것이었나? 황새 부화 징후 없음- 거의 절망적-」이라는 제목의 기사가 실리기에 이르렀다.

인공번식의 성공

이 절망적인 상황을 바꾼 결정적 사건은 바로 1985년 효고현과 우호관계에 있던 구소련 하바롭스크(Khabarovsk) 지방의 지방집행위원회 파스텔 나크 의장이 황새 3쌍을 일본에 기증하겠다는 발표였다. 1985년 7월 27일 니가타(新潟) 공항으로 수컷 4마리와 암컷 2마리를 보내왔지만, 이 가운데 수컷 한 마리는 한 달이 조금 지난 시점에서 사망했다. 들여온 야생 황새들의 추정 연령은 한 살로, 4년 후에는 산란하여 번식할 가능성이 있었다.

구소련에서 들여온 6마리의 젊은 황새가 황새 사육장에서 자리를 잡아가고 있을 때 1986년 도요오카시에서 마지막으로 포획하여 사육했던 황새 암컷이 노령에 따른 심부전으로 사망하게 되어 도요오카시에 텃새로 살던 황새는 일본 땅에서 절멸하게 되었다. 일부에서는 외국산 황새를 번식시키는 것에 대해 거부감을 느껴 황새 보전에 들어가는 막대한 세금에 불만을 토로하기도 했다. 이에 대해 황새보존회에서는 일본 황새로는 더 이상 황새를 보전할 수 없으나 절멸에 이른 황새를 보전하는 것은 국제적으로 의미 있는 일이라는 입장으로 대응했다.

1988년 도쿄 다마동물공원(多摩動物公園)에서 4개의 알 중 3개가 부화에 성공하여 황새의 인공번식이 일본에서 첫 성공을 이루었다. 이후 전국 5개 동물원과 문화청, 효고현의 관계자들이 모여 황새 증식에 대한 대책회의를 열었다. 이때 먼저 황새 인공번식에 성공한 다마동물공원에서는 번식할 때 황새에게 안정감을 주기 위해 시선을 가리는 차단막을 설치하는 방법을 제안했다. 또한 노조의 황새 사육장에 일본산과 소련산 황새들 중 쌍을 이룰 가능성이 있는 새들이 있다는 사실도 함께 확인했다. 본격적인 짝짓기는 1988년부터 이뤄졌는데 수컷 3마리와 암컷 2마리를 선을 보여 한 마리가 여러마리 가운데 마음에 드는 짝을 선택할 수 있도록 하여 여러 번의 시행착오 끝에 황새 2쌍이 탄생했다.

1989년 1월 말 제2 케이지에 사는 '적'과 '회' 쌍이 교배를 하여 4개의 알을 낳아 암수가 교대로 알을 품기 시작했다. 이어서 제1 케이지에 살게 된 '황'과 '청'도 3개의 알을 낳았다. 러시아에서 황새를 들여온 지 4년 만에 모두 7개의 알을 얻게 된 것이다. 이어서 24년 만에 효고현 도요오카시 노조의 황새 사육장은 전국에서 두 번째로 황새의 인공증식에 성공했다. 제1 케이지의 '황'과 '청'의 쌍으로, 5월 16일 새벽에 첫 번째 새끼가 껍질을 깨고 나왔다. 이어서 2일 후 두 번째 새끼가 태어났고 3일 후 세 번째 새끼가 태어났다. 비록 마지막에 태어난 새끼는 심부전으로 20여 일 만에 죽었지만 나머지 두 새끼들은 무럭무럭 자라났다. 황새는 민감하여 조그마한 환경 변화에도 새끼 키우기를 멈추고 먹이 공급을 중단한다. 또한 잘못해서 둥지에서 떨어진 새끼는 부모에게서 버림을 받는다. 그 모든 고난을 뚫고 2개월 동안 부모 황새의 보살핌을 받은 2마리 새끼가 7월 중순, 순조롭게 둥지에서 벗어나게 되었다.

새끼들이 둥지에서 벗어나자 인공번식의 성공을 기념하여 새끼들을 특별히 공개하기로 했다. 이때 다녀간 사람은 6일 만에 8,039명이나 되었다. 오랜 기다림 끝에 얻은 귀한 새끼들이라 많은 사람들이 새끼의 탄생을 기뻐했다. 이후 황새 번식이 순조롭게 이루어졌고, 같은 해에 열린 황새 보호 증식에 관한 회의에서 사육장이 좁으므로 사육장을 넓혀야 한다는 제안이 있었다. 황새는 부모와 자식 사이라 해도 함께 살 수 없으니 새로운 사육장이 필요하다는 의견이었다. 황새가 4∼5세에는 새끼를 낳을 수 있으므로 다른 쌍역시 번식에 성공한다고 가정하면 연간 2마리씩 증가해 10년 후에는 약 100마리의 황새를 얻게 된다. 따라서 그에 따른 시설비와 먹이 값 증가에 대한계획을 새롭게 마련해야 했다.

황새고향공원 설립

1991년에 '특별천연기념물 황새 사육장'이라는 명칭이 '특별천연기념물 황새 보호증식센터'로 바뀌었다. 황새 인공사육을 시작한 지 24년 만에 황새 번식에 성공한 뒤 1994년 효고현은 '황새 장래 구상위원회'를 열어 황새 야생복귀를 위한 기본 구상을 발표했다. 이 구상에는 앞으로 황새의 보전과

황새고향공원 연구관리동(왼쪽)과 사육관리동(오른쪽)

유전적 관리뿐만 아니라 황새의 야생복귀를 위한 과학적 연구를 비롯하여 지속가능한 황새 보전을 위해 지역 시민과 농민의 이해를 높이고, 인간과 자연이 공생할 수 있는 지역 환경의 창조를 위해 교육과 학술·문화 발전에 기여하는 새로운 시설에 대한 계획이 들어 있었다. 바로 그 새로운 시설이 1999년에 도요오카시 상운지(祥雲寺)에 문을 열게 된 효고현립 황새고향공원이다.

황새고향공원은 약 165만 제곱미터의 부지에 황새 번식과 야생 훈련을 위한 다양한 시설물이 설치되었고, 지역을 크게 비공개 구역과 공개 구역으로 나누었다. 공개 구역은 오전 9시부터 오후 5시까지 무료로 일반인에게 공개되며, 연구관리동과 검역동, 사육관리동 들로 구성되어 있다.

그리고 2000년에 환경박물관인 도요오카시립 황새문화관이 공개 방사장 옆에 세워졌다. 황새문화관에서는 황새 보전과 관련된 자료가 전시되어 있고 한쪽 면이 공개 방사장을 관람할 수 있게 되어 있어 정해진 시간에 안내인의 간단한 설명과 함께 황새에게 먹이를 주는 모습을 관찰할 수 있다.

비공개 지역은 황새를 사육하고 번식하면서 야생화 훈련을 하는 곳으로 개체 사육장, 번식 사육장, 야생화 사육장, 오픈 사육장(지붕이 없음) 등이 있다. 그리고 그 주변 지역은 황새가 방사되어 야생에서 둥지를 짓거나 서식하기에 적합한 환경을 갖추어 황새들이 자유롭게 이용할 수 있도록 일반인들의 출입을 제한하고 있다.

개원 당시 고향공원에는 연구원과 사육사, 수의사 등의 연구부원과 환경교육을 위한 지도사, 자연해설원, 총무 등을 포함해 27명의 스태프가 있었다. 당시 연구부의 연구원은 효고현립대학 자연·환경과학연구소의 보전생물학, 동물생태학, 경관생태학, 환경사회학 교수들로 고향공원에 머물면서 황새 야생복귀를 위해 각각의 분야에서 연구를 진행했다.

연구는 기본적으로 황새를 건강하게 사육하고 유전적으로 다양한 개체들을 만들어내며, 야생복귀를 위한 훈련을 실시하는 것과 황새를 자연에 방

1 1 **1** 황새문화관(왼쪽)과 공개 방사장(오른쪽)
2 2 **2** 황새문화관 내부 전시공간(왼쪽)과 공개 방사장 관람공간(오른쪽)
3 **3** 황새고향공원 비공개 구역의 방사장

사했을 때 황새의 둥지 위치, 먹이 섭취 장소, 행동 범위 등 황새의 정보를 이용하여 황새에게 걸맞은 환경 모델을 구축하는 것이었다. 다시 말해, 러시아의 서식 환경과 생태를 도요오카에 서식하는 야생 개체의 행동과 비교 분석하여 도요오카시의 환경을 적절히 조성하고자 하는 연구였다. 그 밖에도 사람이 사는 마을에 황새를 방사했을 때 사람과 황새가 어떤 관계로 공생해야 하는지에 대한 사회과학적인 연구도 함께 이루어졌다. 이에 따라 황새 보전에 대한 역사적인 과정을 이해하고, 황새 보전이 지역발전에 경제적·사회적·문화적·교육적으로 어떠한 영향을 주는지에 대해 연구하여 여러 환경시책 등을 세울 때 자문을 하거나 방안을 제시해 나갔다.

야외방사

2002년 8월 5일 황새고향공원에 일본 대륙에서 야생 황새 한 마리가 날아왔다. 8월 5일 날아온 야생 황새 수컷에게 사람들은 이 날을 따서 '하치고로'라는 이름을 붙여주었다.

하치고로가 도시마 습지에서 먹이를 잡아먹고 노조의 황새 사육장 야산 중턱에 있는 소나무에 둥지를 튼 것은 황새 야생복귀를 준비하는 도요오카 분지의 자연환경이 야생 황새도 자리를 잡고 살아갈 만한 매력 있는 장소라는 신뢰를 주는 증거였다. 도요오카시 사람들에게 야생 황새가 날아와 터를 잡고 살아가는 것은 과거에서부터 지금까지 이어온 황새 보전을 위한 그들의 노력에 대한 자그마한 보상이었다.

야생복귀의 현장에 홀연히 나타난 하치고로에게 모두의 관심이 집중되었다. 하치고로의 모습을 관찰하는 시민의 모임은 이후에 방사 황새의 관찰로 자연스럽게 이어져 2004년 황새팬클럽이 발족되었다.

하치고로는 마루야마 강 오른쪽 기슭에 위치한 면적 3만 8천 제곱미터의

하치고로 도시마 습지 시설

도시마 습지에 자주 나타났는데, 도요오카시는 이곳을 사들여 황새의 먹이 장소로 활용하는 인공습지를 만들었다. 2009년 4월 완공된 인공습지는 하치고로를 기념하여 '하치고로 도시마 습지'라고 이름을 지었다. 도시마 습지를 포함한 마루야마 강과 주변 논지대는 2012년 7월 루마니아에서 열린 람사르총회에서 람사르습지로 등록되어 지정·보호되고 있다.

대륙에서 온 야생 황새 하치고로는 야생에서 먹이를 구했으나 노조의 보호증식센터에서 공급하는 먹이를 자주 이용했다. 이는 황새의 먹이가 되는 생물자원이 아직 충분하지 않음을 보여주는 것으로 판단해 대책을 마련해야 했다.

이를 계기로 2003년 황새 야생복귀 추진협의회는 '황새 야생복귀 추진계획'을 세웠다. 이 계획은 황새를 야생에 되돌리기 위해서 황새가 살 수 있도록 먹이가 풍부하고, 둥지를 지을 수 있는 커다란 나무가 많은 자연환경을 만들고, 더 나아가 황새와 사람이 공생할 수 있는 체계를 마련하는 것을 목표로 했다. 구체적으로는 환경창조형 농업을 추진하고 하천과 마을 산림을 친환경적으로 정비하며 황새 브랜드 쌀과 관광상품 등을 개발하여 환경적으로나 경제적으로 황새와 사람 모두에게 이득이 되는 방안들을 마련했다. 이 계획을 토대로 2003년에는 '황새 야생복귀 추진연락협회'가 발족했고, 황새의 야생복귀를 위해 시민들과 각종 단체, 연구자, 행정 관계자 등이 함께 모여 의견을 나누었다.

황새고향공원에서는 2004년부터 후보가 되는 황새를 선발해 비행, 섭식, 사회성 훈련을 시작했다. 그리고 방사한 황새를 모니터링하기 위해 위성 추적이 가능한 전파발신기를 먼저 백로에게 장치해 사고가 생기지 않는지와 기능성 등의 모의실험을 펼쳤다.

2005년 시험방사가 9월로 결정되면서 구체적인 방사개체, 방사용 상자의 제작, 당일 방사개체를 방사장에서 포획해 야외로 방사하기까지 순서, 방사 장소, 행사 진행방법, 관람자의 운송계획, 경비 등 여러 가지 사안을 차근차근 준비해 나갔다.

마침내 2005년 9월 24일 오후 2시 황새고향공원에서 국내외의 많은 관계자가 참석한 가운데 지역 초등학교의 합창과 함께 황새 야외방사 행사가 시작되었다. 3,500명의 관람자들이 아키시노노미야(秋篠宮) 왕자 부부가 황새를 야외로 방사하는 모습을 지켜보았다. 이날 방사된 황새는 5마리로 모두가 무사히 하늘로 날아올랐다. 이 황새들은 상자를 열었을 때 멋지게 날아오를 수 있도록 이미 훈련된 상태였다. 이날 황새를 방사한 아키시노노미야 왕자 부부는 길조인 황새의 기운을 받아 이듬해 아들을 얻는 경사를 맞이하기도 했다.

이후 2개월 정도 야외방사 황새들은 황새고향공원 근처의 논에 내려와 먹이를 잡아먹거나 인공둥지탑에 올라가 휴식을 취하거나 잠을 자는 등 공원 주위를 맴돌았다. 12월이 되자 그중 3마리 황새가 행동반경을 좀 더 넓혀 남쪽 약 7.5킬로미터 떨어진 곳까지 외출을 시도하기도 했다.

야생복귀의 황새들

야생 황새 하치고로가 도요오카시에 나타나고, 사육 황새가 100마리가 넘어선 시점에서 도요오카시 야외에서 황새가 살아갈 수 있는지를 확인하기 위한 시험방사가 2005년부터 2009년까지 5년 동안 행해졌다. 처음 시험방사한 다음해인 2006년에 첫 황새 쌍이 탄생해 산란에는 성공했지만 번식은 실패했다. 2007년 유루지 둥지탑에서 방사 황새 쌍이 번식에 성공해 1959년 후쿠다 정착 둥지에서 벗어난 지 48년 만에 새끼 황새 한 마리가 무사히 둥지에서 벗어났다. 이후 순조롭게 야외에서 방사 황새들이 쌍을 이뤄 번식함에 따라 2012년에는 방사 2세대 황새들이 쌍을 이루고 3세대 황새가 태어났다. 3세대 황새는 야생에서 태어난 부모가 자연스럽게 쌍을 이뤄 태어난 진정한 야생 황새였다.

그러나 처음 시험방사에서 10년이 지난 지금 황새 수가 점점 늘어 황새 보전 활동이 성공했다고 낙관하고 있지만, 사실 해결해야 할 몇몇 중요한 사안들이 새로 나타났다. 2014년 2월 현재 도요오카시의 야외 황새 개체수는 72마리, 번식쌍은 모두 9쌍이다. 방사 이후 지금까지 맺은 쌍들 가운데 특정 황새 쌍의 번식 성공 빈도가 높아 특정 가계의 자손들이 많아졌고 이에 따라 근친혼 쌍이 불가피해졌다. 2쌍의 근친혼 쌍까지 더하면 도요오카시의 번식 가능한 황새 쌍은 모두 11쌍이지만 근친혼 쌍의 번식은 유전적 다양성을 해치기 때문에 황새고향공원에서는 의도적으로 둥지를 짓지 못하게 하여 근친혼 쌍의 번식을 방해하고 있다. 같은 부모에게서 태어난 형제자매 간의 황새들은 둥지에서 벗어나 새로운 서식 장소를 찾아 몇몇은 도요오카시를 떠났지만 새로운 서식지에 정착하지 못하고 대부분 다시 도요오카시로 돌아왔다. 뿐만 아니라 황새의 성별이 암컷이 많아 근친이 아닌 상대와 짝을 이루기도 어려웠다. 이런 환경적 영향으로 근친혼 쌍 2쌍과 아예 번식도 할 수 없는 암컷들의 쌍 2쌍(일명 동성애 쌍)이 이루어졌다.

또 하나 지나칠 수 없는 문제는 한정된 도요오카 분지에 방사된 황새 수가 차츰 늘어나면서 도요오카시의 환경이 포화상태에 이른 것이다. 이 때문에 부모 새가 새끼를 죽이는 새로운 문제가 발생했다. 2013년 황새 9쌍이 번식에 성공하여 모두 22마리 새끼들이 둥지에서 벗어났는데, 부모 새가 새끼들을 기르는 기간에 적어도 4쌍의 부모 새에게서 5마리 새끼가 둥지 밖으로 버려졌다. 조류가 새끼를 죽이는 것은 먹이 부족이 그 원인이다. 그리고 이러한 먹이 부족 현상은 개체 밀도가 높고 번식 영역이 겹쳐져서, 영역 안에 침입하는 개체를 방어하는 데 에너지를 많이 소모할 뿐만 아니라 둥지를 떠나지 못해 먹이를 구할 수도 없는 상황으로 더 심해졌을 것이라고 전문가들은 판단한다.

황새는 최소 2킬로미터의 행동권을 가지고 생활하며 둥지 사이의 거리는 평균 2.7킬로미터다. 그러나 도요오카 분지 중심부에 행동권이 크게 겹쳐져 있어 바로 이 점이 황새에게 큰 스트레스 요인이 된다. 최근 들어 황새들 사이에 공격행동이 늘어난 것도 이러한 스트레스가 주요 원인인 것으로 보고 있다. 부족한 수컷을 쟁취하기 위해 기존 쌍의 암컷을 공격하는 암컷이 등장한다든지 새끼를 잃은 황새가 자신의 둥지 근처에 있는 다른 둥지로 찾아가 새끼를 공격한다든지 따위의 행동들도 결국 황새의 개체 밀도에 비해 서식지가 부족하기 때문에 나타난 현상이라고 볼 수 있다. 이러한 현상을 해결하려면 세력권을 적절하게 다시 배치하고 서식지를 확대해야 한다. 세력권을 다시 배치하기 위해 인공둥지탑을 움직여 황새 번식쌍을 유인하는 방법을 고려하고 있다.

2008년 일본 대륙에서 날아든 또 한 마리의 야생 황새 암컷 '에히메'가 도요오카시에서 방사된 수컷 황새와 번식쌍을 이루어 2012년 효고현립 황새고향공원 비공개 구역 안에 있는 케이지 위에 둥지를 틀고 정착하려 한 일이 있었다. 황새고향공원에서는 외부에서 날아든 에히메가 고병원성 조류독감 바이러스 등을 케이지에서 사육하는 개체에 옮길까 걱정하여 방역차원에서 케이지 위의 둥지를 제거하고 새로운 인공둥지탑을 공원 밖에 만들었지만 공원 밖 인공둥지탑으로 유도하는 데 실패했다. 황새고향공원 연구진은 실패 원인을 인공둥지탑을 구릉 위쪽에 배치했기 때문이라고 판단하여 두 번째 인공둥지탑은 구릉에서 벗어난 평지 부분에 설치하고 에히메를 유인했으나 이 역시 실패하고 말았다. 결국 에히메는 황새고향공원 밖으로 나오지 않고 그대로 안에서 번식을 시도했지만 뜻대로 되지 않았다. 2013년에 또다시 에히메를 공원 바깥쪽으로 유인하기 위해 인공둥지탑을 평지와 구릉이 만나는 경계부위 바로 위쪽 경사지에 세워 무사히 에히메를 유인했다. 그동안 야생 황새들이 둥지를 지을 때 선택한 주변 환경요인을 분석하고 인공둥지탑을 이리저리 옮겨가며 황새가 선호하는 위치를 파악한다면 황새의 세력권을 재배치하는 데 이를 이용할 수 있으리라 생각한다.

번식 황새는 백로처럼 무리를 이루지 않는다. 드물게 번식 시기가 아닌 가을이나 겨울철에 황새들이 일시적으로 모이기는 하지만 그 무리는 번식 연령에 이르지 않은 황새들이다. 이들은 한곳에 정착하지 않고 생활하는 떠

에히메 유인에 성공한 인공둥지탑

돌이 황새로 '플로터(floater)'라고 하는데, 도요오카시에서는 2008년과 2009년 가을에 각각 하루와 나흘 동안 떠돌이 황새들이 모여 있는 것을 관찰할 수 있었다. 현재 야생에는 72마리의 황새가 있고 그 가운데 9쌍의 번식쌍과 2쌍의 근친혼 쌍, 2쌍의 암컷 쌍 등 쌍을 이룬 26마리를 제외한 46마리가 정착하지 못한 채 떠돌고 있다.

한편, 황새고향공원에서는 정기적으로 날개깃을 잘라 날지 못하도록 한 황새 12마리를 오픈 케이지에 두고 연구와 교육을 목적으로 사람들에게 공개하고 있다. 이 사육 황새들에게 매일 오후 일정량의 먹이를 공급하는데, 이를 노리고 야생 황새들이 날아들어 사육 황새들의 먹이를 가로챈다. 많을 때는 야생 황새 절반 이상이 오픈 케이지의 먹이를 먹고 간다. 황새고향공원으로 먹이를 먹으러 오는 황새들은 아직 번식하지 못하는 떠돌이 황새뿐만 아니라 번식쌍도 있다. 2009년에는 야생 12쌍의 번식쌍 중 9쌍이 오픈 케이지의 먹이에 의존했고 겨우 3쌍만이 스스로 먹이를 구했다.

황새고향공원에서는 유루지 둥지탑의 황새 쌍에게만 사람이 먹이를 주는 방식을 실험적으로 실시할 뿐, 나머지 쌍들은 스스로 야생에서 먹이를 먹고 살아갈 수 있도록 야생성을 찾길 바라고 있다. 때문에 황새에게 먹이 공급을 중단해야 한다는 의견도 있다. 그러나 2012년 9월 한쪽으로 치우친 성비(性比)를 해소하고자 방사한 수컷 황새 한 마리가 굶어죽은 사건을 계기로 무작정 먹이 공급을 중단하는 것에도 문제가 있다고 판단했다. 사육하던 수컷 황새는 방사 후 먹이 공급에 의존하지 않고 스스로 먹이를 구하는 등 바뀐 환경에 금세 적응하는 듯했다. 그러다가 도요오카시를 벗어나 이시카와현(石川県) 노도반도(能登半島)에 정착했고, 얼마 지나지 않아 첫 겨울을 맞았다. 겨울이 되어 먹이가 턱없이 부족했지만 수컷 황새는 정착지를 떠나지 않고 계속 머물다가 그만 굶어죽고 말았다.

이러한 사례에서 사람들은 방사 황새가 스스로 먹이를 구하기 힘든 계절이나 지역에서 생존하기 위해서는 자급자족할 수 있을 때까지 적응기간 동안 먹이 공급 등의 관리가 필요함을 깨닫게 되었다. 따라서 효고현은 방사 시기를 봄이나 여름으로 변경하고, 야생조류 관찰모임인 '야조회'와 긴밀하게 협조하기로 했으며, 황새가 날아간 현의 지자체들과 연계하여 황새가 다시금 굶어죽지 않도록 추적 관리하는 방안을 마련하고 있다.

더불어 하루에 체중의 10의 1에 해당하는 먹이를 먹는 황새가 스스로 먹이를 쉽게 구할 수 있도록 장기적인 계획으로 하천과 수로, 논과 습지 등 환경을 가꾸는 것이 무엇보다도 중요함을 인식하게 되었다.

황새만을 위한 인공습지 탄생

도요오카시에서 황새를 위해 조성한 인공습지는 도시마 습지와 다이 습지가 대표적이다. 이 두 인공습지는 황새에게 먹이를 제공하기 위해 조성되었다는 점에서는 같지만 그 밖의 면에서는 차이가 크다.

섭금류[05]인 황새는 주로 논이나 하천 유역 등의 습지를 먹이 장소로 이용하는데 추수가 끝난 논은 물을 빼버리므로 생물이 살지 못하기 때문에 겨울철 황새는 주로 하천을 먹이 장소로 이용한다. 도요오카시는 황새에게 충분한 먹이를 공급하기 위해 황새 농법을 하고 있으며, 논에 비오톱을 만들어 수로와 하천을 친환경적으로 바꾸고 겨울철 담수와 인공습지를 만들었다.

야생 황새 하치고로가 도요오카시로 날아온 이후 주로 먹이 장소로 이용한 곳은 마루야마 강 하류에 있는 휴경논 지역이었다. 이곳은 지루논으로 배수가 잘 안 되는 탓에 농사짓기가 힘들어 버려진 논이었다. 하지만 산에서 흘러 내려오는 담수와 바다와 가까운 강어귀의 염분이 적은 물이 섞이면서 다양한 생물들이 살기 좋은 환경을 갖췄기 때문에 도요오카시는 이곳을

---

05 다리, 목, 부리가 모두 길어서 물속에 있는 물고기나 벌레 따위를 잡아먹는 새를 통틀어 가리킨다.

사들여 인공습지로 만들고 인공둥지탑을 세웠다. 그리고 그 옆에 전시관람 시설을 만들어 하치고로 도시마 습지라 이름을 붙이고 2009년부터 문을 열 었다. 이곳은 현재 NPO(Non Profit Organization, 비영리조직) 환경단체인 '황새 습지네트'가 주로 활동하는 장소로, 황새를 위한 습지 조성과 관련한 자원봉 사 활동과 생물 조사 등의 환경보전 관련 체험행사와 교육 등을 맡고 있다.

하치고로 도시마 습지는 시에서 땅을 소유하고 운영하는 데 비해 다이 습 지는 땅은 다이지구 주민들의 소유이며 지역주민과 환경단체 그리고 자원 봉사자들이 만들어 관리하고 운영한다.

도요오카시 북부 해안가에 위치한 다이지구(田結地区)는 예전부터 반농반 어(半農半漁)의 생활을 해온 곳이다. 마을이 공동체를 이루며 자급자족해 왔 으나 일본이 고도 경제성장에 들어서면서 농촌에 경지정리 바람이 불 때 이 곳의 논은 골짜기 사이에 있어 기계가 들어오지 못하는 까닭에 경지정리의 대상에서 제외되었다. 주민들 가운데 일부는 마을 밖으로 돈을 벌기 위해 나갔고 일손이 부족해지자 논들은 버려지고 황폐하게 바뀌었다. 다이쇼 시 대에 한때 80가구가 넘었던 곳이 지금은 53세대만이 남게 되었고 마지막까

하치고로 도시마 습지의 인공둥지탑

지 농사를 짓던 2가구가 2006년에 농사짓기를 마침내 포기했다.

그러던 가운데 2008년 다이지구의 산골짜기 휴경논에 황새가 날아들었다. 산골짜기 사이에 버려진 계단논은 관리를 하지 않아 논둑들이 무너져 부드러운 경사를 이루어 논에 물이 완전히 차지 않고 반쯤 흘러가 버리는 상태였다. 여기에 사슴과 멧돼지가 들어와 풀을 뜯어먹고 땅을 파헤쳐 놓아 키높은 식물은 자라지 못하고, 여기저기 작은 흙구덩이가 만들어졌다. 사람들에게는 그냥 버려진 땅이었지만 어느새 수생동물이 살기에 알맞은 습지 환경이 되었다. 인간의 간섭 없이 다양한 수생동물과 식물이 자라는 이곳은 황새의 휴식장소로 최적의 환경으로 변했다.

황새가 다이지구에 날아와 머무는 것을 알게 된 NPO 환경단체 황새습지 네트워크는 마을의 동의를 얻어 더 많은 생물이 살 수 있게 무너진 둑을 메워 물이 어느 정도 담길 수 있도록 소규모의 작업들을 펼쳐나갔다. 여기에 마을주민들이 힘을 보탰고 다이 습지가 조금씩 모습을 갖춰나가면서 연구자들과 자원봉사자들의 참여도 늘어났다. 이윽고 마을주민 전체가 힘을 합쳐 대규모의 습지 조성작업을 벌였고 여기에 기업과 행정기관 등에서 지원

다이 습지 전경

을 아끼지 않았다. 마을주민들은 다이 습지를 찾는 방문객에게 다이 습지의 동식물을 소개했고, 방문객은 습지를 조성하는 자원봉사활동으로 환경보전의 의미를 몸소 체험했다. 다이지구 주민들은 황새로 말미암아 마을이 활기차게 바뀌고 주민들이 다시금 공동체를 이루었다는 사실에 매우 기뻐했다.

다이 습지는 시민들의 자원봉사만으로 운영·관리된다는 점에서 그 의미가 남다르다. 경제적 이득을 추구하지 않고 순수하게 황새를 비롯한 생태계의 다양한 생물을 보전하기 위해 사람들이 땀방울을 흘리며 봉사하는 데에 자부심을 느끼기 때문이다. 오늘날 도요오카시 사람에게 다이 습지는 도요오카시의 자랑이며 희망이다.

일본 열도에 불어닥친 황새 붐

2005년부터 도요오카 분지에 방사한 황새들이 번식하여 새롭게 태어난 제2세대, 제3세대 황새들이 생겨남에 따라 서식지 확대의 필요성이 더 커져만 갔다. 도요오카 자연에 황새가 포화상태에 이르자 자연스럽게 새로운 지역에 서식지가 형성되기 시작했다. 바로 2011년 교토부 교탄고시에 황새 쌍이 정착하면서 일본 열도에 황새마을 조성사업의 분위기가 조성되었고, 이어서 야부시(養父市)와 아사고시(朝來市), 후쿠이현 에치젠시(越前市) 그리고 지바현(千葉縣) 노다시(野田市) 등 관동의 30개 지자체들이 황새 보전에 적극 나섰다.

2012년 가을 도요오카시에서는 아사고시와 야부시에 단계적 방사 시설을 만들고 그곳에 황새 쌍을 보내 사육을 시작했다. 교토부 교탄고시는 황새가 자연스럽게 날아가 서식 장소를 결정한 데 비해 야부시와 아사고시는 황새 서식지 확대라는 목표 아래 인간이 의도적으로 방사 근거지를 정한 곳이다. 물론 야부시와 아사고시는 효고현의 여러 지역 가운데 과거에 황새가 살았던 곳으로 황새와 인연이 깊은 곳이기 때문에 방사 근거지로 선정되었다.

지금까지 일본의 황새 보전은 주로 효고현 도요오카시를 중심으로 관서지방에서 이루어졌다. 그런데 2010년부터는 관동지방에서도 황새 보전에 대해 적극적인 태도를 보였다. 관동 29개 지자체는 '황새와 따오기가 춤추는 관동 지자체 포럼'을 결성하고 7개 지역으로 분과를 만들어 황새 야생복귀를 위한 구체적인 역할 분담에 나선 것이다.

관동의 29개 지자체에서 이러한 환경 네트워크를 만든 것은 2007년 도네운하(利根運河)를 환경 하천으로 정비하는 과정에서 조직한 '남관동 환경 네트워크'가 그 기원이다. 이들은 도네 운하 주변 지자체인 지바현, 사이타마현, 이바라키현과 인근 유역에 있는 5개 시로 구성된 환경 네트워크로, 이때부터 관동지역의 자연보전과 재생을 위한 협력 구조를 이루게 되었다. 이후 주변 지자체들이 여기에 참여하면서 규모가 커져 현재의 관동 환경 네트워크가 만들어졌고, 2010년 29개의 지자체가 황새 보전에 참여하기로 결의했다.

일본 창조경제의 공신, 황새

농업에서 부를 창출하다

황새를 보전한다는 것은 단순히 절멸 위기에 있는 새를 사육하여 다시 야생으로 풀어주는 과정이 아니다. 황새를 보전하기 위해서 중요한 것은 황새가 살 수 있는 서식 환경을 마련해주는 것이다. 황새는 사람과 떨어져 깊은 산속에서 살아가는 동물이 아니다. 바로 이 점이 황새 보전이 다른 생물의 보전과의 차이점이다. 황새는 사람이 사는 마을에서 사람과 함께 어울려 살아가기 때문에 황새 보전은 곧 지역의 사회 · 경제적인 구조와 밀접하게 연관되어 있다. 그러므로 황새 보전을 위해 서식환경을 마련하려면 지역주민들과의 충분한 협의와 이해가 반드시 필요하다.

여기서 분명히 짚고 넘어가야 할 점은 황새가 사람이 사는 마을에서 사람과 함께 공간을 공유하며 살아가는 것은 황새가 집에서 기르는 개나 고양이처럼 사람을 잘 따르기 때문은 절대 아니라는 것이다. 다만 농촌 환경, 예를 들어 배산임수(背山臨水)라 하여 산을 등지고 논이나 강, 저수지 등 물이 풍부하여 농사짓기에 좋은 곳, 사람들이 좋아하는 환경이 곧 황새의 서식처로 안성맞춤이기 때문이다.

황새 방사를 앞두고 도요오카시의 시민과 농민들의 황새 보전에 대한 찬반 여부를 조사한 결과, 도요오카 시민은 황새 방사에 대해 75퍼센트가 찬성했다. 그리고 찬성 이유를 '경제효과의 생산'보다는 '희소종의 부활'을 꼽고 있다. 단순히 경제적인 이익이 아니라 원래부터 도요오카시에 살던 지역을 대표하는 황새를 되살리자는 관점인 것이다.

반면, 농민들의 황새 보전에 대한 찬성 비율은 시민들에 비해 낮았다. 농민들이 삶의 터전으로 살아가는 논은 황새의 주요 먹이 장소로 황새의 번식과 생존에 큰 영향을 미친다. 때문에 황새 보전은 농민들과 분리하여 생각할 수 없다. 농민들은 과거 도요오카시에 살았던 희귀한 황새의 부활이 현재 자신들의 삶에 미칠 직접적인 영향들을 현실적으로 냉정하게 판단할 수밖에 없었다.

그도 그럴 것이 오래전부터 황새는 농민들에게, 논밭에 들어와 먹이를 구하는 과정에서 어린모를 밟아 수확량을 떨어뜨리는 해로운 새라고 인식되어 왔다. 황새가 절멸하기 전 황새가 도요오카시에 살고 있을 때를 기억하는 나이 든 농민들은 대부분 어릴 적 논에 들어온 황새를 쫓아낸 기억들을 가지고 있다. 예로부터 황새는 농민들에게 이득보다 해가 된다는 이미지가 여전히 남아 있었던 것이다. 이러한 황새의 나쁜 이미지를 바로잡기 위해 황새고향공원 연구진은 실제로 황새가 논에 들어가 밟은 어린모의 수를 하나하나 세어 그 수가 아주 적으며, 밟힌 어린모도 시간이 지나면 대부분이

다시 원상태로 돌아온다는 연구 결과를 제시하면서 황새의 이미지 전환에 노력했다.

하지만 황새의 먹이를 늘리기 위해 농약 사용을 줄이고 황새 농법을 실시하는 등 농법을 바꾸자고 농민들을 설득하는 것은 결코 쉽지 않았다. 농민들은 농약을 사용하는 기존의 농법에 익숙해져 있고, 만약 제초제 사용량을 줄이면 그만큼 늘어난 잡초를 제거하기 위해 이전보다 더 많이 일을 해야 했다. 도요오카시 농민의 대부분은 고령자로, 새로운 농법에서 필요한 노동력을 마련하는 것은 현실적으로 어려웠다. 또한 바뀐 농법으로 수확한 쌀의 양도 기존 농법과 비교할 때 적거나 비슷한 정도로, 이는 곧 농가의 수익과도 관련이 깊었다. 황새를 위해 더 많은 노동력을 들였으나 수익이 적으니 농민들 처지에서는 황새 보전이 그리 달가운 일은 아니었다. 그렇기 때문에 황새 보전에 따른 경제적 부담을 농민들에게 일방적으로 강요한다면 황새 보전은 사실상 불가능했다. 따라서 황새 보전을 위해서는 황새 보전이 농가에 미치는 영향을 충분히 고려하고 농가의 수익을 높이기 위한 직접적인 방안과 지원책을 마련하여 이를 충분히 홍보하고 교육할 필요가 있었다.

황새 농법과 생물 브랜드 상품 개발

일본 농림수산성은 생물 브랜드로 농산물 생산과 판매의 고부가가치를 이루고, 농촌과 산촌의 자연환경 보전을 추진하기로 했다. 생물 브랜드의 농산물 생산은 자연과의 바람직한 관계 속에서 좋은 이미지를 가진 농산물로 고부가가치를 얻을 수 있으며, 보다 높은 식품의 안전성을 추가적으로 얻을 수 있기 때문이다. 환경보전에 관한 사람들의 의식 수준이 높아지고, 안전하고 안심할 수 있는 먹을거리에 대한 수요가 점차 늘어가는 이 시점에서 도요오카시에서 '황새를 키우는 쌀'이라는 생물 브랜드의 농산물이 탄생한 것은 시대의 요구에 걸맞은 절묘한 농업정책이었다.

2002년 효고현은 생물다양성을 중시하는 황새를 키우는 농법, 다시 말해 황새 농법의 기술 확립을 위해 황새 프로젝트 팀을 꾸리고 도요오카 농업 개선 보급센터를 중심으로 황새고향 영농조합과 도요오카 에코팜즈와 함께 환경창조형(環境創造型) 농업기술을 체계화했다. 황새 프로젝트 팀은 다지바현의 도요오카 농림진흥사무소(농정과·임업경영과), 도요오카 농업개량보급센터, 도요오카 토지개량사무소 등의 중견직원으로 구성되었는데, 농정과가 지원사업을 검토하고, 임업경영과는 황새가 정착할 소나무를 심고 산을 정비하며, 토지개량사무소는 수로나 어도 설치 등의 논 환경정비를 중심으로 하고, 보급센터는 황새 농법의 기술 확립을 맡았다. 2005년 황새 방사를 앞두고 일정 면적 이상의 황새 먹이 장소를 확보할 수 있도록 하여 논 생물 조사를 바탕으로, 한 마리당 약 4만 제곱미터의 논이 필요하다는 목표를 정하고 이 사업을 시작했다.

한편 국가와 현, 시의 사업을 활용하여 전국에서 앞선 유기농업 기술을 가진 연구자와 생산자를 모아 기술을 체계화하기로 했다. 기술 확립 초기에는 실패도 많았다. 이런 힘든 과정을 거쳐 탄생한 황새 육성 농법으로 생산한 농산물은 2001년 효고현이 독자적으로 창설한 '효고 안심브랜드 인정제도'에 따라 '효고 안심브랜드 농산물'로 유통하게 했다. '효고 안심브랜드 인정제도'란 환경부담을 덜어주는 것을 배려한 생산방식으로, 생산한 농산물에 대해 생산자들이 자주적으로 잔류농약 검사를 하여 식품위생법 농약잔류 기준의 10분의 1 이하일 때 '효고 안심브랜드 농산물'이라는 마크를 붙여 유통하는 것을 말한다. 이후 '황새 농법'은 '효고 안심브랜드'의 모범 사례로 자리 잡았다.

2006년 황새 농법에 참가하는 농민들과 함께 생활협동조합 JA다지마는 '황새를 키우는 쌀 생산부회'를 결성하여 그 기술을 도요오카시 전체 지역에 보급했다. 2007년에 효고현은 현립 농림수산기술종합센터에 '환경창조형 농림수산업지원팀'을 두어 관련 사업들을 지원했고, 2009년 「유기농업 추진에 관한 법률」을 바탕으로 '효고현 환경창조형 농업 추진계획'을 마련했다.

황새 서식지 마련을 위한 환경창조형 농업정책을 추진하기 시작한 2002년에는 현과 시, 그리고 농협의 역할 분담이 뚜렷하지 않았으나, 2008년 이후 기술지도는 보급센터, 유통과 판로개척은 JA다지마, 홍보활동은 도요오카시가 앞장서는 등 각자 역할을 나누어 맡고 있다.

황새 농법을 구체적으로 살펴보면, 황새 농법은 생물이 일년 내내 논에서 살아갈 수 있게 하는 동시에 벼농사의 수확량 증가를 꾀하는 농법이다. 가장 큰 특징은 특수한 물 관리인데, 모심기 1개월 전부터 논에 물을 채우고 모를 심은 뒤에도 깊은 물 관리를 하여 수생생물의 서식지를 보전한다. 올챙이가 개구리가 되고 잠자리 유충이 잠자리가 되는 7월 상순까지 중간 물떼기 시기를 늦추고, 수확한 뒤에는 미생물의 먹이로 유기물인 쌀겨와 퇴비를 뿌리고 논에 물을 채워둔다. 또 겨울철에 물을 대는 것은 물새의 서식장소로서의 기능과 실지렁이가 살 수 있도록 하여 잡초를 억제하는 효과가 있다.

그리고 방귀벌레·멸구·벼바구미 등의 해충과 이 해충들의 천적인 개구리·나비·잠자리·사마귀 등이 균형을 유지하도록 하여 해충의 번식과 피해를 줄이고 피는 8센티미터 이상의 깊은 물 관리로 발생을 억제하고, 반대로 깊은 물일 때 생겨나는 물옥잠은 유기산으로 제거한다.

도요오카시는 황새 보호와 지역경제 발전을 함께 해결하는 것을 목표로 경제정책을 마련했다. 그리고 황새 농법과 황새를 지역 브랜드로 삼는 새로운 시도를 과감히 펼쳤다. 황새 농법은 전국적으로도 논의 생물다양성을 확보하고 해충을 억제하는 농법으로 주목받았다. 뿐만 아니라 황새 야생복귀라는 이야깃거리가 더해져 그 미래 가치는 더욱 커졌다.

대표적인 생물 브랜드 농산물은 무농약·저농약의 고시히카리 품종인 '황새를 키우는 쌀'이다. 지역농협 JA다지마는 황새 농법으로 재배하는 '황새를 키우는 쌀'을 높은 가격에 수매했고, 수매한 쌀은 인기리에 판매되고 있다.

효고현은 전국적으로도 물과 쌀이 좋아 질 좋은 청주를 생산하는 곳으로 유명한데, 이 술쌀에 사용하는 '오백만석(五百万石), 후쿠노하나'라는 품종이 황새 농법으로 재배되고 있다. 이 술쌀로 만든 고급 청주가 지역의 특산물로 도요오카시를 찾는 관광객들에게 판매되고 있다. 황새 야생복귀라는 이 야깃거리로 소비자들에게 지지를 받아 술쌀의 생산 면적이 늘어났다.

효고현 정책부 정책국 통계과(2006)에 따르면 도요오카시 논농사 면적은 3040헥타르(1ha는 1만m²), 수확량 1만 5400톤, 산출액은 39억 9천만 엔이었다. 2007년 황새 농법을 실시한 면적은 무농약 32.9헥타르, 저농약 124.1헥타르로 총 157헥타르이다. 이는 도요오카시 논농사 면적인 3040헥타르의 10퍼센트에도 미치지 못한다. 그러나 2008년 황새 농법 재배면적은 약 220헥타르, 2013년에는 252헥타르로 늘어나는 등 저농약 재배를 중심으로 재배면적과 유통량이 차츰 늘어나는 추세다. 이렇게 농법 전환이 일어난 까닭은 농협 JA다지마에서 황새 농법으로 재배한 쌀 전량을 높은 가격에 수매하기 때문이다. 높은 가격에 수매했음에도 이 쌀은 농협 JA다지마의 유통망으로 공급이 모자랄 정도로 판매가 잘되고 있다. 현재 '황새를 키우는 쌀'을 판매하는 점포는 전국에서 500여 개이다.

한편 2004년부터 황새의 먹이가 되는 다양한 생물을 동시에 배려하는 생산자 단체를 '황새의 춤'이라 하고, '황새의 춤'에서 생산한 농산물에 대해 로고마크를 붙여 판매를 허가하고 있다. 우리나라의 '황새의 춤' 브랜드와 비교해보면, 우리나라의 '황새의 춤'은 2010년 우리나라 특허청에 상표등록을 하여 황새 생태농법으로 농사지은 농산물에 붙는 상표인데, 일본의 '황새의 춤'은 농산물 안전에 대한 인증마크라는 점에서 차이가 있다. 일본은 우리의 '황새의 춤'에 해당하는 브랜드를 '황새의 선물'이라고 한다. 2004년에 쌀과 채소, 2008년에는 메밀, 대두, 밀 그리고 2010년에는 농산물 가공식품에 관한 기준을 마련하여 로고 판매를 실시하고 있다. 2004년 '황새의 춤' 로고가 붙은 생산물 재배면적은 불과 19헥타르였으나 현재 575헥타르로

1	3
2	
5	4
6	7

1 농협협동조합 JA다지마 건물 2 농산물마트 다지만마
3 황새를 키우는 쌀 4 쌀 판매대
5 황새 농법으로 만든 고급술 판매대 6 용의 힘 황새 7 행복의 황새

황새 농법으로 생산한 농산물 가공식품(간장, 된장, 쌀국수)과 채소

급격히 늘어나게 되었다. 2013년 '황새의 춤' 생산자 단체는 49개이고, '황새의 춤' 마크가 붙은 농산물 품종은 29개, 가공식품은 5개이다. 특히 대두는 킬로그램당 360엔으로 계약 생산판매를 하여 쌀보다 소득이 높은 효자 농산물에 올라 재배면적을 늘려나가는 데 이바지하고 있다.

'황새를 키우는 쌀'을 구입하는 소비자의 특징

규슈대학과 농림수산성이 2007년 황새 방사 이후 2008년 황새 농법으로 수확한 쌀을 구입한 소비자의 특징에 대해 조사했다. 이 쌀을 구입한 소비자들은 비교적 쌀 소비량이 적은 세대이고, 구입량은 74퍼센트가 5킬로그램 이상 10킬로그램 미만이었다. 다시 이 쌀을 구입한 소비자는 전체 구입자의 70퍼센트에 해당하며, 구입자의 80퍼센트가량이 황새 보전 과정에 대해 알고 있었다. 특히 생협 조합원들은 황새 보전 과정보다 황새 농법에 대해 더 잘 알고 있는데, 이는 평소에 생협에서 조합원들을 도요오카시로 보내 산지 교류 활동을 하면서 황새 농법을 홍보한 결과였다. 소비자의 48퍼센트는 이 쌀을 구입하는 데 맛과 건강을 가장 큰 요인으로 꼽았고, 약 4퍼센트는 환경에 미치는 영향을 우선적으로 고려하는 것으로 나타났다.

황새 농법은 '생명과 생명의 연결'과 '먹는 활동의 소중함'에 대한 철학을 그대로 반영한 농법으로, 건강과 환경을 생각하는 소비자들의 욕구를 만족시키는 동시에 환경 학습에서도 훌륭한 소재다. 도요오카시의 생산자와 소비자가 쌀이 생산되는 산지에서 직접 만나 생산자가 쌀을 홍보하는 가운데, 소비자들은 쌀이 생산되는 환경과 다양한 생물의 보전이 인간의 식생활과 어떻게 관련되어 있는지에 대해 자연스럽게 생각할 수 있는 기회가 된다. 다시 말해, 황새를 생각하는 바람직한 생산과 소비가 환경을 보호해 인간을 이롭게 한다는 환경교육으로 연결될 수 있다. 이에 따라 기존 농법에 비해 더 많은 노동력을 들여 친환경 농법으로 힘들게 지은 쌀의 가치를 이해한 소비자들은 그에 걸맞은 가격으로 쌀을 구매하고 건강한 식생활을 영위함으로써 자신의 소비활동에 만족하게 된다. 2008년 조사 당시 황새 쌀의 평균 가격은 5킬로그램 무농약 3316엔, 5킬로그램 저농약 2892엔, JA다지마 총판가격 무농약 3500엔, 저농약 3000엔이었다. 황새 쌀의 판매가격에 대해 전체 응답자 가운데 3분의 2가 5킬로그램당 3000~3500엔이 적당하다고 응답했다.

황새 농법의 경제파급효과

효고현에서 '황새를 키우는 쌀'에서 얻는 경제파급효과를 살펴보면, 2007년 무농약 고시히카리 취급량은 45톤, 저농약 고시히카리 취급량은 199.5톤에 이것을 쌀로 만들어 팔았을 때 약 1억 3923만 엔으로, 황새 브랜드 이전의 쌀 가격보다 약 36퍼센트 수익이 더 발생했다.

무농약 술쌀 품종 '오백만석'으로 만든 술의 총수요액을 추정해서 계산하면 1533만 엔, 저농약 '오백만석'으로 만든 술의 총수요액은 754만 7085엔으로 총수요액은 2287만 7085엔이다. 이때의 경제파급효과는 총금액의 1.396 배의 3195만 엔으로 이것도 황새 술쌀 이전에 비해 약 40퍼센트 수익의 증가를 가져왔다.

관서대학의 조사보고서에는 황새 농법과 생물 브랜드 상품으로 효고현의 지역에 경제파급효과를 높이려면 지역의 유기자재를 사용해야 한다고 되어 있다. 황새 농법과 기존의 관행농업의 단위면적당 생산비용은 크게 차이가 없으며, 황새 농법의 생산비용에 따른 경제파급효과는 생산비용의 1.002 배에 그치고 있다. 이는 농약과 화학비료를 사용하지 않아 지역 경제활동의 정체가 일어난 것으로, 지역의 유기자재를 사용하면 이 부분의 손실을 만회할 수 있다는 뜻이다.

지역의 경제파급효과를 높이기 위한 또 다른 방안은 무엇일까? 이를 마련하려면 쌀과 청주에 이어 식료품 브랜드 전략 수립이 필요했다. 그 전략의 하나로 JA다지마에서는 황새 농법으로 생산한 쌀 중에서 규격에 미치지 못한 쌀들을 제공받아 쌀가루로 만들어 떡, 면 등의 식품을 개발해 제조, 판매하고 있다. 여기에서 얻은 2013년 목표 판매액은 1억 1천 엔으로 추정되는데, 이 목표대로라면 총판매의 1.485배, 약 1억 6335만 엔의 경제파급효과가 발생한다. 이 금액은 쌀과 청주보다 크며, 앞으로 황새 농법으로 재배한 쌀을 가공하여 만든 식료품이 지역경제 발전에 돌파구가 될 것이라는 연구결과이다.

도요오카시의 농업정책과 지속가능한 황새 보전

도요오카시의 농업정책은 황새와 농민, 그리고 쌀 소비자에게 두루두루 이득이 되었다. 농민은 황새 농법을 실시하면서 농약을 덜 사용하여 논 생태계를 지키는 동시에 안전한 쌀을 자부심을 가지고 높은 가격에 소비자에게 팔 수 있어서 좋고, 소비자는 환경을 생각하면서 생산한 쌀을 믿고 안심하며 소비할 수 있다. 농민과 소비자가 각자의 위치에서 서로를 이해하고 황새 보전과 지역경제에 기여할 수 있는 기회를 부여함으로써 생산과 소비 활동에 만족을 안겨주어 황새 농법을 계속 이어갈 수 있도록 한 것이다.

도요오카시는 대외적으로 도요오카시의 황새 보전활동을 국내외에 적극 홍보하여 황새 관련 상품을 일본 전역에 알리고, 뜻을 같이하는 농민과 연구기관, 기업 등과 활발히 연계하여 바뀐 농법에 따라 늘어난 농민들의 노동량을 덜어주고 벼 수확량을 늘릴 수 있도록 하는 농가 지원책 마련에 노력을 아끼지 않고 있다.

특히 일본의 경우 유기농법에 따라 농약을 전혀 사용하지 않은 무농약 '유기농쌀'에 비해 환경을 생각해 농약의 사용을 줄인 저농약 '에코쌀'이 더 인기가 좋다. 그 까닭은 소비자 입장에서는 '유기농쌀'에 비해 에코쌀은 가격이 저렴하고, 관행농법으로 수확한 쌀에 비해 농약 사용이 적어 안전하다고 인식하기 때문이다. 생산자 입장에서도 완전히 무농약으로 농사지었을 때 수확량이 줄어든 반면 노동량이 늘어나 생산 단가가 높아져 소비자들이 선뜻 구매하지 못하는 '유기농쌀'보다는 '에코쌀'을 재배하는 편이 더 낫다고 생각한다. 그러나 환경을 생각할 때 소비자들이 '에코쌀'에서 '유기농쌀'을 구입할 수 있도록 '유기농쌀'의 단가를 낮출 필요가 있다. 다시 말해, 무농약으로 농사지으면 수확량 감소와 노동력 증가로 쌀의 단가가 높아지는데 이를 기술 연구로 극복해야 한다.

이 기술 연구의 하나로 잡초 제거 로봇 연구를 진행해 '아이가모 로봇(가칭)'이 현재 시험 중에 있으며 머지않아 실제로 농가에 보급해 농민들의 노동력 감소에 이바지할 것으로 보인다. 또한 농법이 바뀜에 따라 줄어든 벼 수확량도 끊임없는 기술 연구에 힘입어 관행농법과 비교할 때 큰 차이가 나지 않는 수준으로 기술 발전을 이끌어내고 있다. 특히 돌려짓기를 논과 밭에 적용해 잡초 억제 효과가 있는 대두를 논에 심는 농법이 주목받고 있다.

도요오카시의 관광산업과 황새 보전

도요오카시는 일본에서 황새가 마지막까지 살았던 지역이다. 따라서 자연과 문화 그리고 황새의 절멸과 부활의 이야기로 황새 야생복귀는 주민들의 생활에 깊이 연관되어 있다. 그 이야기가 도요오카시의 음식과 풍경, 문화로 나타나고 있음을 자랑스럽게 생각하고 도요오카시를 방문한 많은 이들에게 널리 알리고자 노력하고 있다. 도요오카시는 일본에서 유일하게 야생에서 황새가 서식하는 장소라는 점에서 특색 있는 관광지다.

기노사키 온천과 이즈시의 옛 성터 등이 있는 도요오카시는 황새 방사 이전에도 연간 500만 명의 관광객이 다녀가는 유명 관광지역이다. 그런데 황새 야생방사 이후 관광객 수가 더 늘어나 2004년까지 십수만 명이었던 황새고향공원 방문객이 2005년에 24만 명, 다음해 48만 8천 명이었다가 2007년에는 45만 5천 명으로 약간 줄었고, 2008년부터 그 수가 좀 더 줄어 이제는 연간 30~40만 명으로 방문객 수가 유지되고 있다.

도요오카시는 2006년 JR 서일본 철도회사와 함께 황새 관련 관광캠페인을 벌였고, 여행 대행사인 JTB 등과 함께 여행상품을 개발했다. 이 여행으로 약 1천여 명의 단체 관광객이 황새를 견학했고 기노사키 온천에서 온천을 즐겼으며 황새 농법으로 지은 쌀과 채소로 만든 음식을 즐겼다. 2007년부터는 NPO시민환경단체와 협력하여 자원봉사에 참여하는 '황새 투어리즘'이라는 황새 보전 관련 체험 프로그램인 관광상품을 개발했다. 이 상품은 특히 수학여행과 연계하여 많은 학생들이 도요오카를 돌아보면서 황새의 생태와 야생복귀 과정에 대해 배울 수 있도록 하여 생태계 보전의 중요성에 대해 생각해보는 환경교육의 기회를 제공하고 있다.

도요오카시를 찾는 관광객들은 가족과 소단위 모임이며, 주로 서일본의 교토·오사카·고베 지역에서 1박 2일 일정으로 도요오카시에 와서 자연과 풍경을 즐기고 편안함과 여유를 느끼고 싶어 방문하는 것으로 나타났다. 이들은 황새의 보호 증식, 야생복귀 활동에 대해 이미 언론을 통해 알고 있는 경우가 많았으며, 지역의 환경보전과 시민단체 활동에 참가하겠다는 뜻도 높았다. 그리고 실제로 황새를 도요오카에서 본 경험에 비교적 높은 만족도를 보였고, 황새고향공원을 여행 추천지로 주변 지인들에게 추천하겠냐는 질문에 방문자의 80퍼센트가 지인에게 추천하고 싶다고 답했다. 한 연구에 따르면 황새와 관광에 관련된 경제파급효과는 생태관광의 효과가 10억 3천 엔, 환경관광 시설 건설에 따른 효과가 49억 4천 엔에 이른다고 한다.

맺으면서

2011년 8월 효고현은 앞으로 황새 야생복귀와 관련해 추진해야 할 목표로 '황새 야생복귀 그랜드 디자인'을 발표했다. 여기에는 단계적으로 인공 먹이 공급을 줄이고 황새 세력권을 적정하게 배치하며, 야생 황새의 성별 균형과 유전적 다양성 유지로 안정된 메타개체군 구조를 확립하는 것을 목표로 삼고 있다. 이를 통해 최종적으로 황새를 절멸 위기에서 완전히 벗어나게 해 황새와 함께 살아갈 수 있는 지역사회를 만드는 것이 도요오카시가 생각하는 황새 야생복귀의 궁극적인 모습이다.

도요오카시는 황새를 야생으로 되돌리기 위해 오랜 시간 노력해 왔다. 황새 서식 환경을 만들기 위해 환경창조형 농업을 실시하는 과정에서 황새 농법을 개발하고 고부가가치를 갖는 생물 브랜드를 만들어 황새 보전과 농가의 소득증대를 가져오는 농산물 생산에 성공했다. 지역농협과 연계하여 유통과 판매망을 마련하고 황새 보전을 널리 홍보하여 관광 수익을 높였다.

뿐만 아니라 환경보전에 대한 지역주민의 의식수준과 자부심을 높여 시민 모임과 환경단체들이 활발하게 환경교육과 환경보전 활동에 참여할 수 있도록 분위기를 마련했다. 이러한 도요오카시의 사례는 지자체의 환경정책의 성공 모델로 일본 국내는 물론 해외에까지 커다란 영향을 끼치고 있다.

무엇보다 놀라운 점은 도요오카시가 절멸 위기의 황새를 보전하기 위해 시대를 앞서가는 환경정책을 펼치면서 부딪치는 문제들을 공개적으로 지역 주민과 함께 토론하며 해결책을 마련해 나아가고 있다는 점이다. 새로운 도전을 피하지 않고 과감히 실천함으로써 지역의 경제발전을 꾀하는 동시에 지역주민의 자부심을 높이고, 황새 보전이라는 하나의 목표를 향해 행정기관과 지역주민이 한마음 한뜻으로 반세기를 넘어 지금도 꾸준히 노력하는 모습은 훌륭한 본보기가 되고 있다. 이런 과정을 거쳐 마침내 황새 보전이 갖는 의미를 몇 단계 끌어올려 황새와 인간이 공생하는 보다 살기 좋은 지역으로 탄생하게 되었다.

물론 앞으로 해결해야 할 황새 보전의 과제는 서식지 확대와 메타개체군 형성 등 한 지자체의 역량과 영역에서 벗어나는 일들이다. 따라서 뛰어넘어야 벽들이 헤아릴 수 없이 많고 황새 야생 보전이 성공하는 그날까지 가야할 길이 멀고 험난하겠지만, 도요오카시가 목표로 하는 황새의 야생복귀는 생물의 멸종이 날로 심각해지는 21세기의 환경 문제를 해결했다는 점에서 온 지구인의 귀감이 되고 있다.

2부

황새의 보존을 위해서는 넓은 면적의 서식지 확보와 보호에 힘써야 한다. 특히 서식지 면적을 넓히는 것이 단편적인 서식지 개수를 늘리는 것보다 멸종위기의 황새 보존에 효과적이라고 할 수 있다. 특히 황새의 서식지는 인간이 관리하는 농경지가 포함되기 때문에 인간과 황새가 공존할 수 있는 방법을 찾아나가야 한다.

1

황새의 생태

하필 황새를 복원하는가? 많은 사람들이 이런 질문을 자주 한다. 그 대답은 황새의 분류, 분포 그리고 생태적 지위에 대해 좀 더 심도 있게 이해할 때 가능하다. 먼저 우리나라 황새(*Ciconia boyciana*)는 학술적으로 황새목 황새과의 조류로 이 *Ciconia* 속에는 우리나라 황새 외에도 6종이 더 있다. 그리고 이 황새는 우리 주변에 흔히 발견되는 백로와는 분류학적으로 매우 다르다. 게다가 두루미와는 분류학적으로 백로보다 더 멀다. 쉽게 말해 황새는 독수리와 오히려 가깝고, 두루미는 닭과 가깝다고 이해하면 간단하다.

우리 주변에 저어새, 백로, 왜가리, 황새 등의 희고 큰 새들이 관찰되고 있지만, 보통 사람들의 눈으로는 분류가 잘 되지 않는다. 형태적으로 긴 다리, 긴 목, 그리고 긴 부리를 가지고 있는 새들이기 때문이다.

하천이나 논 습지에서 서식하는 이 조류들은 진화적으로 얕은 물에서 먹이를 구하는 데 유리하도록 그 형태와 행동이 오래전에 분화되어 이어져 왔다. 유전학적인 특성을 고려할 때 황새류는 두루미류가 포함된 분류군에서 오래전에 분리되었으며, 백로·왜가리류와 저어새류, 그리고 가마우지류가

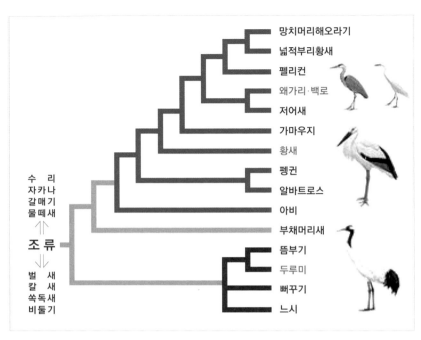

수리
자카나
갈매기
물떼새
⇑⇑
조류
⇓⇓
벌새
칼새
쏙독새
비둘기

망치머리해오라기
넓적부리황새
펠리컨
왜가리·백로
저어새
가마우지
황새
펭귄
알바트로스
아비
부채머리새
뜸부기
두루미
뻐꾸기
느시

황새는 생물학적으로 백로나 왜가리와 같은 새는 아니다. 그리고 두루미와 크기와 형태가 비슷해 보이지만 분류학적으로 매우 다른 조류다.

포함된 분류군과도 오래전에 분리되어 황새목에 속한다.

조류의 계통분류에서 황새목(Ciconiiformes), 황새과(Ciconiidae), 황새속(*Ciconia*)에 총 7종의 황새류가 있으며, 이중 6종은 구세계(콜럼버스가 아메리카 대륙을 발견하기 이전에 알려져 있던 세계로 유럽, 아시아, 아프리카를 가리킨다)에 분포하고, 매구아리황새만 신세계인 남미에 분포한다. 일반적으로 황새류는 긴 다리에 키가 100센티미터 안팎이지만 날개를 펴면 약 2미터나 된다. 부리는 두텁고 긴 것이 특징이다. 또한 황새들은 군집생활을 즐기며 사람의 주거지와 가까운 곳에서 둥지를 틀고 생활한다. 가족 형태는 주로 일부일처제이며, 한번 짝을 맺으면 평생 그 배우자와 함께하는 것으로 알려져 있다.

이러한 이유로 국제적으로 황새들에 대한 인식은 행운을 가져다주는 새로 알려져 있다. 특히 유럽황새(*Ciconia ciconia*)는 사람들의 문화와 정서에 많은 영향을 미쳤다. 특히 고대 이집트에서는 '혼', 히브리에서는 '자비', 「그리스와 로마 신화」에는 '부모의 희생'을 상징한다. 또한 「이솝우화」에도 '여우와 황새', '농부와 황새', '개구리 왕자'에 등장한다. 이슬람교도 황새를 숭배하며, 특히 독일에서는 건물 지붕에 황새가 둥지를 틀면 화재예방과 행운을 가져다준다고 믿는다. 무엇보다도 유럽의 전통신화에서는 유럽황새가 동굴이나 초원에서 아기를 찾아 엄마한테 데려다 주거나 굴뚝에 떨어뜨린다고 전한다. 이러한 전설은 매우 유명해서 필리핀과 남미까지 전 세계로 퍼져나가 아이를 원할 때는 창문을 유럽황새로 장식하곤 한다.

황새들의 일반적인 먹이 습성은 물고기 · 개구리 · 곤충 · 도마뱀 · 쥐 등을 먹는 습지성 조류인 백로류 · 왜가리류와 비슷하지만, 날아다닐 때 목을 곧게 펴는 것이 특징이다. 여느 철새(이동성 조류)처럼 데워진 지면에서 형성된 상승 난류를 이용해 넓고 평평한 날개로 장거리를 이동한다. 독일의 항공 기술자인 오토 릴리엔탈(Otto Lilienthal, 1848~1896)은 황새의 비행과 날개의 공기역학적 특성을 실험적으로 연구하여 현재의 초경량 비행체인 행글라이더의 초기 모델을 개발하기도 했다.

전 세계적으로 황새속의 황새류는 현재 개체군 수의 감소 추세에 따라 먹황새, 아브딤황새, 매구아리황새, 유럽황새 4종은 관심필요종(Least Concern Species), 흰목황새 1종은 감소종(Vulnerable Species), 그리고 폭풍황새와 황새는 멸종위기종(Endangered Species)으로 각각 지정하여 보호하고 있다.

황새목(Ciconiiformes) 〉 황새과 (Ciconiidae) 〉 황새속 (*Ciconia*)

1. 먹황새(영어명: Black Stork, 학명: *Ciconia nigra*)

2. 아브딤황새(영어명: Abdim's Stork, 학명: *Ciconia abdimii*)

3. 흰목황새(영어명: Woolly—necked Stork, 학명: *Ciconia episcopus*)

4. 폭풍황새(영어명: Storm's Stork, 학명: *Ciconia stormi*)

5. 매구아리황새(영어명: Maguari Stork, 학명: *Ciconia maguari*)

6. 유럽황새(영어명: White Stork, 학명: *Ciconia ciconia*)

7. 황새(영어명: Oriental Stork, 학명: *Ciconia boyciana*)

1. 먹황새

먹황새는 북위 40~60도의 구북구(중국 남부에서 인도에 이르는 지역을 제외한 아시아, 유럽, 아프리카 북부 등지를 포함한 지역)에서 번식하며, 북동아프리카·동아프리카·파키스탄 서부·중국 동부와 남동부지역에서 겨울을 난다. 스페인의 남서부지역에서는 텃새로 살기도 한다. 적은 무리로 아프리카 남동부의 말라위에서 남서부의 나미비아까지 남아프리카에 걸쳐 번식한다.

먹황새의 몸길이는 95~100센티미터이고, 몸무게는 3킬로그램 정도이다. 편 날개길이는 144~155센티미터이며, 암수의 외형은 비슷하나 보통 수컷이 암컷보다 크다. 머리·목·등·날개는 녹색 광택이 있는 검은색이고, 부리는 살짝 위로 휘어져 있다. 어린 새는 배 부분을 제외하고 전체적으로 어두운 갈색이다. 부리는 녹색을 띤 회색, 다리는 녹색을 띤 노란색이다.

먹황새는 인적이 드문 산림지대에서 산다. 하천·저수지·습지·강기슭에서 사냥을 하며, 드물게 초지에서 먹이활동을 하는 경우도 있다. 먹황새는 주로 미꾸라지 등의 물고기를 먹으며 양서류·곤충·뱀·갑각류·작은 설치류·포유류·작은 새들도 잡아먹는다. 얕은 물가에서 먹잇감을 조용히 뒤쫓다 날카로운 부리로 찌르듯 잡아 사냥한다. 어린 새는 하루에 400~500그램의 먹이를 먹는다.

구북구 지역과 남아프리카 케이프 지방에 봄이 오면 나무나 숲, 남아프리카와 스페인 등지의 절벽가에 황새가 둥지를 짓기 시작한다. 둥지의 지름는 약 1.5미터이고, 이끼와 풀, 나뭇잎, 흙으로 둥지를 만든다. 번식에 성공한 둥지는 이듬해에도 이용하여 번식하는 경향이 있다. 평균 3~4개의 알을 낳

1 먹황새의 생김새

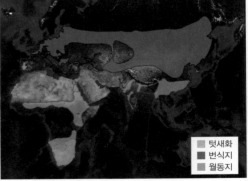

2 먹황새의 분포

텃새화
번식지
월동지

으며, 알을 품는 기간은 32~38일이다. 갓 부화한 새끼는 흰색 솜털이 나 있으며, 63~71일 동안 부모의 보살핌을 받는다. 생식능력은 3년 정도에 갖춰진다.

먹황새들은 남아프리카에서 번식한 뒤 흩어지며, 스페인에서 일정 기간 동안 머물기도 한다. 구북구 서쪽에 사는 대부분의 새들은 지중해를 들러 이동하지만 황새속에 속하는 아주 적은 무리들은 장거리 비행에 능숙하여 적도를 가로질러 이동한다. 반면, 이베리아 반도의 황새들은 아프리카 사하라 사막 남쪽 가장자리에 있는 사헬 극서부지역에서 겨울을 지낸다. 새들의 이동은 3~4월과 10월 중순에 가장 활발하다.

먹황새는 국제적으로 분포권이 넓으며, 관심필요종으로 지정되어 있다. 또한 각 지역별로 개체군 수의 변동에 대한 정확한 연구는 없지만 감소하고 있다는 보고는 없다. 전 세계적으로 약 24,000~44,000개체가 서식하는 것으로 추정된다. 우리나라에는 약 50마리의 먹황새가 월동을 하는 것으로 보고되고 있다. 이 종을 위협하는 요인 가운데 하나는 서식지 파괴이다. 러시아와 동유럽에서는 숲의 감소, 공장과 경작지의 개발, 수력발전을 위한 댐의 개발 등이 먹황새의 번식지를 파괴하고 있는 실정이다. 특히 아프리카의 습지는 오염과 경작지의 농약 사용으로 위협받고 있다. 또한 이동 중 적지 않은 개체들이 송전탑이나 송전선과 충돌하여 사망한다는 보고도 있다. 우리나라에서 월동하는 먹황새는 전 세계적인 분포권에서 가장자리에 위치하기 때문에 그 수가 적어 문화재청 천연기념물 제200호, 환경부 멸종위기 야생동물 II급으로 지정되어 보호받고 있다.

2. 아브딤황새

아브딤황새는 사하라 이남 아프리카와 아라비아 남서부 지역에서 서식한다. 적도를 기준으로 아프리카 북쪽에서 번식하며, 대부분 아프리카 동부지

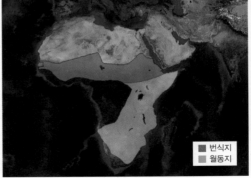

번식지
월동지

역과 남부지역에서 일생을 보낸다.

아브딤황새의 몸길이는 75~81센티미터이고, 몸무게는 1.3킬로그램 정도이다. 수컷이 암컷보다 크다. 몸은 전체적으로 광택이 있는 검은색과 녹색을 띤다. 번식하지 않는 시기에는 색이 흐려지고 깃털이 줄어든다. 어린 새는 짙은 갈색을 띤다.

대체로 넓은 초지나 경작지, 물가에서 살며, 드물게 초목이 거의 자라지 않고 사막처럼 건조한 지역에서 관찰된다. 나무, 절벽, 수풀, 습지나 웅덩이 근처에서 쉬며 인가 근처에 둥지를 튼다. 아브딤황새는 사람을 무서워하지 않고, 사람들 또한 전설 때문에 아브딤황새를 해치지 않는다. 주로 큰 곤충을 잡아먹기도 하고, 드물게 작은 쥐나 작은 수생생물들을 먹기도 한다.

주로 비가 내리는 5월에 케냐 서부에서 번식을 하고, 10월에서 이듬해 3월까지는 홍해 남쪽 해안에서 번식을 한다. 집단번식 개체들은 절벽이나 나무, 지붕 위에 둥지를 튼다. 다른 종들과 섞여 둥지를 틀거나 때로는 무리와 떨어져 서식지 경계에서 번식하기도 한다. 알은 2~3개 낳으며, 때로는 알 1개만을 낳기도 한다. 알을 품는 기간은 30~31일이고, 어린 새의 털은 옅은 회색이다. 어미가 새끼를 키우는 기간은 50~60일이다. 지금까지 조사한 바에 따르면 가장 오래 산 아브딤황새는 21년을 살았다.

아브딤황새는 이동시기에 적도를 통과해 이동한다. 번식기인 5~8월이 되면 적도 북쪽으로 이동하고, 11월에서 이듬해 3월에는 열대 남부지방에서 지낸다. 아브딤황새는 비가 오는 시기에 맞춰 이동을 한다. 우간다에서는 1만 마리가 무리를 지어 생활하고, 홍해 남쪽에 있는 에리트레아 섬(Eritrean Island)에서는 아브딤황새 63쌍이 번식한다.

아브딤황새는 서식하는 마을과 지역에 비를 가져다주는 성스러운 동물로 인식되었고, 메뚜기를 잡아먹어 농사 피해를 줄여주기에 보호받고 있다. 인가 지붕에 둥지를 틀 때 주민들은 아브딤황새가 행운을 가져다준다고 여겨 둥지에 걸맞은 바구니 같은 구조물을 만들어주기도 한다.

아브딤황새는 지역별로 개체군의 수가 감소한다는 보고는 있으나, 전 세계적으로 넓은 분포권에 많은 개체수가 서식하고 있기 때문에 관심필요종으로 지정되어 있다.

하지만 도시 개발, 경작활동(옥수수밭) 등의 확대로 자연적인 초지가 줄어들어 이 종의 생태를 위협한다. 또한 먹이인 메뚜기가 줄어들고 농약 사용에 따른 직접적인 피해로 그 수가 줄어들고 있다. 나이지리아 일부에서는 전통 약용으로 사냥되어 팔리기도 한다.

3. 흰목황새

흰목황새는 분류학적으로 폭풍황새(*C. stormi*)와 동일종으로 여겼으나 현재는 각각 다른 종으로 분류된다. 이 종은 세 개의 아종으로 나누어지며, 각각 열대 아프리카, 인도, 인도네시아, 말레이 반도 북쪽의 필리핀, 자바, 월러스 등지에 서식한다.

흰목황새의 몸길이는 86~95센티미터이다. 깃털은 아주 부드러우며 검은색에 푸른빛과 보랏빛의 광택이 돈다. 끝이 갈라진 꼬리는 검은색이지만 대개 긴 꽁지깃에 가려져 어둡고 흐리게 보인다. 어린 새는 전체적으로 몸 색이 짙은 갈색이다.

흰목황새는 주로 습지, 강, 호수, 범람원, 늪, 논, 말라가는 연못, 석호, 늪과 숲이 함께 있는 지역에서 산다. 삼림을 좋아하지는 않지만 작은 숲 또는 냇물, 강, 습지가 있는 숲에서 살기도 한다. 흰목황새는 물고기, 개구리, 두꺼비, 뱀, 도마뱀, 큰 곤충, 설치류, 수서 무척추동물을 주로 먹으며, 야자수 열매를 먹기도 한다. 홀로 사냥하며, 천천히 걸어 다니다 먹이를 보면 잡아채며 물속에 들어가 사냥하지는 않는다.

인도에 사는 흰목황새는 북쪽 지방에서 7~9월에 지내고, 12월에서 이듬해 3월까지 남쪽 지방에서 보낸다. 아프리카에서는 건기(乾期)에 알을 낳으

1 흰목황새의 생김새

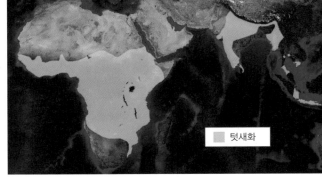

2 흰목황새의 분포

텃새화

며, 북수단에서는 우기(雨期)에 알을 낳는다. 동아프리카에서는 여러 쌍이 인접해서 둥지를 지으며, 인가 근처와 판야나무 같은 20~30미터 높이의 나무에 둥지를 튼다.

큰 막대기를 지지대로 삼아 지름 1미터, 깊이 30센티미터로 둥지를 지으며 풀이나 폐기물을 둥지 안에 깐다. 한 번에 2~4개의 알을 낳고, 알을 품는 기간은 30~31일이며 새끼를 키우는 기간은 55~65일이다. 암컷은 3년이 지나야 번식능력이 생긴다. 조사한 새 가운데 가장 오래 산 흰목황새는 30년을 살았다. 보통 텃새이며, 수백 마리로 무리 지어 아프리카 북쪽에서 남쪽으로 이동하기도 한다.

흰목황새는 서식지 파괴에 따른 급격한 개체군 감소로 최근 감소종으로 지정되어 보호받고 있다. 전 세계적으로 약 3만 5천 마리로 추정하고 있지만, 정확한 개체군 수를 추정하기 위해 끊임없는 연구가 필요하다. 이 종을 위협하는 요소들은 서식지 감소와 파편화이다. 특히 둥지를 틀 수 있는 큰 나무들이 서식하는 저지대 산림지대의 감소와 사냥을 비롯해, 농경지에 지나치게 농약을 사용하는 것 또한 문제가 되고 있다.

4. 폭풍황새

분류학적으로 흰목황새(*C. episcopus*)의 아종으로 분류하지만, 종 사이에 번식이 일어나지 않아 서로 다른 종으로 본다. 인도네시아의 수마트라와 보르네오 그리고 말레이 반도에서 살며, 타이완에서 2회 관측 기록이 있다. 자바 서부 지역에도 서식한다고 하지만, 흰목황새를 폭풍황새로 오인하기도 한다.

폭풍황새의 몸길이는 75~91센티미터이고, 흰목황새에 비해 얼굴에 털 없는 부위가 넓고 피부색이 밝으며, 뒷목 털색도 밝은 흰색이다. 부리는 검은색이고, 날개 아랫면은 황동색을 띤다. 얼굴 눈가에 털이 없어 붉은 피부가 드러나며, 눈 테두리의 피부색이 노랗다. 얼굴색은 칙칙한 주황색이다.

수컷은 다리의 마지막 마디가 약간 오목하고, 암컷은 곧다. 다리의 색은 옅은 주황색이다. 번식기 이후 어른 새의 부리는 흐린 색을 띠며, 어린 새는 몸 깃털이 어두운 색이고 피부가 벗겨진 부분이 있다. 예를 들어 부리 끝은 잿빛 또는 갈색이고, 얼굴과 목에 검은색 털이 있다.

폭풍황새의 어린 새는 크고 거칠게 '크렉' 또는 개구리와 같은 소리를 반복해서 낸다. 이 소리는 야생에서 50미터 떨어진 거리까지 들린다. 번식능력이 생기는 어른 새가 되면 울음소리를 내지 않고 부리를 부딪쳐 소리를 낸다.

폭풍황새는 인간의 간섭이 적고 맑은 물이 있는 곳에서 산다. 아열대나 열대의 해변이나 하구의 습지에 발달한 맹그로브 숲, 상록수림, 늪지대에서 산다. 종종 산림, 강가, 진흙투성이의 둑에서도 살아간다. 흰목황새와는 달리 개활지에서는 볼 수 없다. 사바나 지역에서는 해발 240미터에서 관측되었다.

주로 물고기를 먹으며 파충류, 양서류, 잠자리 유충이나 메뚜기 같은 곤충, 게 등을 먹는다. 수마트라에 있는 폭풍황새 둥지 안을 살펴본 결과, 먹이 가운데 67퍼센트 정도가 2~7센티미터인 물고기였고, 애벌레나 수중 곤충 유충, 개구리 등의 잔해가 발견되었다. 폭풍황새의 먹이 습성은 그리 자세히 알려져 있지 않지만 흰목황새, 먹황새와 비슷할 것으로 보인다. 폭풍황새는 홀로 살아가는 경향이 있고, 브루나이 지역에서는 7~12마리가 무리 생활을 한 기록이 있다.

폭풍황새는 8~9월에 보르네오에서 번식하는 것으로 추정하는데, 11월에 보르네오 북서부의 사라와크 지역에서 어린 새가 발견되었다. 수마트라에 있는 한 둥지에서 발견된 폭풍황새는 4월에 번식에 들어갔고, 5월에 알을 낳아 7월에 부화했다. 타이완에서 발견된 또 하나의 둥지에서는 10월 넷째 주에 새끼가 부화했다.

혼자 나무에 둥지를 트는 폭풍황새는 짝을 지으면 세력권 안에서 둥지 틀 만한 장소를 몇 군데 봐둔 뒤에 한 군데에서 번식한다. 두 개의 둥지가 200

1　폭풍황새의 생김새

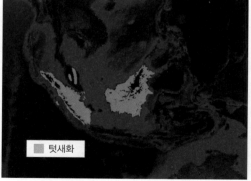

2　폭풍황새의 분포

■ 텃새화

미터 가량 가까이 있는 것이 발견되기도 했다. 둥지는 지름 50센티미터, 깊이 15센티미터로, 둥지 안에 마른 나뭇잎과 털이 깔려 있었다. 번식을 한 둥지는 높이 19미터의 나무에 지었으며, 다른 한 둥지는 18미터까지 자라는 맹그로브 숲속 8.3미터 높이에 지었다.

한 번에 2~3개의 알을 낳고, 알 크기는 짧은 축이 41.9밀리미터, 긴 축은 60.2밀리미터이다. 암수가 번갈아 알을 품으며, 그 기간은 29일 정도이다. 새끼를 기르는 기간은 57일 정도이며, 어미는 최대 90일 동안 새끼를 돌본다. 52일 정도면 어린 새는 어른 새와 비슷해진다. 어미새는 둥지에서 2~3킬로미터 떨어진 거리까지 먹이를 구하러 간다. 암컷이 주로 새끼를 돌본다.

폭풍황새는 작은 개체군으로 흩어져 있고, 그 수가 급격히 줄어들고 있어 멸종위기종으로 지정하고 있다. 전 세계적으로 약 400~500개체가 생존하는 것으로 보고되고 있다. 이 종을 위협하고 있는 요인은 무분별한 산림 벌채와 댐 개발, 숲의 파괴, 그리고 기름 야자나무 숲의 조성이다. 또한 산불, 저지대의 강기슭 개발, 사냥과 밀매 등이 이 종을 위협하고 있다.

5. 매구아리황새

매구아리황새는 분류학적으로 초기에 *Euxenura galeata* 단일종으로 분류되었으나 정확한 분류는 아닌 것으로 추정된다. 미국 남부, 안데스 동부, 베네수엘라에서 아르헨티나에 이르기까지 분포한다.

매구아리황새의 몸길이는 97~102센티미터이며, 수컷이 암컷보다 약간 더 길고 부리가 크다. 얼굴은 붉은 피부로 덮여 있으며, 눈은 상아빛을 띤다. 꼬리 끝은 제비 꼬리처럼 갈라져 있다. 어린 새는 얼굴 피부가 검다.

매구아리황새는 다양한 담수 습지, 연못, 사바나 지역 습지, 범람원, 목초지, 갈대밭, 마른 초지, 해변에서 서식한다. 볼리비아에서는 해발고도 2,500미터 지역에서 살아간다. 주로 개구리·올챙이·물고기·뱀장어·작은

1 ☐ **1** 매구아리황새의 생김새
2 ☐ **2** 매구아리황새의 분포

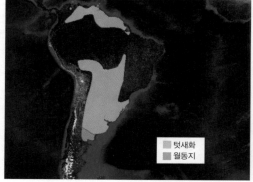

텃새화
월동지

수생 설치류·뱀·게·수생곤충을 먹으며 대체로 물가나 수생식물이 무성한 지역에서 먹이를 찾아다니며 사냥한다. 사냥은 홀로 또는 무리, 쌍으로 하며 마른 연못 근처에서 사냥하기도 한다. 건초 더미 아래를 뒤지면서 곤충을 잡아먹기도 한다.

매구아리황새는 6~11월에 남아메리카의 대초원 지역, 8~10월에는 브라질 지역에서 번식한다. 대개 한 번식지에서 5~15개의 둥지를 틀며, 둥지의 사이의 간격은 50여 센티미터이다. 근처에 물이 흐르고 포식자가 접근하기 힘든 1~6미터 높이의 덤불이나 관목 위에 둥지를 짓는다. 덤불이나 나무가 없을 때에는 갈대가 무성한 땅에 둥지를 튼다. 둥지는 지름 2미터, 깊이 75센티미터이고, 둥지 안에 풀을 깔아 놓는다.

한 번에 2~4개의 알을 낳으며, 알을 품는 기간은 29~32일이다. 새끼는 흰색의 솜털로 덮여 있고, 얼마 지나지 않아 검은색 털로 바뀐다. 새끼를 키우는 기간은 60~72일이며 번식능력을 갖추기까지 수컷은 3년, 암컷은 4년 정도가 걸린다. 매구아리황새 가운데 가장 오래 산 황새는 20년 정도이다.

매구아리황새의 이동에 대해서는 알려진 것이 없다. 베네수엘라에서 진행한 번식연구에 따르면 3~5월에 비가 내리는 시기에 베네수엘라에 도착해 비가 적게 내리는 이듬해 1월에 베네수엘라를 떠난다. 이동할 때에는 50여 마리가 무리 지어 움직이고, 이동 전과 후로 나누어 번식한다. 둥지에서 30킬로미터 떨어진 곳까지 먹이를 구하러 가고, 쐐기 모양의 대형으로 비행한다. 때로 아르헨티나와 칠레 사이의 안데스 산맥을 가로질러 이동하기도 한다.

매구아리황새는 전 세계적으로 넓은 분포권에 많은 개체수가 서식하고 있기 때문에 관심필요종으로 지정되어 있다. 개체군 수의 변동 또한 안정적인 편에 속한다. 그리고 이 종을 위협하는 요소들은 보고되지 않고 있다.

6. 유럽황새

유럽황새는 우리나라 황새(*Ciconia boyciana*)와 생김새가 비슷해 과거에는 같은 종으로 여겼으나 현재는 황새와 유럽황새를 다른 종으로 분류한다. 유럽황새는 두 아종으로 분류되는데 한 아종은 유럽·서아시아·남아프리카에서 서식하고 남아프리카와 아프리카 열대에서 겨울을 보낸다. 다른 아종은 투르키스탄에서 서식하며, 이란과 인도에서 겨울을 보낸다.

유럽황새의 몸길이는 100~102센티미터이고, 몸무게는 2.3~4.4킬로그램, 날개를 편 길이는 155~165센티미터이다. 수컷이 암컷보다 크다. 눈 주위의 피부는 검고, 눈은 짙은 갈색 또는 회색빛을 띤다. 둘째 날개깃의 줄은 뚜렷하지 않다. 어린 새는 전체적으로 털색이 흐리고, 털이 없는 부위도 있다.

유럽황새는 습지, 개활지, 구북구의 수생생태계, 아프리카 초지, 스텝지역, 사바나, 경작지, 연못, 늪, 개울, 배수로, 강가 목초지, 범람원, 댐 근처 목초지, 호수, 석호생태계 등에서 살아간다. 나무가 듬성듬성한 숲이나 다양한 건축물과 폐기물 처리장에서 휴식을 취하거나 둥지를 틀기도 한다. 주로 저지대에서 생활하지만, 구북구 남쪽 코카서스 지역의 해발 3,500미터에서도 서식하는 것으로 알려져 있다. 대체로 유럽황새는 춥고 습한 기후, 고지대, 갈대 숲이나 삼림처럼 초목이 우거진 자연환경에서는 서식하지 않는다.

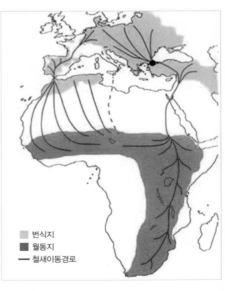

유럽황새들은 번식은 유럽에서 하며 겨울은 아프리카에서 보낸다.

주로 작은 포유류, 곤충, 양서류, 파충류, 지렁이, 물고기 등의 다양한 생물들을 먹는다. 오스트리아에서는 4～6월에 설치류를, 7～8월에 메뚜기를 잡아먹는다. 사냥을 할 때는 천천히 걸어 다니다가 먹이를 발견하면 부리로 재빠르게 낚아채 사냥 시간이 짧다. 아프리카에 서식하는 유럽황새는 불에 탄 초지에서 메뚜기 떼나 병정벌레 등을 잡아먹는다.

　유럽황새는 구북구에서는 2～4월에, 남아프리카에서는 9～11월에 번식한다. 여러 마리가 무리 지어 둥지를 틀지만 무리를 이루지 않고 한 쌍만 따로 둥지를 짓는 경우도 있다. 둥지는 크고 딱딱한 재료로 지름 2.5미터 정도로 지으며, 둥지 안은 풀과 동물의 배설물, 종이 등을 깔아놓는다. 대체로 나무, 건물 지붕, 송전탑, 전신주, 짚 더미 위에 둥지를 틀며 수직으로 지은 다양한 인공구조물 위에 둥지를 틀기도 한다. 매년 같은 둥지를 이용해 번식하는 습성이 있다.

　한 번에 1～7개의 알을 낳지만, 보통 4개의 알을 낳는다. 알을 품는 기간은 33～34일이며, 어린 새는 흰 솜털에 부리가 검다. 새끼를 키우는 기간은 58～64일이다. 2～7년이면 번식능력이 생기지만 평균 4년이면 번식을 할 수 있다. 수컷 한 마리가 암컷 두 마리와 번식하는 이중 번식이 관찰되기도 했다. 가락지 조사에서 35년 된 수컷 유럽황새가 포착되었다. 유럽황새는 33년 이상을 살며, 32년을 산 어미가 새끼 3마리를 기르기도 했다.

　유럽황새는 철새로, 상승기류를 이용해 활상(날개를 퍼덕이지 않고 미끄러지듯이 나는 것)하고 난류를 이용해 비행한다. 사막을 가로질러 비행하며, 큰 물길이나 삼림은 피해간다. 유럽황새들 가운데 이란에서 서식하는 무리는 인도에서 겨울을 난다. 9월에서 이듬해 3월, 10월에서 이듬해 4월까지 인도에서 겨울을 나는 유럽황새를 조사한 결과, 독일에서 사는 황새가 인도 북서쪽 지역으로 이동한다는 것이 밝혀졌다.

　현재 유럽황새는 전 세계적으로 넓은 분포권에 많은 개체수가 서식하고 있기 때문에 관심필요종으로 지정되어 있다. 그리고 그 개체군의 수 또한

1　1 유럽황새의 생김새
2　2 유럽황새의 분포

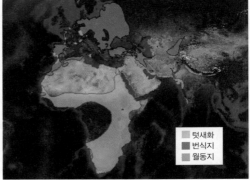

텃새화
번식지
월동지

증가하고 있는 실정이다.

하지만 저습지의 배수, 범람원의 소실(댐, 경사가 높은 둑, 배수펌프장, 운하 건설 등), 경작지의 확대 등과 같은 서식지 변화는 이 종의 서식 공간을 위축하고 있다. 또한 새로운 건축물들은 유럽황새의 둥지 공간에 적합하지 않아 번식 기회를 제한한다. 그리고 이동시기에 많은 유럽황새들이 송전선과의 충돌로 사망한 사례들이 보고되고 있다.

유럽황새는 먹이사슬의 최상위 포식자이므로 농약 오염에 많은 피해를 받는다. 사냥 또한 유럽황새의 생존을 위협하는 주된 요인으로, 특히 1985년 이주시기에 나이지리아 북쪽의 카노 지방에서 21개의 야생 포획용 미끼와 수백 개의 덫이 발견되었다. 이때 유럽황새는 지역 시장에 팔려나갔고, 사헬 지역에서는 한 계절에 약 200마리의 유럽황새가 사냥되었다.

유럽황새를 덫이 아닌 사냥으로 포획하는 행위가 심각한 시리아와 레바논 지역에서는 매년 수천 마리의 유럽황새가 포획되고 있으며, 법적인 보호 체계가 없는 수단에서는 오락의 하나로 유럽황새를 사냥하기도 한다. 이에 따라 줄어드는 유럽황새를 보존하고자 지속적으로 개체수를 조사하고 보호하려는 노력이 이루어지고 있다. 1983년과 1985년, 독일에서 유럽황새 보존을 위한 회의가 열렸고, 번식과 개체수 증가를 위해 유럽황새를 인공증식하고 있다. 어린 새 또한 기후변화에서 보호하기 위해 키우고 있는 실정이다.

7. 황새

황새는 러시아, 중국, 한국, 일본을 포함한 북동아시아의 좁은 지역에 분포한다. 과거 유럽황새(*C. ciconia*)와 같은 종으로 분류되었으나, 현재 두 종을 서로 다른 종으로 보고 있다. 최근 연구에 따르면, 과거 일본에서 번식한 개체는 북동아시아에 분포하는 황새와 유전적으로 다를 가능성도 있지만, 일본과 대륙 개체들의 유전적 교환으로 그 차이가 줄어들고 있고, 중국의

1 황새의 생김새

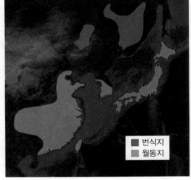

2 황새의 분포

■ 번식지
■ 월동지

대륙 개체군의 유전적 다양성이 늘어났을 것이라고 추정한다.

하지만 분류학적으로 황새는 유전적 단일종으로 본다. 시베리아의 남동 지역(치타, 하바롭스크, 아무르, 연해주 포함)과 중국의 북동지역(헤이룽장성, 지린성, 내몽골 포함)에서 번식하고, 중국의 남부와 남동부지역에서 겨울을 보낸다. 다른 무리는 중국을 가로질러 남서부지역의 윈난성에서 쓰촨성 전역에 걸쳐 겨울을 보낸다. 일본에서는 최근, 주로 북쪽에 있는 혼슈와 홋카이도 지역과 군도에서 발견된다. 한반도에서는 북한에 상당수가 서식하고 있는 것으로 보이는데 겨울을 보내는 개체수는 적다. 타이완에서는 드물게 발견되며 과거에 번식을 시도한 기록이 있다. 1960년대까지는 일본과 한반도에서 번식했다. 북한에서는 1977년 그 이후까지 번식했고, 남한에서는 1971년까지 번식했다고 한다. 몽골 북동지역에 드물게 찾아오는 여름 철새이다.

황새의 몸길이는 110~115센티미터이며, 날개를 편 길이는 195~200센티미터에 이른다. 부리가 검고 몸 전체가 흰색과 검은색의 깃털로 덮여 있다. 아랫부리, 목 부분, 콧등 일부는 붉은색을 띤다. 어깨 부근, 큰날개 덮깃, 첫째 날개깃, 둘째 날개깃, 셋째 날개깃에 검은 깃털이 나 있다. 수컷이 암컷보다 몸집과 부리가 약간 더 크다. 눈 주변에는 붉고 가느다란 피부가 드러나 있고, 눈 테는 상아빛을 띤다. 부리는 위로 살짝 휘어 있으며 날카롭다. 다리는 검붉은색을 띤다. 황새의 날개의 특징에서 비행깃털 가장자리 부분의 은색 털은 비행에 쓸모가 있지만 휴식을 취할 때 쉽게 눈에 띄는 단점도 있다. 어린 새의 생김새는 어미와 비슷하고, 전체적으로 몸 색이 흐리다.

황새는 울대(syrinx)가 다른 조류에 비해 덜 발달되어 있어 음성을 이용한 의사소통이 상당히 제한적이다. 한국교원대학교 황새생태연구원의 사육 황새에서, 둥지의 새끼들은 부모에게 먹이를 달라고 할 때 약하게 "슈" 또는 "히유" 하고 소리를 낸다. 이러한 어린 새의 음성행동은 둥지에서 벗어난 이후 먹이를 스스로 구하기 시작하면 급격히 줄어든다. 번식기에 구애행동을 할 때는 부리를 부딪쳐 큰 소리를 낸다(bill-clattering).

황새는 주변에 나무가 우거진 습지, 젖은 목초지와 둑에서 살며 산림지대를 좋아한다. 일본에서는 주로 농경지에서 먹이활동을 하며, 인근 산림에서 번식한다. 황새는 유럽황새처럼 사람들을 두려워하는데, 이는 사람들에게서 피해를 받아왔기 때문으로 보인다. 반면, 러시아에서는 황새가 인간의 간섭이 잦은 생태환경에서도 잘 적응한 경우도 있다.

주로 물고기를 잡아먹으며, 특히 미꾸라지, 미꾸리, 동사리, 붕어를 많이 먹는다. 잠자리·메뚜기·딱정벌레 등의 곤충을 먹으며, 벌도 먹는다. 양서류에서는 아무르산개구리·참개구리·청개구리를 먹으며, 파충류에서는 뱀·무자치, 작은 포유류 중 들쥐를 먹으며 복족류, 지렁이, 작은 새들도 잡아먹는다. 겨울에는 아침부터 늦은 오후까지 먹이활동을 하며, 물고기나 조개류, 갑각류(논우렁이, 새우, 말똥게)를 잡아먹는다. 대나무를 비롯한 다른 식물들(나문재, 줄말, 이삭물수세미, 붕어마름)을 소량 먹기도 한다. 하루에 400~500그램의 먹이를 섭취한다. 촉각을 이용해 사냥하고, 10~20센티미터 깊이의 물속이나 마른 풀들이 있는 초지에서 천천히 걸어 다니며 먹이를 찾는다.

자연 상태에서의 이러한 섭식행동은 한국교원대학교 황새생태연구원에서 사육하는 황새 두 개체를 실험적으로 방사했을 때에도 논 습지(물 깊이 약 20센티미터의 벼를 경작하는 장소와 물 깊이 약 40센티미터의 둠벙)에서 유사한 섭식행동을 보였다. 논 습지에서 황새의 먹이인 수서생물은 벼를 경작하는 장소보다 둠벙에 많이 서식했지만, 실험 방사한 황새는 물 깊이가 낮고 벼를 경작하는 물에서 높은 섭식 성공률을 보였으며, 둠벙에 비해 먹이를 먹기 위해 머무는 시간 또한 길게 나타났다. 또한 한국교원대학교 황새생태연구원에서 사육하는 황새들은 다양한 먹이 선택 실험에서 귀뚜라미와 지렁이보다 미꾸리를 더 좋아했다.

황새는 러시아 동부와 중국 북동부지역에서는 4월 중순에 번식에 들어가고, 5월 말에 알을 낳는다. 일본에는 3월 말에 알을 낳고, 4월 셋째 주에 첫 새끼가 부화한 사례도 있다. 한국교원대학교 황새생태연구원에서 사육하는 황새들은 12월 말에 둥지 짓기를 시작하고, 암컷보다는 수컷이 둥지 짓는 데 많은 역할을 한다. 특히 이러한 둥지 짓는 시기에 암수가 함께 털을 골라주는 행동(allo-preening)과 부리를 부딪치는 행동을 동시다발적으로 자주 하는데 이는 짝짓기 행동의 지표가 된다.

황새는 다른 둥지와 1~4킬로미터 떨어진 곳에 홀로 둥지를 짓거나 큰 무리를 이루지 않고 둥지를 틀기 때문에 4~7개의 둥지가 200~1,000미터 간격으로 있다. 때로 왜가리 등의 다른 종의 무리와 섞여 둥지를 틀기도 한다. 1948년 기록에 따르면, 북한 황해도 지방에서는 한 마을에 황새 한 쌍씩 둥지를 틀고 지냈으며, 둥지 사이 거리가 108미터 정도였다.

지상에서 10~15미터 높이의 나무 위에 둥지를 짓고, 3~30미터에도 둥지를 튼다. 종종 시야 확보가 유리한 죽은 사시나무, 자작나무, 느릅나무, 참나무, 소나무 등에 둥지를 틀기도 한다. 건물 지붕에 둥지를 틀어 번식하기도 하며, 일본에서는 사원 지붕에 둥지를 튼 기록이 있다. 드물게 송전탑에서 번식하기도 한다.

1948년 기록에 따르면, 높이가 약 10미터에 이르고 둘레가 약 3~4미터 남짓한 느티나무, 은행나무, 물푸레나무, 소나무에서 죽은 나뭇가지를 엮어 둥지(지름 약 2미터, 깊이 약 50센티미터)를 틀었다. 번식에 성공한 둥지를 그 이듬해에도 계속 사용하는데, 10년에 걸쳐 둥지 3개를 사용하기도 한다. 러시아 남동지역에서는 먹이장소에서 1~4킬로미터 떨어진 곳에 둥지를 짓고, 때로는 100미터 안팎에 둥지를 틀기도 한다.

암컷은 2~5일 간격으로 2~6개의 알을 낳으며, 평균 3~4개의 알을 낳는다. 알을 품는 기간은 31~35일이다. 어린 새는 흰 솜털에 부리는 주황색이다. 암수가 함께 새끼를 기르며, 가끔 오전 4시부터 오후 22~23시까지 먹이를 구하러 다닌다. 새끼를 키우는 기간은 55일 정도로, 새끼는 부화한 지 63~70일이면 둥지를 떠나기 시작한다.

1996~2010년 동안 한국교원대학교 황새생태연구원에서 사육하는 황새

의 번식기를 관찰한 결과, 어미가 낳는 알은 약 4.3개, 알을 품는 기간은 약 29.9일, 그리고 번식 성공률은 약 92퍼센트였다. 특히 알 품기와 새끼 키우기에서 황새 쌍은 일부일처제인 가족 행태이며, 암수가 공평하게 양육을 분담(둥지 지키기, 알 품기, 알 굴리기, 새끼 부화 후 먹이 공급 등)하는 것으로 관찰되었다.

자연 상태에서 새끼 키우는 기간은 약 55.9일로 알려져 있지만, 공간적으로 제한된 사육 상태에서는 정확히 새끼 키우는 기간과 이소시기(새끼들이 둥지를 떠나는 시기)를 기록하기가 쉽지 않다. 따라서 2013년 한국교원대학교 황새생태연구원에서 부화 후 새끼가 먹이를 얻는 방법의 변화를 관찰한 결과, 부화한 뒤 약 60~70일부터 부모는 새끼를 둥지에서 벗어나게 하려고 둥지 밖에서 먹이를 주었고 이와 동시에 새끼들은 부모를 따라 둥지 밖에서 스스로 먹이를 먹기 시작했다.

러시아에서는 한 둥지에 어린 새 6마리가 모두 이소에 성공한 해도 있었으나 번식에 어려움이 있던 해에는 2마리만 이소에 성공했다. 러시아 남동쪽에 있는 59개 둥지의 부화 성공률은 79퍼센트였고, 어린 새의 생존율은 83퍼센트였으며, 전체적인 번식 성공률은 66퍼센트였다. 인공위성으로 추적한 결과, 이동시기와 겨울에 어린 새의 사망률이 높은 것으로 밝혀졌고, 앞으로 어린 새의 생존율에 미치는 영향에 대한 연구를 국제적으로 지속할 필요가 있다. 전 세계적으로 가장 오래 산 황새는 48년을 살았으며, 사육 상태에서의 평균 수명은 약 29~30년이다.

중국에서의 황새 이동에 대해서는 잘 알려지지 않았지만, 대체로 9월 중순~10월 중순에 번식지를 떠나 이듬해 4~5월에 번식지로 다시 돌아온다. 과거 일본에는 3월경에 번식을 위해 찾아왔으며, 러시아 극동지역에는 드물게 3월 넷째 주에 찾아왔다. 때로 300~400마리가 무리 지어 이동하기도 하며(최대 800마리), 1986년에서 1990년까지 10월 11일~11월 16일 가을에 중국 허베이성 지역을 통과한 기록이 있다.

인공위성으로 추적한 결과, 러시아 극동지방 아무르 지역의 황새 가운데 일부는 7월 말에 이동을 시작하여 월동지까지 2,455~3,209킬로미터(평균 2,759킬로미터) 거리를 60~116일(평균 103.3일) 동안 천천히 날아갔다. 12월 중순에서 이듬해 1월에 황새들의 이동이 가장 많으며, 겨울 동안 다른 지역으로 가

번식지
월동지
— 철새이동경로

1998~2000년. 러시아 동부에서 번식하여 태어난 13마리 황새 유조의 철새 이동 경로를 인공위성 추적을 바탕으로 조사했다.

기 위해 먼 거리를 이동하기도 한다. 하지만 두루미와 달리 황새는 먼 거리를 많은 중간 기착지들에서 천천히 쉬어가면서 이동한다. 봄과 가을철에 이동할 때 겨울철과 비슷한 경로로 움직인다.

황새는 현재 멸종위기종으로 지정되어 전 세계적으로 법적 보호를 받고 있으며, 지구상에 약 1,000~2,499개체가 있다. 과거에 일본과 한국에서는 마을 등지에서 흔하게 볼 수 있는 텃새였으나 멸종되었으며, 일본에서는 19세기 후반 총기 사용이 갑작스레 늘어나 1960년대에 번식을 마지막으로 멸종되었다. 1985년부터 구소련에서는 번식 개체들의 가락지 부착 연구 결과, 자연에 약 700쌍 정도가 있다고 추정하고 있다.

하지만 자연에 서식하는 전체 개체군의 연구에는 큰 어려움이 있다. 부레야 지역과 아무르 지역 습지에 서식하는 개체군은 하수도 개발과 농업 발달로 말미암아 보존에 위협을 받고 있다. 1980년대 초까지만 하더라도 러시아 프리모르스키 지역에 61쌍의 황새가 있었고, 우수리 강 계곡에는 38쌍의 황새가 서식하던 것으로 알려졌으나, 1990년대 들어 제초제 사용의 증가와 인간의 간섭이 늘어남에 따라 그 수가 급감했다. 황새가 둥지를 트는 나무들은 거센 바람이나 밀렵에서 황새를 보호해주었으나, 봄철에 인위적·자연적 산불이 늘어나 크고 강한 나무들이 사라지기 시작했다.

겨울철 중국에서도 어류 남획, 서식지 교란, 불법 포획과 사냥, 농약 중독, 제지공장 등으로 수질오염 등의 문제가 발생하고 있다. 아무르 강의 댐과 중국의 협곡에 완공될 세 개의 댐은 황새의 생존에 치명적인 영향을 끼칠 것으로 보인다. 중국은 끊임없이 인구가 증가하고 있음에도 황새의 번식지와 월동지, 중간 기착지들을 보호구역으로 지정, 유지하고 있다.

1986년 가을, 베이다이허와 하북성 지방에서 이동 중인 황새 2,729개체가 발견되었고, 그다음 해에는 약간 더 적은 수의 개체군이 기록되었다. 1999년 3월 톈진 지방에서는 약 800개체가 이동하는 것으로 기록되었으며, 겨울철에 900마리 또는 그 이상의 개체군을 형성해 이동하기도 했다. 양쯔강지역의 하수도 시설 인근을 보호구역으로 지정하는 등의 노력을 펼쳤지만 1980~1988년 사이 309마리가 불법 포획으로 희생되었다. 2004년 1~2월 사이 양쯔강 범람원 부근에 남은 개체는 약 1,697마리로 조사되었다. 장시성에서는 1,491개체, 안후이성에서는 162개체가 조사되었다. 1991년 1월 홍콩에서의 조사를 따르면, 121개체가 태어났고 다음 해 겨울에는 더 적은 수의 새끼가 태어났다. 개체수 감소의 원인으로는 불법 포획, 농약 중독, 서식지 감소, 농업 형태의 변화, 토탄 채취, 벌목이 있다. 1987년에 38마리의 개체를 포획하여 인공번식에 성공하기도 했다. 따라서 현재 러시아, 중국, 일본, 그리고 우리나라에 서식하는 황새 모두가 위협받고 있는 것이 현실이다.

또한 한국과 일본에서는 과거 텃새 개체군의 절멸 후 재도입을 위한 인공증식을 황새공원과 동물원이 함께 국제적인 협력을 마련하여 추진하고 있다. 특히 메타개체군의 이론적인 측면에서, 러시아의 원조 개체군을 중심으로 중국, 일본, 한국의 번식 개체군의 안정화를 통해 전체 황새 개체군의 멸종시기를 연장시키는 데 주력해야 한다.

인공증식을 위한 포획과 교환, 인공번식 프로그램은 1965년 일본에서 먼저 시작되었다. 1998년 120개체(91개체가 인공번식으로 태어난 개체)를 확보했고, 일본 동물원 15곳, 한국과 중국 동물원 22곳에서도 이와 비슷한 개체수를 확보했다. 과거 한국과 일본에 서식하던 황새의 생태 연구가 미비하여 앞으로 더 많은 연구와 생태 조사가 필요한 실정이며, 효과적인 보호 방법은 물론, 인공둥지와 서식지를 마련해야 한다.

황새의 보존을 위해서는 넓은 면적의 서식지 확보와 보호에 힘써야 한다. 특히 서식지 면적을 넓히는 것이 단편적인 서식지 개수를 늘리는 것보다 멸종위기의 황새 보존에 효과적이라고 할 수 있다. 특히 황새의 서식지는 인간이 관리하는 농경지가 포함되기 때문에 인간과 황새가 공존할 수 있는 방법을 찾아나가야 한다. 우리나라의 황새는 문화재청 천연기념물 제199호, 환경부 멸종위기 야생동물 I급으로 지정되어 보호받고 있다.

2
황새와 생물다양성

　남한 국토 면적의 10퍼센트, 경작지 60퍼센트 이상을 차지하는 논은 생물다양성 보전 측면에서 주목을 받고 있다. 논은 습지 생태계 가운데 인공 담수습지에 속하며, 1990년대 중반 이후 습지로서의 가치를 인식하게 되었다. 최근 논 생태계에 5,668종으로 다양한 생물종이 서식한다고 보고되었다. 이는 한반도에서 서식하는 생물 종수 29,800종 가운데 약 20퍼센트에 해당하는 엄청난 숫자다.

　논은 봄부터 여름까지 물에 잠겨 있고 수온이 높으며, 수로와 연결되어 있어 어류와 양서류들의 산란과 서식 장소로 이용되고 있다. 미꾸리 · 붕어 · 메기 · 송사리 등의 어류는 논과 수로에서 산란한다. 논에서 부화된 치어(稚魚, 어린 물고기)들은 논에 풍부하게 있는 플랑크톤을 먹으며 성장한다. 이른 봄에 깨어난 개구리는 물이 담긴 논으로 이동하여 산란하고, 알에서 깨어난 올챙이는 성장하여 어린 개구리가 되고 논둑과 논을 오가며 곤충 사냥을 한다.

　논은 고립된 생태계가 아니라 산림과 하천에 연결되어 있다. 숲속 바위틈에서 겨울을 보낸 개구리는 논으로 내려와 번식을 한다. 하천에서 자란 어류들이 논으로 이동하여 산란을 한다. 그러나 1970~80년대에 접어들면서 논의 생산성을 높이기 위해 경지정리 사업, 배수개선 사업, 기계화 경작으로 쌀 생산량이 크게 늘었으나 배수로와 논과의 낙차가 커지고 콘크리트 수로가 만들어졌으며 논 둠벙이 메워졌다. 이 때문에 어류와 양서류의 이동 통로가 사라지면서 논 안의 어류와 양서류 개체수와 종수가 크게 줄어들었다.

논 생태계 대표 생물종

논 생태계에는 갑각류, 곤충류, 어류, 양서류, 파충류, 조류 등의 다양한 생물들이 서식한다. 황새는 논에서 곤충류, 어류, 양서류, 파충류 등을 사냥하며 논 생태계의 최종 포식조류이다. 다음은 대표 생물종 6종에 대해 알아보기로 한다.

미꾸리류

미꾸리류는 둠벙이나 배수로에서 겨울을 나고 6~7월에 논에서 번식한다. 미꾸리류는 아가미 호흡과 장 호흡을 하기 때문에 논에 물이 마르는 시기와 겨울철에도 진흙 속에서 서식할 수 있다. 잡식성으로 수서곤충의 애벌레, 플랑크톤, 유기물 등을 먹고 산다. 논에 서식하는 종은 미꾸리, 미꾸라지 2종이 있다.

붕어류

붕어는 하천, 저수지, 농수로 등의 늘 물이 흐르는 곳을 좋아한다. 4~7월에 무리를 이루어 얕은 물가로 나와 알을 낳으며, 저수지 가장자리나 농수로를 통해 논으로 거슬러 올라가 번식한다. 논에 물이 없는 시기에는 둠벙이나 배수로에서 서식하는데 둠벙이 사라지고 배수로가 콘크리트로 바뀌어 논에 서식하는 붕어의 개체수가 크게 줄어들었다. 잡식성으로 동물성 플랑크톤, 실지렁이, 수서곤충, 수초, 유기물 등을 먹고 산다.

송사리류

송사리는 물이 천천히 흐르는 작은 하천이나 연못, 늪, 농수로 등 수초가 많은 얕은 곳에서 산다. 논과 연결된 농수로에서 서식하다가 논에 물이 담길 때 논에서 번식하기도 한다. 물이 오염되어 산소가 부족한 곳에서도 적응하며 산다. 주로 5~7월에 번식하며, 때로는 9~10월에 번식하기도 한다. 동물성 플랑크톤, 장구벌레 등을 먹고 산다. 논에 서식하는 종은 송사리, 대륙송사리 2종이 있다.

참개구리

참개구리는 저수지, 연못, 논, 수로 등에서 서식하며 숲에서 가까운 논이나 저수지 가장자리의 얕은 물에서 4~6월에 산란한다. 참개구리는 논에서 가장 흔하게 볼 수 있는 양서류이다. 올챙이일 때는 논 안에서 유기물, 플랑크톤을 먹으며 자라지만 개구리가 되면 논둑으로 나와 곤충을 사냥한다.

금개구리

금개구리는 저수지, 연못, 논 등에서 서식하며 5~6월에 산란한다. 금개구리는 둠벙과 수로가 가까운 논에 주로 서식한다. 최근 개체수가 줄어들어 멸종위기종 II급으로 지정되어 보호받고 있다.

무자치

무자치는 논이나 초원과 습지, 그리고 숲속의 물가에서 서식한다. 습한 지역에서 흔히 볼 수 있는데 독은 없다. 번식은 8월 하순에 하며 난태생으로 12~16마리의 새끼를 낳는다. 먹이로는 주로 개구리류를 잡아먹는다.

1 미꾸리 2 붕어 3 송사리 4 금개구리 5 참개구리 6 무자치

과거의 논 생태계의 순환

논은 벼를 재배하기 위해서 만든 인공적인 습지이다. 그래서 일년 내내 물을 채우지 않고 봄부터 가을까지만 채우기 때문에 생애주기가 1년 이상인 어류가 일정기간만 이용하는 서식지이다. 논에 물을 채우는 방법에는 하천 물을 막아 논으로 흘려보내거나 상류의 개울에 보를 막아 계단식으로 흘려 보내는 방법이 있다. 논에 서식하는 어류는 시기에 따라 논, 하천, 수로, 둠 벙(생태학적으로 비오톱이라고도 함)을 오가면서 성장과 번식을 한다.

과거의 논은 수로 사이가 완만하게 연결되어 있고, 윗논과 아랫논이 연결 되어 물이 완만하게 흘러 내려간다(그림 1). 논에서 물이 흘러 내려갈 때 낙 차가 낮기 때문에 수로의 어류가 논으로 쉽게 올라와서 번식을 하거나 논과 논 사이에 이동하면서 넓은 지역으로 확산될 수 있는 구조이다.

천수답의 높은 지역에 위치하는 둠벙과 저수지는 일년 내내 물이 채워져 있기 때문에 어류 서식지로 적합하다. 둠벙과 저수지에서 수로로 물이 흘러 내려올 때 어류도 함께 이동하여 논에서 번식할 수 있으며, 배수할 때 수로 를 통해 하천으로 이동할 수 있다(그림 2).

식량증식 시기의 논농사의 변화

일제 강점기에서 해방과 한국전쟁을 겪은 뒤, 1962년 농촌진흥법이 제정 ·공포되었다. 이에 따라 농업의 근대화, 농가소득의 향상, 식량증산을 통한 자급자족 체계 확립을 농업정책의 기본 목표로 삼았다. 식량증산 계획에 힘 입어 1967년에 3.6백만 톤이었던 쌀 생산량이 1976년에는 5.2백만 톤으로 45퍼센트나 늘어났다. 이 같은 쌀의 증산은 다수확 신품종의 개발, 대규모 농업종합개발사업에 맞춰 농지확장, 용수확보, 경지정리와 유지관리 등의

그림 1 경지 정리가 안 된 논의 흙수로(왼쪽)와 높이 차가 있는 논 사이의 연결(오른쪽 위), 수로와 논 사이의 연결(오른쪽 아래)

그림 2 산지의 논에 물을 대기 위한 둠벙(왼쪽)과 저수지(오른쪽)

본격적 시행과 비료·농약·
농기구의 개발 보급에 힘입
은 것이다.

1965년 정부는 지하수 개
발에 따른 농업용수 공급방
식에 한계가 있어 전천후
농업용수 개발계획을 구상
했다. 이전까지의 단일 목
적의 농지기반 조성사업에
서 벗어나 관개배수뿐만 아
니라 토지 이용을 높이고,
영농구조를 개선하고 유지
관리하는 복합적인 사업으
로 전환하면서 1971년부터
한강·금강·낙동강·영산강

그림 3 배수가 개선된 콘크리트 수로

등 4대강 유역을 대상으로 대단위 농업종합개발 사업을 추진했다.

논은 경지정리와 농업의 기계화 등으로 유지관리가 편리한 형태로 정비
되면서 농업 생산성이 크게 높아졌다. 그러나 논의 물빠짐이 잘되도록 논과
배수로의 낙차를 크게 함에 따라 논과 수로의 연결망이 단절되어 하천에서
배수로, 배수로에서 논으로 이동하는 생물들의 장애물이 되었다. 그 결과,
논과 수로의 어류 다양성이 줄어드는 결과를 가져왔다(그림 3).

논과 수로를 연결하는 논 어도 설치

최근 논 생태계를 잇는 논과 수로 사이의 연결망을 개선하기 위해 논 어

그림 4 논 어도

도(魚道)를 설치하는 사례가 늘고 있다. 논 어도란 논과 배수로를 연결하는 경사가 완만한 물길을 말한다. 어도는 논에서 산란과 번식을 하는 어류가 배수로에서 논으로 이동할 수 있도록 설치한다. 경지가 정리된 논은 수로와의 낙차가 커서 어류가 산란하기 위해 논으로 올라오는 것이 어렵다. 따라서 논 어도는 미꾸리류, 송사리, 메기, 붕어류, 잉어 등이 논으로 올라가거나 논에서 내려오는 것을 도와준다.

　논 어도를 설치한 사례 하나를 소개하기로 한다. 황새 복원 예정지역인 예산군 광시면 지역에 논과 수로를 연결하는 논 어도 3개소를 설치했다(그림 4). 논 어도를 설치한 뒤 그 어도로 미꾸리류, 피라미, 버들치, 얼룩동사리, 붕어 등의 어류가 논으로 올라왔다. 그 가운데 미꾸리류가 가장 많이 채집되었다. 논 어도를 이용하는 어류는 비가 많이 오는 날일수록 그 수가 늘어났다.

논 생태계의 생물 피난처 '둠벙' 조성

둠벙은 농경지 안에 있는 작은 연못으로, 물을 일시적으로 가두어 두는 곳이다. 과거에 관개시설이 발달하지 않았을 때, 평소 물을 가두어 두는 용도로 사용되었다. 둠벙에는 논에서 살아가는 다양한 생물들이 서식한다. 논에 물이 없는 겨울철에 생물들은 둠벙으로 이동하여 겨울 시기를 보낸다. 하지만 둠벙은 논 농업환경 개선을 위해 다목적 농촌용수 개발사업, 경지정리 사업, 배수개선 사업 등으로 많이 사라졌다. 다시 말해, 농촌지역 용수공급 문제가 해결되면서 임시 물 저장고인 둠벙이 필요 없게 된 것이다.

우리나라와 농촌 환경이 비슷한 일본에서도 예전에는 논이나 주변 수로, 둠벙에서 송사리와 미꾸라지 등을 쉽게 볼 수 있었으나 경지정리를 비롯한 농업환경 개선으로 생물종 수와 개체수가 많이 줄었다고 한다.

특히 미꾸라지는 논과 주변 농수로에서 산란하고 성장하기 때문에 그 지역 환경변화에 매우 민감하게 반응한다. 따라서 둠벙의 조성과 관리는 농경지 안의 생물다양성을 높이는 데 매우 중요한 요소이다. 미꾸리류 서식 환경 특성을 분석한 연구에서는 둠벙의 유무는 미꾸라지 서식에 큰 영향을 미치며, 둠벙이 있다면 미꾸리류 개체군의 안정된 유지가 가능하다고 나타났다. 이처럼 둠벙이 논 생태계에 미치는 영향이 큰 것을 알 수 있다.

둠벙은 수심 0.4~1미터로 다양하며, 둥근 형태 또는 직사각형 형태로 만든다. 둠벙을 용수로에 가까이 만드는 것이 물이 흘러드는 데 유리하다. 논 안에 지하수가 솟아나오거나 물빠짐이 좋지 않은 공간에 만드는 것이 둠벙 수위를 지속적으로 유지하는 데 효과적이다. 황새는 논을 주요 서식지로 이용하며 겨울철에는 둠벙에서 주로 먹이 사냥을 한다. 10~30센티미터의 수심을 즐겨 찾는 황새가 이용하기 좋은 둠벙 형태는 수심 30~40센티미터, 폭 1미터의 직사각형 형태이다. 둠벙의 면적은 논 전체 면적의 3~5퍼센트 크기로 만드는 것이 알맞다(그림 5, 그림 6).

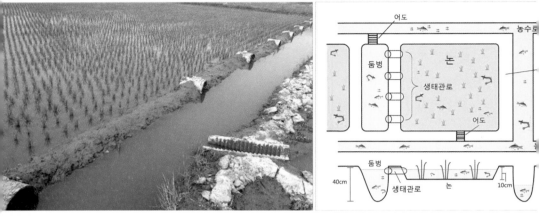

그림 5 생물들의 피난처 둠벙 조성 사례 **그림 6** 둠벙의 모식도

겨울철 논에 물을 담다

겨울철에 물이 담긴 논은 생물다양성을 높이며, 친환경적인 벼를 재배하는 것 외에도 겨울철에 날아오는 철새들에게 먹이와 보금자리를 제공한다. 철새의 배설물로 거름을 주는 효과를 얻을 수 있고, 토양이 환원상태가 되기 때문에 독성이 강한 카드뮴 흡수를 억제하는 효과가 있다. 또한 유기물의 분해를 돕기도 한다. 예를 들어 물에 남아 있는 분해 미생물과 실지렁이 등의 저서생물이 볏짚과 토양의 유기물을 분해한다. 분해된 유기물은 논의 질소량을 높여주므로 화학비료를 줄일 수 있다.

이와 더불어 수서생물들에게 안전한 서식처를 마련해주기도 한다. 특히 생애주기가 긴 어류가 논에서 겨울을 보낼 수 있게 도와준다. 미꾸리류는 둠벙이나 배수로, 논의 진흙 속에서 겨울을 난다. 다시 말해 겨울철 논에 물을 채우면 미꾸리류는 논에서 유기물을 먹으며 겨울을 보낸다(그림 7).

1년 동안 논 생태계에는 최대 **5,000**여 종의 생물종들이 태어나고 성장합니다.

조기 담수·모내기	중간 물떼기	벼 수확	겨울 담수
4월 초에 물을 대어 개구리, 미꾸리 등의 산란을 도와줍니다.	7월 중순까지 물을 담아두어 개구리와 어린 물고기가 잘 성장하도록 합니다.	10월 하순 수확시기에는 논의 생물들이 둠벙으로 이동해 살아갑니다.	겨울 담수논에는 볏짚과 유기물이 비옥한 토양을 만들게하고 철새들의 먹이터가 됩니다.

그림 7 황새 생태농법의 특성

생물다양성을 고려한 친환경농업

1970년대부터 시작된 관행농법은 농약과 화학비료를 이용하여 벼 생산성을 높이는 농업이었다. 생산량을 높이기 위해 모 사이의 간격을 좁혀 어린 모를 여러 포기 심었다. 그러나 모를 빽빽하게 심은 탓에 병해충 발생에 취약하여 살충제, 살균제 등의 농약을 살포해 병해충을 방제했다. 그리고 화학비료를 뿌려 토양에 영양을 공급하여 생산량을 늘렸다. 이 때문에 농촌과 야산에 풍부하게 존재했던 생물의 다양성이 사라지게 되었다.

1990년대부터 환경을 보전하고 쌀의 안전성을 높이기 위해 펼친 친환경농업에는 오리 농법, 종이 멀칭법, 왕우렁이 농법 등이 있는데, 이 농법은 환경오염은 막을 수 있지만 논 생물다양성의 보전이나 생태계 보전이라는 점에서는 한계가 있다. 그래서 최근 무농약, 무화학비료로 경작하는 친환경농업을 넘어서 생물다양성을 고려하는 농업이 일본과 한국에서 개발되고 있다.

생물다양성을 고려하는 논 농사법(일명 황새 생태농법)에는 물 깊이 대기, 병충해에 강한 모 키우기, 논 어도 등의 생물 이동통로 만들기, 겨울철 생물 피난처 만들기 등으로 논 생태계의 생물다양성을 높이는 농법이다.

이 농법을 활용하면 먼저 제초제 사용으로 사라진 녹조류나 개구리밥을 비롯하여 유산균, 깔따구, 실지렁이 등의 미세 생물종이 복원된다. 또한 논 전체에 분포하는 녹조류나 개구리밥은 활발한 광합성으로 탄산가스를 흡수하고 산소를 생산하며, 과잉 상태의 인과 질소를 흡수한다. 그리고 번식성이 강한 잡초인 물달개비의 생장을 억제하는 작용을 한다.

논에 일찍 물을 대면 많은 물벼룩과 실지렁이, 깔따구가 늘어나고 미꾸리류 등의 어류와 개구리의 번식이 증가한다. 미꾸리 등의 어류는 벼의 해충인 곤충의 유충을 잡고, 개구리는 벼멸구·노린재류 등을 잡아먹는다. 이러한 생물이 풍부한 환경은 곧 제비, 백로, 황새, 기러기 등 새들의 서식처가 된다. 그 가운데 황새는 논 생태계 먹이 피라미드의 최상위 포식자이며, 논 생태계에 서식하는 양서류, 파충류, 어류, 설치류 등의 다양한 생물종을 포식한다.

모내기 전에 물을 가두어 잡초를 발아시키고 잡초가 싹을 틔우면 진흙을 갈아엎어 잡초를 묻어버린다. 이후 25센티미터 이상으로 키운 큰 모를 심어 물을 깊이 댄다. 잡초는 깊은 물속에서 광합성을 방해받아 자라지 못하고, 물을 깊이 댄 논은 붕어, 메기, 송사리 등의 어류가 서식하는 데 알맞은 환경이다.

논과 수로 사이에 어도를 설치하여 수로에 사는 붕어, 미꾸리류, 메기, 버들치 등의 민물어류가 논으로 올라오도록 한다. 또한 둠벙을 설치하여 논에 물을 빼는 시기에 생물들이 이동하여 서식할 수 있도록 한다. 이러한 논 생태계의 생물다양성을 높이는 황새 생태농법은 야생에 방사할 황새의 안정적인 서식 환경을 조성하는 데 매우 중요하다.

참고문헌

조홍섭, 2002, 「언론의 생태계 보도사례분석 – 황새, 황소개구리, 반달곰」, 『한국환경생물학회』 제20(1), pp.56~61

한국황새복원연구센터, 2004, 『과부황새 그후』, 지성사

김흥숙, 2008, 「잘 살기, 잘 죽기」 자유칼럼그룹 www.freecolumn.co.kr

김화정·원병호, 2012, 『한반도의 조류』, 아카데미서적

이민부·이광률·김남신·신근하·남혜정, 2005, 「위상영상과 지형도를 이용한 북한 연백평야의 지형 변화 연구」, 『한국지형학회지』 제12(2), pp.73~85.

Park S. R, S.K.Kim, H. C. Sung, Y. S. Choi & S.W.Cheong, 2010, Evaluation of Historic Breeding Habitats with a View to the Potential for Reintroduction of the Oriental White Stork(*Ciconia boyciana*) and Crested Ibis(*Nipponia nippon*) in Korea.

Scott M., 1994, Ecology, Oxford University Press

但馬コウノトリ保存会·神戸新聞社, 1989, コウノトリ誕生―但馬の空、いのち輝いて, 神戸新聞総合出版センター

菊地直樹·池田啓, 2006, 但馬のこうのとり（シリーズ但馬）, 但馬文化協会

神戸新聞総合出版センター, 2006, コウノトリ再び空へ, 神戸新聞総合出版センター

菊地直樹, 2006, 蘇るコウノトリ―野生復帰から地域再生へ, 東京大学出版会

佐竹節夫, 2009, おかえりコウノトリ―水辺を再生しコウノトリを迎える, 童心社

新保國弘, 2013, コウノトリの舞うまでに, 嵩書房

コウノトリ湿地ネット, 2012, 豊岡市田結地区の挑戦―コウノトリと共生して暮らす村づくり

大迫義人, 2013, 野外コウノトリの現況, 兵庫県立コウノトリの郷公園(コウノトリ通信), No9, 1~3

本田裕子, 2008, 住民のコウノトリとの『共生』を受け入れる背景にあるもの――兵庫県豊岡市における放鳥直後のアンケート調査から, 野生生物保護学会 11(2) 45~57

浅野敏久·林健児郎·李光美·塔那, 2009, コウノトリの野生復帰と観光化―来訪者アンケート調査から―, 広島大学大学院総合科学研究科 No4, 35~50

関家昌志, 2009, 域らしさの経済効果:コウノトリ育む農法を通じて, KGPS review : Kwansei Gakuin policy studies review, No11, 49~63

保科英人·長谷川巌·廣田美沙·廣部まどか, 2011, 福井県におけるコウノトリ放鳥計画に関する―

考察, 福井大学地域環境研究教育センター 「日本海地域の自然と環境」 No18, 35~52

大迫義人, 2012, コウノトリの野生復帰―新たな展開と目標, 野生復帰 2: 21~25

内藤和明·西海功·大迫義人, 2012,豊岡の飼育下および_野外のコウノトリの遺伝的多様性と繁殖計画への示唆, 野生復帰 2: 57~ 62

上田貴昭, 2012,コウノトリをシンボルとした環境保全活動と町づくりに関する研究―福井県越前市の取り組みと豊岡市の役割―(平成22年度豊岡市コウノトリ野生復帰学術研究奨励補助制度), 豊岡市

豊岡市, 2013, 平成24年度豊岡市環境報告書, 22~40, 豊岡市

BirdLife International and Nature Serve (2013) Bird Species Distribution Maps of the World. 2012. In: IUCN 2013. IUCN Red List of Threatened Species. Version 2013.2.

del Hoyo J, Elliott A, Sargatal J (1992) Handbook of the Birds of the World, Volume 1. Lynx Edicions.

Gibb GC, Kennedy M, Penny D (2013) Beyond phylogeny: pelecaniform and ciconiiform birds, and long-term niche stability. Molecular Phylogenetics and Evolution 68:229-238

Hackett SJ, Kimball RT, Reddy S, Bowie RCK, Braun EL, Braun MJ, Huddleston CJ, Marks BD, Miglia KJ, Moore WS, Sheldon FH, Steadman DW, Witt CC, Yuri T (2009) A phylogenomic study of birds reveals their evolutionary history. Science 320:1763-1768

Park SR, Yoon J, Kim SK (2011) Captive propagation, habitat restoration, and reintroduction of oriental white storks (*Ciconia boyciana*) extirpated in South Korea. Reintroduction 1:31-36.

Shimazaki H, Tamura M, Higuchi H (2004) Migration routes and important stopover sites of endangered oriental white storks (*Ciconia boyciana*) as revealed by satellite tracking. Mem. Natl Inst. Polar Res, Spec. 58:162-178.

Yoon J, Kim SK, Joo EJ, Kim JO, Park SR (2011) An experiment of foraging preference in oriental storks (*Ciconia boyciana*) in captivity. Korean Journal of Nature Conservation 5:91-95.

Yoon J, Na SH, Kim SK, Park SR (2012) Use of the foraging area by captive bred oriental storks (*Ciconia boyciana*) in a closed semi natural paddy field. Journal of Ecology and Field Biology 35: 149-155

황새, 자연에 날다

한반도에 살아갈 황새들의
후원자가 되어 주세요!

여러분은 이들의 후원자가 될 수 있습니다. 후원금은 이 황새들의 먹이와 야생적
응 훈련비, 이 황새들이 살아갈 야생(논습지)에 비오톱과 생태수로와 어도 등을 조
성하여 한반도 전원생태계를 복원하는 데 쓰입니다.

현재 한국황새생태연구원의 151개체의 황새들 가운데 5마리가 먼저 대한민국 황
새 고유번호를 부여받아 야생복귀 준비에 들어갔습니다.

| 대황 K0001 | 한황 K0002 | 민황 K0003 | 국황 K0004 | 천황 K0005 |
| 수컷 | 수컷 | 수컷 | 수컷 | 수컷 |

■ 황새 후원자 등록하기

• 후원하고 싶은 황새를 선택하여 아래 링크에서 후원자 성함과 이메일과 주소를 적은 다음 후원 방식을 선택해 주세요.
http://bit.ly/FlyToTheWild

• 이 블로그와 메일을 통해 받아보는 소식지를 통해 자신이 후원하고 있는 황새의 일상에 대해 정보를 받을 수 있고, 황새생태연구자와 대화를 할 수 있습니다.

• 후원자들은 청람황새공원과 예산황새공원에 초청받아 후원하고 있는 황새들을 직접 만나볼 수 있으며 황새기념품도 받을 수 있습니다.

■ 후원금 입금안내

• 입금계좌 : 농협 301-0135-2904-01 (예금주 : 한국황새복원센터)

• 자동이체를 원하시는 분은 인터넷뱅킹에 들어가셔서 신청하실 수 있습니다.

• 입금자는 반드시 www.stork.or.kr에 연말정산 기부금 영수증을 받을 수 있는 연락처를 남겨주세요.

■ 쌀 구매로도 황새를 후원할 수 있습니다!

건강한 유기농 쌀 구매만으로도 황새를 복원하는 데에 큰 도움을 줄 수 있습니다. 깨끗하고 맛 좋은 쌀도 먹고, 우리 농촌경제를 살리면서 황새를 후원할 수 있는 가장 쉬운 방법입니다.

충남 예산 황새마을에서 주문 당일 도정 후 하나하나 정성스럽게 포장해서 보내드리는 가장 건강하고 신선한 차세대 유기농 현미와 백미를 안심하고 드실 수 있습니다.

현재 '황새의 춤' 온라인 스토어(www.i-stork.com)에서 판매하고 있습니다.